普通高等教育"十二五"规划教材

采矿工程概论

主　编　黄志安　张英华
副主编　高玉坤　王　辉

北　京
冶金工业出版社
2014

内容提要

　　本书系统介绍了矿产资源开发概况及基本概念、矿山地质、矿床地下开采、矿床露天开采、特殊采矿法、矿山环境保护、矿业法律法规和矿业经济等知识，并在涉及矿山安全方面有所侧重，目的是使学生掌握煤和非煤矿山开采的基本概念与专业术语，熟悉矿床开采步骤和开采工艺，并进一步了解国内外地下开采的技术和设备发展现状。

　　本书为高等院校安全工程、矿物加工工程、矿山机电、冶金技术等非采矿工程专业本科生教学用书和矿山企业在职人员培训教材，也可供相关专业技术人员参考。

图书在版编目（CIP）数据

　　采矿工程概论/黄志安，张英华主编 . —北京：冶金工业出版社，2014.10

　　普通高等教育"十二五"规划教材

　　ISBN 978-7-5024-6748-7

　　Ⅰ.①采…　Ⅱ.①黄…　②张…　Ⅲ.①矿山开采—高等学校—教材　Ⅳ.①TD8

　　中国版本图书馆 CIP 数据核字（2014）第 232468 号

出 版 人　谭学余
地　　址　北京市东城区嵩祝院北巷 39 号　邮编　100009　电话　（010）64027926
网　　址　www.cnmip.com.cn　电子信箱　yjcbs@cnmip.com.cn
责任编辑　张耀辉　宋　良　美术编辑　吕欣童　版式设计　孙跃红
责任校对　禹　蕊　责任印制　牛晓波
ISBN 978-7-5024-6748-7

冶金工业出版社出版发行；各地新华书店经销；三河市双峰印刷装订有限公司印刷
2014 年 10 月第 1 版，2014 年 10 月第 1 次印刷
787mm×1092mm　1/16；17.75 印张；426 千字；266 页
39.00 元

冶金工业出版社　投稿电话　（010）64027932　投稿信箱　tougao@cnmip.com.cn
冶金工业出版社营销中心　电话　（010）64044283　传真　（010）64027893
冶金书店　地址　北京市东四西大街46号（100010）　电话　（010）65289081（兼传真）
冶金工业出版社天猫旗舰店　yjgy.tmall.com

　　（本书如有印装质量问题，本社营销中心负责退换）

前　言

　　矿产资源是人类生产生活的重要原料，任何国家的经济发展都高度依赖矿产资源，正处于工业化快速发展时期的中国对矿产资源的依赖更为突出。可以预见，在未来相当长的一个时期，矿产资源仍是我国国民经济持续发展的重要依存条件。但矿产资源的不可再生性、储量耗竭性和供给稀缺性与人类对矿产资源需求的无限性形成一对尖锐的矛盾，从而造成矿产品价格持续攀升，越来越多的国有、个体、合资企业纷纷涉足矿产资源开发领域，促进了矿产资源开发行业的大发展。

　　编者在参考国内外采矿文献的基础上，结合自己的教学和科研成果，编写了本书，以期能够为实现我国矿产资源合法化、合理化、可持续化开发做出应有的贡献。本书的编写和出版得到了"十二五"期间高等学校本科教学质量与教学改革工程建设项目和北京科技大学教材建设经费的资助。

　　本书内容包括煤矿和金属矿两大部分，以金属矿为主，煤矿为辅，其中金属矿部分还增加了饰面石材开采、矿山安全与环境保护、矿业法律法规和矿业经济等知识。全书内容丰富、结构完整、重点突出，具有一定的深度和广度，便于读者全面学习采矿基本知识。书中煤和非煤矿山开采涉及的相同知识尽量不重复，其中金属矿与煤矿相同的通风知识见煤矿部分第5章，煤矿露天开采和金属矿露天开采类似，不再单列，统一见金属矿部分第13和14章。

　　本书由黄志安、张英华担任主编，高玉坤、王辉担任副主编，具体分工如下：张英华编写第1~5章，王辉编写第6、7章，高玉坤编写第8、9章，刘晓明编写第10、11章，王昕彤编写第12章，黄志安编写第13~17章，赵博川编写第18章，梁广妍编写第19章。

　　由于编者水平所限，书中不足之处，恳请读者批评指正。

作　者

2014 年 7 月

目　录

第Ⅰ篇　煤矿开采

第Ⅱ篇　金属矿开采

第 I 篇

煤 矿 开 采

1 煤矿地质知识及煤矿地质图

埋藏在地下的煤和其他矿产资源，都是地壳物质运动和各种地质作用的产物。因此，了解地壳物质运动的规律，认识煤炭资源的形成与各种地质作用的关系，掌握煤层的性质及其埋藏特征，是从事采矿工作应具备的基本知识。地质图件是煤田地质勘探工作的主要成果，是煤矿开采设计和生产建设的主要依据，还是矿井安全生产和有效地进行技术管理不可缺少的基础资料。因此，正确地认识和运用地质图件，也是采矿工作者必须具备的基本知识。

本章主要介绍了地质作用、地壳的组成及地史，煤的形成和性质，煤层的埋藏特征以及矿井储量，地质图件的绘制特点，地形图、煤层等高线图及其他地质图件等。

1.1 地质作用、地壳的物质组成及地史的概念

地球是一个巨大的旋转椭球体，处在不断的运动和变化之中。地壳的表面形态、内部结构及物质组成都在不停地发生着变化。地壳是各种矿产资源形成和赋存的地方，矿产资源的形成和赋存与地壳的物质运动及演化有密切关系。同时，地球表面生物的生产、发育及死亡的整个过程也不断地改变着地球表面各种元素和矿物的分布，使某些元素离散或集中形成有价值的矿产。这一切都是地壳物质在地质作用下运动和演变的结果。因此，研究地壳的物质组成以及在地质作用下的地壳物质运动，是掌握矿床形成和埋藏规律的基础。

1.1.1 地质作用

在漫长的地质年代中，由自然动力引起地壳物质组成、内部构造和地表形态变化与发展的作用称为地质作用。地质作用按进行的场所及能源的不同，可分为内力地质作用和外力地质作用。

（1）内力地质作用。由地球内部能量引起的地壳物质成分、内部构造和地表形态发生变化的地质作用，包括地壳运动、岩浆活动、变质作用和地震作用等。

（2）外力地质作用。它作用在地壳表层，主要是由地球以外的太阳辐射能、日月引力能等引起。按其作用方式可分为：风化和剥蚀、搬运和沉积、固结成岩。

1.1.2　地壳的物质组成

地壳由岩石组成，岩石则是由一些幼小的矿物颗粒组成。组成地壳的岩石种类繁多，按生成原因可以将其划为岩浆岩、沉积岩和变质岩三大类别。

（1）岩浆岩。岩浆岩是由岩浆凝结形成的岩石，约占地壳总体积的65%。岩浆是在地壳深处或上地幔产生的高温炽热、黏稠、含有挥发分的硅酸盐熔融体，是形成各种岩浆岩和岩浆矿床的母体。

（2）沉积岩。沉积岩又称为水成岩，是组成地球岩石圈的三种主要岩石之一（另外两种是岩浆岩和变质岩）。它是在地表不太深的地方，将其他岩石的风化产物和一些火山喷发物，经过水流或冰川的搬运、沉积、成岩作用形成的岩石。在地球表面，有70%的岩石是沉积岩，但如果从地球表面到16km深的整个岩石圈算，沉积岩只占5%。沉积岩主要有石灰岩、砂岩、页岩等。沉积岩中所含有的矿产，占世界全部矿产蕴藏量的80%。

（3）变质岩。变质岩是指受到地球内部力量（温度、压力、应力的变化、化学成分等）改造而成的新型岩石。固态的岩石在地球内部的压力和温度作用下，会发生物质成分的迁移和重结晶，形成新的矿物组合，如普通石灰石由于重结晶变成大理石。

1.1.3　地史的概念

地壳的发展历史简称地史。通常根据地壳运动及古生物的发展，将地壳发展历史的主要阶段及其顺序，从古到今划分为太古代（一般指距今46亿年前地球形成到25亿年）、元古代（一般指距今24亿~5.7亿年前）、古生代（5.7亿~2.5亿年）、中生代（2.5亿~0.65亿年）和新生代（0.65亿年~今天）五个大的时期。

地质历史上"宙-代-纪-世"的划分就像现今"年-月-日"一样。年表中最大的时间单位是宙，宙下是代，代下分纪，纪下分世。必须说明的是，年表虽有时间的概念，但事实上年表的时间单位是完全人为划分的，和日历中的年月日不同，它不能使人了解每个宙、代、纪或世经历的准确时间。表1-1为目前常用的地质年代表。

表1-1　地质年代表

宙	代	纪	世	代号	距今时间/百万年	主要生物进化	
						动物	植物
显生宙	新生代 Kz	第四纪	全新世	Q	1	人类出现	现代植物时代
			更新世		2.5		
		新近纪	上新世	N	5	哺乳动物时代	草原面积扩大
			中新世		24	古猿出现	被子植物时代
		古近纪	渐新世		37		
			始新世	E	58		
			古新世		65	灵长类出现	被子植物繁殖
	中生代 Mz	白垩纪		K		爬行动物时代	裸子植物时代
		侏罗纪		J	137	鸟类出现 恐龙繁殖 恐龙、哺乳类出现	被子植物出现 裸子植物繁殖
		三叠纪		T	203		

续表 1-1

宙	代	纪	世	代号	距今时间/百万年	主要生物进化 动物		植物	
显生宙	古生代 Pz	二叠纪		P	251	两栖动物时代	爬行类出现	孢子植物时代	裸子植物出现
		石炭纪		C	295		两栖类繁殖		大规模森林出现
		泥盆纪		D	355	鱼类时代	陆生无脊椎动物发展和两栖类出现		小型森林出现
		志留纪		S	408				
		奥陶纪		O	435	海生无脊椎动物时代	带壳动物爆发		陆生维管植物
		寒武纪			495		软躯体动物爆发		
元古宙	新元古代	震旦纪		Z	540				
	中元古代			Pt	650 1000	低等无脊椎动物出现		高级藻类出现	
	古元古代				1800			海生藻类出现	
太古宙	新太古代				2500				
	中太古代				2800	原核生物（细菌、蓝藻）出现 （原始生命蛋白质出现）			
	古太古代			Ar	3200 3600 4600				
	始太古代								

1.2 煤的形成及煤系

实践证明，全球煤矿藏的分布是不均衡的。如古生代的石炭纪和二叠纪、中生代的晚三叠世和早侏罗世、新生代的早第三纪等均有煤炭聚集，而其他地质时期则缺少具有经济价值的煤炭层。同一个地质时期，有些地区有煤炭聚集，有的地区则没有煤炭聚集；甚至在同一个聚集期内，不同聚煤地区常出现不同的聚煤范围和不同的煤层厚度。由此可以看出，煤层的形成是受某些条件控制的。这些条件常称为成煤的控制因素，如古植物、古气候、古地理及古构造等。当成煤的控制因素配合良好时，就会出现强盛的聚煤时期；否则，便是成煤的衰退时期。

1.2.1 成煤条件

1.2.1.1 古植物条件

植物是成煤的原始物质。没有大量的植物生长，就不可能形成煤炭。植物的大量生长繁殖是在地球形成数十亿年以后，因此煤炭的形成也是近几亿年植物大量繁殖后才开始的，这就是地球上自植物大量发展以来出现主要聚集期的理由。例如，我国三大聚集期（即石炭二叠纪、三叠侏罗纪、第三纪）分别与孢子植物、裸子植物及被子植物的繁盛时期相适应。

植物分为高等植物和低等植物两大类。地球上的低等植物没有根、茎、叶等器官的分化，多生长在水中，是最早出现的生物（如细菌、藻类），它们是形成腐泥煤的原始质料。高等植物，具有根、茎、叶等器官分化，主要有蕨类植物、裸子植物和被子植物，它们常形成高大乔木，具有粗大的根、茎、叶，是形成腐殖煤的原始质料。

1.2.1.2 古气候条件

植物的大量生长繁殖必须有适宜的气候条件。所谓适宜的气候条件主要是指空气的温度和湿度。这是因为只有在潮湿和温暖的条件下，植物才能大量繁殖。其中，温度既影响植物繁殖的速度，又影响植物遗体的分解速度。如热带地区，植物繁殖的速度很快，为泥炭的生成提供了大量的原始质料，但高温又促使植物遗体快速分解，破坏了泥炭的大量堆积。如果植物遗体在稍有积水的沼泽地带，且遗体能够及时地被掩埋起来，避免氧化分解，即可逐渐聚积起来形成泥炭。因此，潮湿和温暖的气候是成煤的最有利条件。

1.2.1.3 古地理条件

古地理条件是指适宜于大面积沼泽化的自然地理环境。实践证明，符合沼泽化的自然地理环境，主要有滨海的广阔平原、内陆湖泊、广大河谷的河漫滩、河口三角洲、泻湖海湾及山间盆地等较广阔的平坦地带。由于地壳升降引起的海水进退，常常在上述古地形条件下形成大面积的沼泽。我国将含煤岩系划分为陆相含煤岩系及海陆交替相含煤岩系，这是与上述各地形相吻合的。

1.2.1.4 古构造条件

在地质历史时期中，含煤岩系的形成必须具有一定的物质来源和一定的沉积场所。这些成煤物质均来源于沉积场所周围隆起区内的碎屑物质及生长在沉积场所之内的大量植物遗体。形成含煤岩系的沉积场所主要是分布在各个聚煤期内的低洼盆地。这些盆地的形成，大部分属于构造成因的，少部分属于非构造成因的。构造成因的盆地，一般统称为构造盆地或构造坳陷；属于非构造成因的盆地，主要是地表某些部分遭受侵蚀作用后形成的盆地或坳地，一般称为侵蚀盆地。无论是构造坳陷或非构造坳陷，只要在地质历史时期内具有适宜的聚煤条件，都可以形成含煤岩系。

1.2.2 煤的形成过程

煤是由植物遗体经过复杂的生物化学、物理化学作用转变形成的。植物从死亡、遗体堆积到转变为煤的一系列演变过程，称为成煤过程。

成煤过程大致可分为两个阶段：一是泥炭和腐泥化作用阶段，二是煤化作用阶段。其中，第一阶段是植物在浅海或沼泽及湖泊中不断繁殖，其遗体在微生物作用下不断分解、化合、堆积的过程。当已形成的泥炭和腐泥被覆盖、掩埋时，进入煤化作用阶段，即第二阶段，也就是在以温度和压力为主的作用下变成煤的阶段。

1.2.3 煤系的概念

煤系是指含有煤层的沉积岩系，它们彼此间大致连续沉积，并在成因上有密切联系。煤系一般按其形成的时代命名，也可采用煤系发育良好、研究较早的地区来命名。因此，同一地质时代形成的煤系在不同的地区常有不同的地区性名称。

煤系是在温暖潮湿的气候条件下形成的，它富含植物物质，所以煤系岩石的颜色也往往以灰色、灰黑色、灰绿色、黄绿色为主。

1.3 煤的性质及工业分类

1.3.1 煤的性质

煤的化学组成或化学成分主要是有机质和无机质两大类。有机质是煤的主要成分，包括碳、氢、氧和有机硫，以及少量的磷等，是有益成分，是加工利用的对象。无机质绝大多数是煤中的有害成分，不能利用，主要是无机质矿物和水分。

煤的炭化程度越高，其中的水分和挥发分越少，相反，含碳量越高，一般发热量也越高。也可以简单地说，煤的质量不同。这就是为什么有的煤 100 多元一吨，而有的煤近 1000 元一吨的原因。

评价煤质的主要因素或主要指标有：水分、灰分、挥发分、胶质层厚度、发热量、硫和磷的含量及含矸率等。

水分和灰分：煤中的不可燃部分，含量越少煤质越好。灰分是指煤完全燃烧后所剩下的固体残渣，灰分超过 40% 的煤暂不利用。

挥发分：指煤与空气隔绝后，加热到 900℃ 左右时所排出的气体物质，主要成分为沼气、氢及其他化合物。

固体炭：是除去水分、灰分和挥发分后的有机固体可燃物。其含量随煤的变质程度提高而增高。

胶质层厚度：指粉煤与空气隔绝后加热到 850℃±20℃ 时，煤中的有机质分解、熔融而产生具有黏结性胶体的厚度，单位是 mm。焦炭就是将黏结性好的煤加热后由胶质层黏结形成的。

发热量：指质量为 1kg 的煤完全燃烧时放出的热量，单位是 J/kg，或卡/kg。

硫和磷：煤中的有害杂质。含硫高的煤，炼钢性脆，质量下降。

含矸率：指矿井采出的原煤中，大于 50mm 的矸石量占全部煤量的百分数。含矸率的高低将直接影响煤的质量和售价。

不同类型煤的主要物理性质见表 1-2。

表 1-2　不同类型煤的主要物理性质

变质程度		光泽	颜色	硬度	脆度	密度	导电性
褐煤		无光泽暗淡沥青光泽	褐色黑褐色	2.0~2.5	脆度较小有一定韧性	1.05~1.2	不良导体，导电性随变质程度增高而增加
烟煤	长焰煤	沥青光泽	褐黑色	2.8		1.2~1.4	
	气煤	强沥青光泽弱玻璃光泽	黑色黑灰色				
	肥煤	玻璃光泽		2.6			
	焦煤	强玻璃光泽		2.5	最大		
	瘦煤						
	贫煤	金刚光泽		2.6			
无烟煤		似金属光泽	灰黑色钢灰色	3.5~4.0	最小	1.35~1.8	良好

1.3.2　煤的工业分类

我国现行的工业分类，采用的是以炼焦煤为主的分类方案，主要用挥发分和胶质层的最大厚度 y（mm）为分类指标划分煤的种类，从无烟煤到褐煤分为十大煤种，即无烟煤、烟煤（贫煤、瘦煤、焦煤、肥煤、气煤、弱黏煤、不黏煤、长焰煤）、褐煤。

1.4　煤层的埋藏特征

由于成煤时期的原始条件和受地壳运动的影响不同，埋藏在地下的煤层赋存状态、煤层顶底岩石性质及含水性、煤层的含瓦斯性及自燃倾向以及受地质构造影响的程度等都有明显的差别，而这些问题都与采矿工程有密切关系，因此有必要进行较详细的研究。

1.4.1　煤层赋存状态

煤层是开采的对象，与采矿工程密切相关的是煤层的埋深、厚度、结构、倾角及稳定性。

（1）煤层的埋深。煤层的埋藏深度大小不一，最大垂深可达 2000m。世界主要产煤国平均矿井开采深度如下：

德　　国　　　　　　　　　1100m（最大采深 1700m）

波　　兰　　　　　　　　　700m

英　　国　　　　　　　　　650m

俄 罗 斯　　　　　　　　　600m

美国、南非、印度、澳大利亚　100~250m

目前，我国的矿井开采深度最深已达到 1000m 以上，平均开采深度为 450~500m。

沈阳彩屯煤矿	1199m（最深的矿井）
开滦矿区赵各庄矿	1160m
山东新汶孙村矿	1055m
北票冠山矿	1059m
河南平顶山矿区部分矿井	接近和达到1000m

（2）煤层的厚度。煤层一般呈层状，但也有鸡窝状、扁豆状等。煤层的层数少则一层，多则几十层。根据其层厚可分为：薄煤层（<1.3m）、中厚煤层（1.3~3.5m）、厚煤层（>3.5m）。

（3）煤层的倾角。煤层与水平面之间所夹的最大锐角即为煤层的倾角。根据煤层倾角不同分为：近水平煤层（5°~8°）、缓斜煤层（8°~25°）、倾斜煤层（25°~45°）、急倾斜煤层（>45°）。

（4）煤层的稳定性。任何煤层的厚度，实际上都是变化的，有时厚有时薄，甚至尖灭。根据厚度变化情况可将煤层分为下列4类：

1）稳定煤层。这种煤层在整个矿山开采范围内厚度均大于最小可采厚度，且厚度变化有一定的规律性。

2）较稳定煤层。在矿山开采范围内绝大多数煤层基本可采，而只有局部煤层不可采。

3）不稳定煤层。煤层厚度变化很大，有薄有厚，甚至尖灭，经常出现不可采区域。

4）极不稳定煤层。煤层常呈鸡窝状，断断续续分布，在井田范围内仅局部可采。

1.4.2　煤层顶底板岩石

煤层顶底板岩石是指煤系中位于煤层上下一定距离内的岩层。按照沉积的次序，在正常情况下，先于煤生成的岩石是煤层的底板，较煤后生成的岩层称为顶板。煤层顶板位于煤层之上，而煤层底板位于煤层之下。由于沉积环境的差异，煤层顶、底板岩石各不相同。

1.4.3　地质构造对煤层的影响

在地壳运动的作用下，煤和岩层改变原始的埋藏状态（原始状态一般呈水平或近水平且在一定范围内连续完整）所产生的变形或变位的形迹称为地质构造。地质构造的形态多种多样，较为常见的有褶曲、单斜和断裂构造。

1.4.3.1　褶曲构造

岩层或煤层由于地壳升降或水平方向的挤压运动，被挤成弯弯曲曲但保持岩层的连续性和完整性的构造形态称为褶皱。岩层褶皱构造中的每一个弯曲为一基本单位，称为褶曲。其中，煤层和岩层向上凸起的部分称作背斜，向下凹陷的部分称作向斜。在自然界中，背斜和向斜在位置上往往是彼此相连的。

1.4.3.2　单斜构造

当一个向斜构造或背斜构造的范围较大时，它的一翼又称为单斜构造。所以说，单斜构造也是褶皱构造的一部分。岩层和煤层在空间的分布状态和位置通常用产状要素描述。

（1）走向。煤层或岩层层面与水平面的相交线称为走向线，走向线的方向称为走向。走向表示倾斜岩层在平面上的延伸方向。

（2）倾向。在煤层或岩层层面上，与走向线垂直向下的直线称为倾斜线，倾斜线在水平面上的投影称为倾向线，倾向线的方向称为倾向，倾向表示倾斜岩层向地下深处延伸的方向。

（3）倾角。煤层或岩层层面与水平面之间所夹的最大锐角。倾角越小，开采越易；倾角越大，开采越难。

由于受地质构造的影响，在任何一个煤田内，同一煤层在不同的地点倾向和倾角都不是固定不变的，只不过变化的大小程度不同。

1.4.3.3　断裂构造

岩层受地质作用力后遭到破坏，失去了连续性和完整性的构造形态称为断裂构造。断裂面两侧的岩层没有发生明显位移的称为裂隙或节理。裂隙在煤矿的实际生产中对钻眼爆破、回采率、顶板管理、地下水等方面都有直接的影响。

当断裂面两侧的岩层发生了明显的位移时，称之为断层。其断层要素如图1-1所示。

（1）断层面。岩层发生断裂位移时，相对滑动的断裂面。

（2）断盘。断层面两侧的岩体称为断盘，如果断层面为倾斜时，通常将断层面以上的断盘称为上盘，断层面以下的断盘称为下盘。如果断层面直立时，就无上、下盘之分。

（3）断距。断层的两盘相对位移的距离。断距可分为垂直断距（两盘相对位移垂直距离）和水平断距（两盘相对位移水平距离），如图1-2所示。

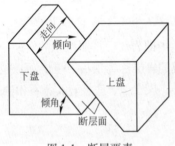

图1-1　断层要素

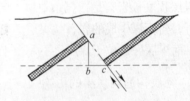

图1-2　断距示意图

ab—垂直断距；bc—水平断距

根据断层两盘相对运动的方向，断层可分为正断层、逆断层及平推断层三种类型，如图1-3所示。在地质构造复杂的地带，断层经常呈组合形式出现，形成阶梯断层、地堑或地垒，如图1-4所示。

1.4.4　影响开采工作的其他因素

煤层的自燃倾向性、煤和岩层的含瓦斯性对开采工作都有重要影响。另外，煤系地层的一些含水层也会给矿井开采带来影响。

（1）煤的自燃倾向性。无论哪种煤，在本质上都有不同程度的自燃性。煤的自燃性决定于煤的疏松程度及氧化过程的剧烈程度。煤愈松软，煤层愈厚或氧化愈快，其自燃危险就愈大。开采有自燃危险的煤层时，自燃发火期是设计和确定开采方法的重要参数。

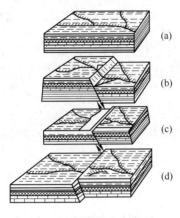

图 1-3　断层的基本类型
（a）断开前；（b）正断层；
（c）逆断层；（d）平推断层

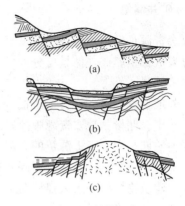

图 1-4　断层组合
（a）阶梯断层；（b）地堑；（c）地垒

（2）煤和岩层的含瓦斯性。在矿井开采过程中，煤和岩层不断散发出有毒有害气体，瓦斯是其中最有害和最危险的一种。瓦斯的涌出和积聚不但给矿井生产带来许多困难，还可能造成严重的灾害。因此，在开采含瓦斯较大的煤层时，应当在技术上采取特殊措施。

（3）矿井的充水程度。矿井开采时，由于巷道开拓和采空区塌陷，可能波及煤层上下的含水层以及地表下的水源，从而造成矿井充水，严重时还可能威胁矿井安全。因此，了解矿井的充水程度是矿井开采以前所必须进行的工作。充水严重的矿井，需要在技术上采取安全应对措施。

1.5　煤田地质勘探及矿井储量

1.5.1　煤田地质勘探的任务

煤田地质勘探的任务是了解矿井资源储量、井田地质条件、煤层赋存条件、水文地质条件、开采技术条件、煤种煤质等矿井的资源条件。

1.5.2　煤田地质勘探工作的阶段划分

煤田地质勘探工作分为煤田普查、矿区详查和井田精查，三个阶段依次进行。

煤田普查：是发现和初步评价资源的阶段。其结果应能对煤矿建设的远景规划和划分矿区提供必要的依据，并为进一步勘探指明方向。

矿区详查：是根据国家建设的需要和普查工作的结果，结合建设部门的意见，选择资源条件较好、开发条件有利的矿区进一步查明资源的情况，为矿区总体设计提供基本的依据。

井田精查：是在设计部门已经划定的井田范围内，紧密结合建设施工程序，对影响煤层开采的各种地质条件进行更深入、更细致地了解。其结果应为矿井设计提供可靠的地质依据。

1.5.3　矿井储量

煤炭资源是煤田地质勘探工作最终成果的集中表现，它是指地下埋藏着的具有工业价值的煤炭资源量。矿井储量可分为矿井地质资源量、矿井工业储量、矿井设计储量和矿井设计可采储量。

矿井地质资源量：详查地质报告提供的查明煤炭资源的全部。

矿井工业储量：地质资源中控制的资源量，经分类得出的经济基础储量、边际经济储量连同地质储量中推断资源量的大部，归类为矿井工业储量。

矿井设计储量：矿井工业资源储量减去设计计算的断层煤柱、防水煤柱、井田境界煤柱、地面建筑物煤柱等永久煤柱损失量的资源储量。

矿井设计可采储量：矿井设计储量减去工业场地和主要井巷煤柱的煤量后乘以采区采出率，即为矿井设计可采储量。

1.6　煤矿地质图

1.6.1　地质图件绘制的特点

地质图绘制的基本原理和其他工程图纸相同，不同的是地质图反映埋藏在地下的煤层。由于各地区煤层埋藏特征不同，地质图件具有强烈的地区性，同时因煤层千姿百态，同一地区同一煤层也难以用一般的视图准确反映它的全貌。所以，地质图件的绘制不仅要运用一般工程图绘制的原理，还采用了一些地质图件绘制的特有方法。

1.6.1.1　坐标系统

为了准确反映地质图件的地理位置，地质图必须具有坐标系统。

（1）地理坐标系。地面上一点的位置，在地球表面上通常用经度、纬度表示，某点的经纬度称为地理坐标系。

（2）平面直角坐标系。在矿区的小范围内，若用地理坐标表示地面点的位置不很方便，通常采用平面直角坐标系来表示。地质测量中所用的平面直角坐标与数学中的坐标相似，只是坐标轴和象限顺序不同（见图 1-5）。

（3）高程

地面任一点至水准面的垂直距离称为该点的高程，也称为该点的第三坐标。由于选取的水准面不同，高程又可分为绝对高程和相对高程（见图 1-6）。绝对高程又称海拔或标高，是地面上任一点至大地水准面的垂直距离。相对高程是地面上任一点至假定的水准面的垂直距离。任意点的高程以水准面为准，高于水准面的标高为正，低于水准面的标高为负。两点间的高程差称为高差，以绝对值表示。

1.6.1.2　方位角及象限角

方位角：从子午线的北端开始沿顺时针方向计算，范围为 0°～360°。

象限角：以地面上某一点为中心，用通过这一点的子午线和纬线把大地划成四个象限。象限角的读法是以北或南开头，以东或西结尾，范围为 0°～90°（见图 1-7）。

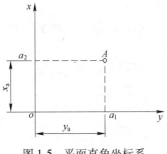

图 1-5 平面直角坐标系

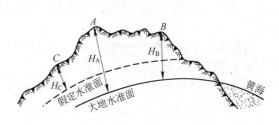

图 1-6 高程计算示意图

H_A，H_B—绝对高程；H_C—相对高程

1.6.1.3 投影图

煤矿地质图中反映地形、地物、地下煤层形态、构造以及纵横的巷道时也要应用一般工程图绘制的投影理论。

1.6.1.4 标高投影

在水平投影图上，把投影物各点的标高值标注在各投影点位置的旁侧，用来说明各个点高于或低于水平面的数值，称为标高投影（见图 1-8）。

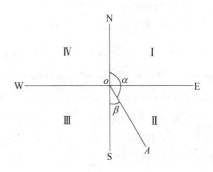

图 1-7 方位角和象限角

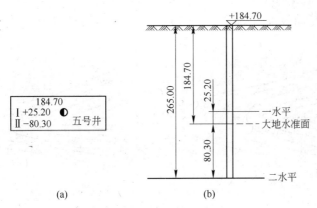

(a)　(b)

图 1-8 立井标高投影图

（a）立井平面图；（b）立井剖面图

1.6.1.5 比例尺

图纸上线段长度与实际相应线段水平长度之比称为图的比例尺。根据对图纸不同的要求，地质图常用的比例尺有 1∶500、1∶1000、1∶2000、1∶5000、1∶10000 等。个别局部也有 1∶50、1∶100、1∶200 以及自行确定的比例尺。

1.6.2 地形图

反映地球表面高低起伏形状的图纸称为地形图，图中一般用地形等高线反映地貌。

1.6.2.1　等高线

等高线是地面上高程相同的若干点连接而成的曲线，或者说是水平面与地表面相截的交线。将高程不同的等高线投影到平面上，则得到等高线图。

相邻两个水平面的垂直距离，或者说两条等高线间的高程差称为等高距。在同一幅地形图上等高线的等高距是相同的。

从上述可以看出，等高线具有下列特点：

（1）等高线是连续的闭合曲线，如果不在图内闭合，也一定会在图外闭合。在一般情况下，所有等高线不能相交或重合。

（2）等高线上任一点向相邻等高线可以作很多线段，投影到水平面后，其中最短的一条称为最大倾斜线。等高线与最大倾斜线成直角。

（3）等高线稠密表示陡坡，等高线稀疏表示缓坡，等高线间距均匀表示坡度一致。

1.6.2.2　等高线图上各种地形的表示方式

（1）凹坑和山冈。凹坑和山冈的等高线图都是一圈套一圈的闭合曲线。等高线高程由外向里降低为凹坑，等高线高程由外向里升高为山冈，如图 1-9 所示。此外，也可用示坡线表示坡度方向。示坡线是垂直于等高线的短线，其短线方向表示坡度方向。

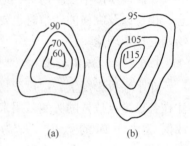

图 1-9　凹坑和山冈
（a）凹坑；（b）山冈

（2）山脊和山谷。山脊和山谷的等高线图形状基本是相同的，其区别是山脊等高线的凸出方向是标高降低的方向，山谷等高线的凸出方向是标高升高的方向，如图 1-10 所示。

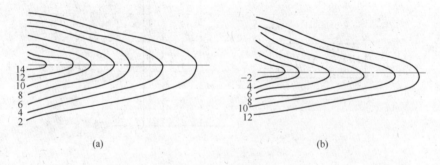

图 1-10　山脊和山谷
（a）山脊；（b）山谷

（3）山坡。一般可分为平坡、凸坡和凹坡。其等高线和相应的山坡断面，如图 1-11 所示。

（4）鞍状地形。鞍状地形等高线如图 1-12 所示，其形状好像由两组双曲线组成。

1.6.2.3　根据等高线图作地形剖面图

图 1-13 所示上部是地形等高线图。当要了解沿 AB 线的地形起伏情况时，需要根据地形图作地形剖面图，其步骤如下：

（1）根据工程需要在地形图上画出剖面位置线 AB。

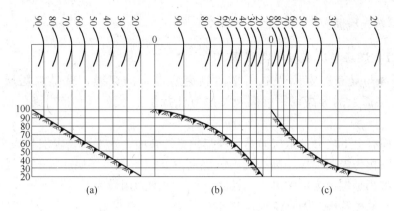

图 1-11　山坡等高线及山坡断面

（a）平坡；（b）凸坡；（c）凹坡

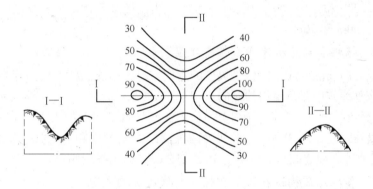

图 1-12　鞍状地形等高线

（2）将 AB 线与等高线相交的各点编号，注明各点标高。

（3）在图的下方或另用一张纸绘地形剖面图。在这张纸上先画一条水平直线，以地形等高线图上所做剖面位置的最低标高为此水平线的标高，此处为 10m。

（4）根据等高线图的比例尺和等高距做出平行于该直线的水平线，并注明标高。

（5）过等高线图上各交点，向剖面图上的水平线作垂直引线，根据各点的标高在剖面图上确定各点的位置，并编号。

（6）用圆滑的曲线连接这些实际位置点，即绘成地形剖面图。

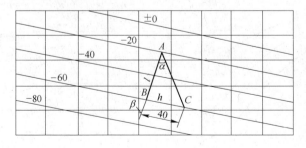

图 1-13　煤层产状的确定

1.6.3 煤层等高线图

1.6.3.1 煤层顶、底板等高线图

煤层层面与具有一定高程的水平面相交所得到的交线，就是煤层层面上的等高线。把煤层层面上的等高线用标高投影的方法投影到水准面上，得到的图形就是煤层等高线图。

煤层层面有上下之分，上层面是煤层与顶板的交面，下层面是煤层与底板的交面。上层面等高线图称为煤层顶板等高线图，下层面等高线图称为煤层底板等高线图。煤层顶、底板等高线图都是煤矿常用图纸，尤其底板等高线图运用最为普遍。

煤层顶、底板等高线图是反映煤层空间形态和构造变动的重要地质图件，是煤矿设计、生产和计算储量的基础。

煤层顶、底板等高线图的比例尺是根据生产需要和地质条件确定的，常用的比例尺是 1∶5000、1∶2000 和 1∶1000。等高距的大小取决于图纸的比例尺和煤层倾角，常用的等高距是 100m、50m 和 20m。

1.6.3.2 根据煤层底板等高线确定煤层产状

煤层底板等高线的延展方向就是煤层的走向。过等高线上任一点向标高值较小的等高线作垂线，该垂线方向就是煤层的倾向。

煤层倾角可在煤层底板等高线图上用作图法或计算求得，如图 1-13 所示。其步骤是：在任意两等高线之间作垂线 AB，AB 即为两等高线之间的平距 l。过 B 作 AB 的垂线 BC，并取 BC 等于两等高线之高差 h，连接 AC，则 $\angle CAB$ 即为煤层倾角。

1.6.3.3 各类地质构造在煤层底板等高线图上的表现

A 褶曲构造

煤层底板平整、倾角均匀、走向稳定时，煤层底板等高线表现为间距大致相等的一组直线。煤层走向发生变化时，表现为煤层底板等高线弯曲。

煤层倾角的变化则表现为煤层底板等高线的水平距离发生变化。等高线平距越大，则煤层倾角越平缓，等高线的平距越小，则煤层倾角就越陡，如图 1-14 所示。

煤层褶曲表现为煤层底板等高线发生弯曲，若等高线凸出方向是标高升高方向则褶曲为向斜；若等高线凸出方向是标高降低方向，则褶曲为背斜，如图 1-15 所示。

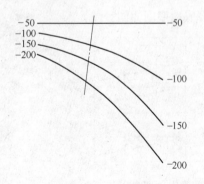

图 1-14 煤层走向和倾角变化

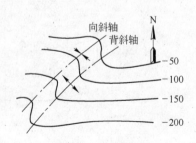

图 1-15 煤层褶曲

煤层底板等高线为封闭曲线时，等高线标高由边缘向中央逐渐增加则为穹隆构造，相反标高逐渐降低则为盆地构造，如图1-16所示。

煤层发生翻转的褶曲通常称为倒转，倒转部分又称反山，这时煤层的底板等高线表现为标高顺序错乱，等高线出现交叉，如图1-17所示。

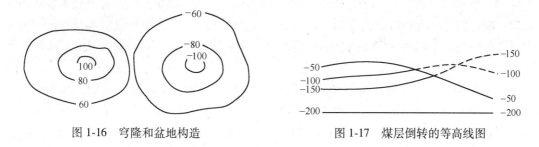

图1-16 穹隆和盆地构造　　　　　　　　图1-17 煤层倒转的等高线图

B　断层

在煤层等高线图上，断层是用断层面与煤层层面的交线的水平投影来表示的，一般称为断层交线或交面线。因为有上下两盘，所以一条断层有两条交面线，上盘交面线用符号"—·—"表示，下盘交面线用符号"—×—"表示。断层使煤层底板等高线失去连续性，通常正断层表现为等高线中断缺失，中断缺失部分为无煤带，逆断层表现为煤层等高线重叠，重叠部分为煤层上下两盘重复区，如图1-18所示。

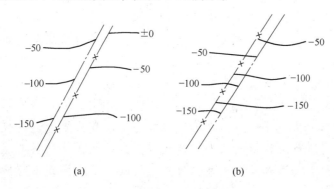

(a)　　　　　　　　　　　　(b)

图1-18 煤层底板等高线上的断层表示法
(a) 正断层；(b) 逆断层

在煤层等高线图上，除断层会造成等高线中断外，被剥蚀的煤层露头、煤层受冲蚀或尖灭、煤层受岩浆侵入以及岩溶陷落等其他地质因素使煤层消失时，也会造成煤层底板等高线失去连续性。

1.6.4　煤矿常用的其他地质图件

煤矿常用的主要地质图件除地形图、煤层顶底板等高线图外，还有地质地形图、煤系综合柱状图、煤岩对比图、地质剖面图、水平切面图等。

(1) 地质地形图。地质地形图实际上是地形图和地质图重叠绘制在一起的地质图件，它既反映了图区地表的地形特征和地物分布位置，又反映了图区煤、岩的露头分布及地质构造。地质地形图的主要内容是地形等高线、地物分布及各种地质界线。

（2）煤系综合柱状图。煤系综合柱状图是以统一的图例及简短的文字来说明井田内煤层层数、煤层厚度、层间距离、标志层特征、煤层顶底板岩性及含水层等主要内容的地质图件。它可以作为煤层对比的依据，有利于矿井生产期间对地质构造的判别。

（3）煤岩对比图。在一个煤田内，煤层往往不止一层，而是几层，甚至数十层。为了正确判断煤层层位和构造，通常利用标志层、古生物化石、层间距和煤层本身特征等来对煤系进行研究，找出判定煤层的可靠依据，通常称为煤层对比。概括煤岩对比成果的图纸称为煤层对比图。

（4）地质剖面图。地质剖面图是假设将大地切开，反映切开面上的煤层或岩层的厚度、层间距、倾角和地质构造特征等，以及沿剖面方向的地形起伏等。地质剖面图比较形象直观，在生产中使用广泛。剖面的位置可根据需要选取。

（5）水平地质切面图。水平地质切面图是假设沿某一标高的水平方向将地层切开，反映水平切开面上的煤、岩分布及地质构造特征和巷道与煤层相对关系的图件。水平切面图在煤层倾角较大和开采煤层群的矿井使用较广泛。

本 章 小 结

本章主要介绍了煤矿地质知识和煤矿地质图。

煤矿地质知识部分讲述了地质作用、地壳的物质组成及地史的概念。第二节重点讲到煤的形成需要具备的古植物、古气候、古地理以及古构造等条件。在煤的性质及工业分类一节里，谈到煤的化学组成或化学成分主要是有机质和无机质两大类。有机质是煤的主要成分。此外，煤田地质勘探工作划分为煤田普查、矿区详查和井田精查，三个阶段依次进行。矿井储量可分为矿井地质资源量、矿井工业储量、矿井设计储量和矿井设计可采储量。

煤矿地质图部分讲述了地质图件是矿井安全生产和有效地进行技术管理不可缺少的基础资料。为了准确反映地质图件的地理位置，地质图必须具有坐标系统，具体有地理坐标系、高程、平面直角坐标系。此外，反映地球表面高低起伏形状的图纸称为地形图，图中一般用地形等高线反映地貌。等高线图上各种地形的表示方式至关重要，其中煤层等高线图是一个重要的图。另外，煤矿常用的主要地质图件除地形图、煤层顶底板等高线图外，还有地质地形图、煤系综合柱状图、煤岩对比图、地质剖面图、水平切面图等。

思 考 题

1-1　什么是地质作用，内外力地质作用有哪几种作用形式？

1-2　常见的沉积岩有哪几种？

1-3　什么是地史，地层和地史的区别是什么？

1-4　简述煤的形成过程。

1-5　煤的物理性质和化学性质主要包括哪些？常用的煤质指标和工业分类指标各有哪些？

1-6　反映煤层储存状态的指标主要有几种？煤层按厚度和倾角如何分类？

1-7　断层的要素有哪几部分，什么是正断层、逆断层和平推断层？

1-8　煤田地质勘探的任务是什么，煤田地质勘探划分为哪几个阶段，煤田地质勘探有哪几种方法？

1-9　矿井储量是如何分类的？

1-10　地质图件中采用什么表示方向？什么是等高线，各种地形在等高线图上有什么特点？

1-11　试述根据等高线图作地形剖面图的步骤。

1-12　如何根据煤层底板等高线确定煤层产状？

1-13　各类地质构造在煤层底板等高线图上有什么特征？

1-14　煤矿常用的地质图件主要有哪些？

2 井田开拓的基本问题

由于煤矿开采的对象是赋存于地下的煤层，受地质条件和生产技术条件的限制和影响，一个矿井所能开采的煤层范围是有限的，往往难以开采整个煤田。因此，一般将一个煤田划为若干个煤矿进行开采。划归一个煤矿开采的范围称为井田，在一个井田上进行开采的煤矿一般称为矿井。在一个井田范围内，主要巷道的总体布置及其有关参数的确定称为井田开拓。

本章主要介绍了井田的划分，井田内的开采顺序和开拓方式，巷道分类，斜井开拓、立井开拓、平硐开拓及综合开拓的相关知识。

2.1 煤田划分为井田

煤田的范围相当广阔。大的煤田面积可达数千平方千米，储量可达数百亿吨。对于这样大的煤田，如果用一个矿井来开采，无论从技术上，还是从经济和安全上，都是不合理的。因此，在开发一个煤田时，应将煤田划分成若干较小的部分，由若干个矿井进行开采。划归一个矿井开采的那部分煤田称为井田。有时煤田不很大，也可不划分井田。

由于行政或经济上的原因，往往将邻近几个井田划归为一个行政机构管理，这邻近的井田合起来称为矿区。

在煤田划分为井田时，应以矿区总体规划为依据，要保证各井田有合理的尺寸和境界，使煤田各部分都能得到合理的开发。

2.1.1 划分的原则

煤田划分为井田应遵循以下原则：

（1）井田范围、储量、煤层赋存及开采条件要与矿井生产能力相适应。对一个生产能力较大的矿井，尤其是机械化程度较高的现代化大型矿井，应要求井田有足够的储量和合理的服务年限。生产能力较小的矿井，储量可少些。矿井生产能力还要与煤层赋存条件、开采技术装备条件相适应，并要为矿井发展留有余地。随着开采技术的发展，根据当前技术水平划定井田范围，可能满足不了矿井长远发展的要求。因此，井田范围应划得适当大些，或在井田范围外留一备用区，暂不建井，以适应矿井将来发展的需要。对于煤层总厚度较大，开采条件好，为加快矿井建设和节约初期投资而建设的中小型矿井，更应如此。

（2）保证井田有合理的尺寸。一般情况下，为便于合理安排井下生产，井田走向长度应大于倾斜长度。如井田走向长度过短，则难以保证矿井各个开采水平有足够的储量和合理的服务年限，造成矿井生产接替紧张；或者在这种情况下为保证开采水平有足够的服务年限使阶段（水平）高度加大，也将给矿井生产带来困难。井田走向长度过长，又会给矿井通风、井下运输带来困难。因此，在矿井生产能力一定的情况下，井田走向长度过长或过短，都将降低矿井的经济效益。

我国煤矿生产实践表明，井田走向长度应达到：小型矿井不小于 1.5km；中型矿井不小于 4.0km；大型矿井不小于 7.0km；特大型矿井可达 10.0~15.0km。

（3）充分利用自然等条件划分井田。例如，利用大断层作为井田边界，或在河流、国家铁路、城镇等下面进行开采存在问题较多或不够经济，须留设安全煤柱时，可以此作为井田边界（见图 2-1）。这样，既降低了煤柱损失，又减少了开采技术上的困难。

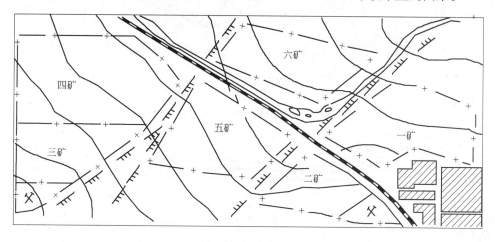

图 2-1 井田境界划分示意图

在煤层倾角变化很大处，可以其作为井田边界，以便于相邻矿井采用不同的采煤方法和采掘机械，简化生产管理。其他如大的褶曲构造也可作为井田边界。

在地形复杂的地区，如地表为沟谷、丘陵、山岭的地区，划定的井田范围和边界要便于选择合理的井筒位置及布置工业场地。对于煤层煤质、牌号变化较大的地区，如果需要，也可考虑依不同煤质、牌号按区域划分井田。

（4）合理规划矿井开采范围，处理好相邻矿井之间的关系。划分井田边界时，通常把煤层倾角不大，沿倾斜延展很宽的煤田，分成浅部和深部两部分。一般应先浅后深，先易后难，分别开发建井，以节约初期投资，同时也能避免浅、深部矿井形成复杂的压茬关系，给开采带来困难。浅部矿井井型及范围可比深部矿井小。如煤层赋存浅，层（组）间距大，上下煤层（组）开采无采动影响，为加速矿区建设，也可在煤田浅部煤组同时建井，然后再在深部集中建井。

当需加大开发强度，必须在浅、深部同时建井或浅部已有矿井开发需在深部另建新井时，应考虑给浅部矿井的发展留有余地，不使浅部矿井过早地报废。

2.1.2 井田境界的划分方法

井田境界的划分方法有垂直划分、水平划分、按煤组划分及按自然条件、形状划分几种。

（1）垂直划分。相邻矿井以某一垂直面为界，沿境界线各留井田边界煤柱，称为垂直划分。井田沿走向两端，一般采用沿倾斜线、勘探线或平行勘探线的垂直面划分，如图 2-2 所示，一矿和二矿之间的边界即是。近水平煤层井田无论是沿走向还是沿倾向，都采用垂直划分法，如图 2-3 所示。

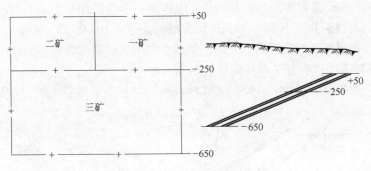

图 2-2　深、浅部井田划分

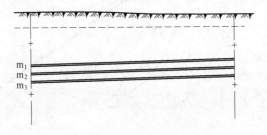

图 2-3　近水平煤层井田境界划分

（2）水平划分。以一定标高的水平面为界，即以一定标高的煤层底板等高线为界，并沿该煤层底板等高线留置边界煤柱，这种方法称为水平划分。如图 2-2 中，三矿井田上部及下部边界就是分别以−250m 和−650m 等高线为界的。这种方法多用于划分倾斜和急斜煤层以及倾角较大的缓斜煤层井田的上下部边界。

（3）按煤组划分。按煤层（组）间距的大小来划分井田境界，即把煤层间距较小的相邻煤层划归一个矿开采，把层间距较大的煤层（组）划归另一个矿开采。这种方法一般用于煤层或煤组间距较大、煤层赋存浅的矿区，如图 2-4 中 I 矿与 II 矿即为按煤组划分井田境界并且同时建井。

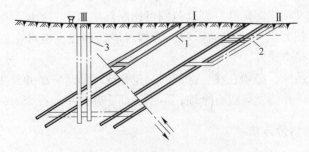

图 2-4　按煤组划分井田境界及分组与集中建井

1，2—浅部组建斜井；3—深部集中建立井

应当指出，无论用何种方法划分井田境界，都应力求做到井田境界整齐，避免犬牙交错，造成开采上的困难。

2.2 矿井生产能力和服务年限

2.2.1 矿井生产能力

矿井生产能力是指矿井一年内能生产煤炭的数量，又称矿井年产量或井型。由于煤矿的特殊性，其井巷工程和设备必须标准化、系列化、通用化，为规划、设计、制造和管理提供便利。我国目前按设计生产能力将煤矿矿井分为大、中、小三种类型，每种类型，又分若干个等级。除规定的标准井型外，在矿井设计中不得出现中间井型。目前我国井型系列如下：

大型矿井（万吨/年）　　　120、150、180、240、300、400 及以上
中型矿井（万吨/年）　　　45、60、90
小型矿井（万吨/年）　　　9、15、21、30

近年来，随着开采技术的不断发展，煤矿井型有不断扩大的趋势，出现了 500 万吨/年甚至 1000 万吨/年以上的矿井。

矿井生产能力是确定矿井其他许多技术和经济参数的重要依据，在一定程度上反映了矿井的整体面貌和特征。

矿井生产能力大小各有利弊。大型矿井生产集中，机械化程度高，因此劳动生产率高，成本低，产量大，服务年限长，产量均衡稳定，是国民经济发展必须依靠的骨干。但其装备复杂，初期工程量大，建井周期长，占用投资多。小型矿井装备简单，施工技术要求较低，初期工程量小，投资少，见煤快。但其产量小，服务年限短，生产不稳定，劳动生产率低。

矿井生产能力要根据煤层赋存条件、开采技术条件、国家对煤炭的需求状况及当地经济发展状况等并结合国家有关技术政策综合分析，认真进行技术经济比较来确定。一般地，井田储量丰富、煤层赋存条件好、煤层生产能力大时应建大型矿井；煤层埋藏深、地面地形复杂时，不利建大型矿井；或当煤层埋藏较浅，储量不太丰富或煤层赋存不太稳定、地质构造复杂时，宜布置工业场地的矿井，为了充分发挥井筒和地面工业场地的投资效果，也宜建小型矿井。

2.2.2 矿井服务年限

煤矿企业和其他企业不同，它的工作对象是埋藏在其井田范围内地下有限的煤炭资源，一旦其井田内储量开采殆尽，矿井也就随之报废。所以，每一个矿井都有一个从投产到报废的开采年限，称为矿井的服务年限。

矿井设计服务年限、矿井生产能力和矿井储量之间的关系如下：

$$T = Z_k/AK \qquad (2-1)$$

式中　T——矿井设计服务年限，a；

　　A——矿井设计生产能力，t/a；

　　Z_k——矿井设计可采储量，t；

　　K——储量备用系数。

设立储量备用系数是为了避免因地质条件和煤层赋存特征变化，使得矿井储量减少而影响矿井的服务年限。储量备用系数应视井田内地质条件而定，一般为 1.2~1.4。地质条件简单时取小值，地质条件复杂时取大值。

矿井储量一定时，其服务年限和生产能力应相适应，有一个合理的匹配关系。煤矿开采需要开掘大量的井巷工程，这些井巷工程都是不可回收工程。煤矿开采还需要大量大型的专用设备，投资巨大。在确定矿井服务年限时应考虑能够充分发挥井巷工程、地面建筑物和构造物、技术装备的能力，使投资效果达到最佳。

如果矿井生产能力大而服务年限过短，会造成井巷工程、地面建筑物以及技术装备使用期过短，经济上不合理，同时也会造成新老矿井之间频繁接替，不能稳定、均衡地为国民经济发展提供煤炭资源。如果矿井生产能力小而服务年限太长，会造成井巷工程和技术装备使用期过长，效率降低，维护维修费增加，同时也不能满足国家对煤炭资源的需求和充分利用已探明的煤炭资源。为此，我国《煤炭工业设计规范》规定了不同井型的矿井相应的服务年限，见表 2-1。

表 2-1　我国各类井型的矿井和水平设计服务年限

井　型	矿井设计生产能力/万吨·年⁻¹	矿井设计服务年限/a	水平设计服务年限/a		
			开采 0°~20° 煤层的矿井	开采 25°~45° 煤层的矿井	开采 45°~90° 煤层的矿井
特大	300 及以上	70	30~40	—	—
大	120、150、180、240	60	20~30	20~30	15~20
中	45、60、90	50	15~20	15~20	12~15
小	9、15、21、30	各省自定			

注：大型矿井第一水平服务年限应不低于 30a。

随着科学技术的发展，各种新技术、新工艺、新装备、新材料不断出现，使矿井的开采技术和装备条件不断改善，再加上国民经济对煤炭的需求和能源结构的变化，矿井井型和服务年限之间的合理关系不是一成不变的。

2.3　井田再划分

煤田划分成井田后，可以布置一套完全独立的生产系统，但这套生产系统仍不可能把整个井田内的煤一下子全采出来，还需要一步一步、一块一块有计划、有步骤地开采。这就需要把井田进一步划分成若干宜于开采的较小部分，对每一个较小部分还可以根据情况再进一步划分为更小的区域，直到能满足开采工艺要求为止。这个工作称为井田再划分。

目前，我国常见的井田再划分方式有以下几种。

2.3.1　井田划分为阶段

在井田范围内，沿煤层倾斜方向，按一定标高将井田划分成若干长条，每一个长条称为阶段，如图 2-5 所示。

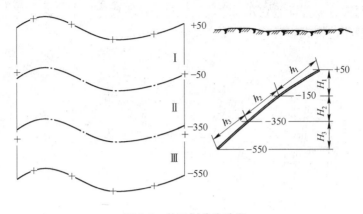

图 2-5　井田划分为阶段

Ⅰ，Ⅱ，Ⅲ—阶段序号；h_1，h_2，h_3—阶段斜长；H_1，H_2，H_3—阶段垂高

　　阶段大小由阶段走向长和阶段斜长来表示，阶段走向长与该阶段处井田走向长一致。阶段斜长由阶段垂高和该阶段处煤层倾角决定。阶段垂高是指阶段上、下边界之间的垂直高度，等于阶段上、下边界面标高之差。

　　一般用水平面作为阶段上、下边界，称作水平。水平位置用标高来表示，如 +50m 水平、-150m 水平等。

　　为了逐段开采，需要在阶段的某个界面水平布置井底车场、运输大巷和回风大巷等主要开拓巷道。布置有井底车场和主要运输大巷，并担负该水平开采范围内的主要运输和提升任务的水平称为开采水平。

　　一个开采水平可只为一个阶段服务，也可以为该水平上下两个阶段服务，所以，一个矿井的开采水平数目和阶段数目不一定相等。

　　一个井田可以用一个开采水平采完，也可能用几个开采水平才能采完，这要视井田煤层赋存条件和井田尺寸大小而定。前者称为单水平开拓，后者称为多水平开拓。图 2-5 所示井田划分为三个阶段，由于一个开采水平最多能为两个阶段服务，所以该矿至少需要两个开采水平，即为多水平开拓。

　　一个井田划分成几个阶段取决于每个阶段的垂高。阶段垂高直接影响矿井基建工程量、初期投资、建井工期及生产技术和经济合理性，是矿井开拓中的重要问题。阶段垂高的确定取决于煤层赋存特征、地质条件和开采技术条件。根据我国的开采技术条件现状，合理的阶段垂高范围是：

缓倾斜、倾斜煤层　　　　　　　　　　　150~250m

急倾斜煤层　　　　　　　　　　　　　　100~150m

　　一般地，矿井只以一个阶段（或开采水平）保证矿井年产量。为了保证矿井稳定、均衡生产，避免水平接替紧张，要求矿井第一水平应有足够的服务年限。

2.3.2　井田划分为盘区

　　当井田内煤层倾角很小、接近水平时，由于煤层沿倾斜方向高差很小，因而没有必要再按标高划分阶段。这时，可沿煤层主要延展方向布置主要大巷，将井田分为两翼，然后以大巷为轴将两翼分成若干适宜开采的块段，每个块段称为一个盘区。每个盘区通过盘区石门与主要大巷相连构成相对独立的生产系统，如图2-6所示。

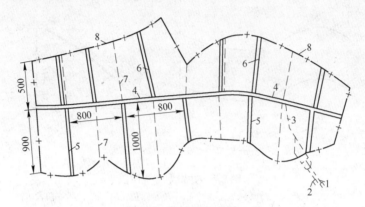

图 2-6　井田划分盘区

1—主斜井；2—副斜井；3—主要石门；4—主要运输巷；5，6—盘区运输平巷；
7—盘区边界；8—井田边界

当大巷沿煤层走向布置时，上山部分斜长应稍大于下山部分斜长。一般地，上山部分斜长不宜超过1500m，下山不宜超过1000m。

2.3.3　井田分区域划分

随着开采技术的发展和煤层埋深的增加，矿井开采强度越来越大，出现了许多特大型、巨大型矿井。国内外已出现了年产量超过千万吨的矿井。这些矿井井田范围广阔，可达上百平方千米，煤层沿走向长可达数十千米。这就势必造成井下运输距离、通风线路、管线敷设过长，给生产和管理带来困难。为此，有的矿井采用了分区域开采的办法，就是先将整个井田划分成若干个区域，每个区域相当于一个小井田，然后再进一步划分成阶段、盘区等。每个区域开凿辅助提升井和风井为本区域服务。在井田中央开凿集中提升井为整个井田服务，如图2-7所示。

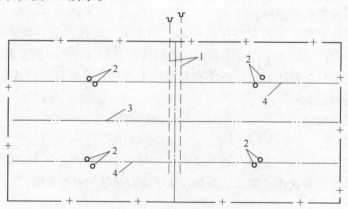

图 2-7　分区域建井的井田划分

1—主斜井；2—副斜井；3—分区界线；4—阶段界线

采用区域划分，各分区域既可同时建井，缩短建井工期，又可各区域分期建井，分期投产，减少初期投资。采用集中主提升，分区域辅助提升和通风的模式，既可以采用大型提升设备、降低运营费，又可以大大降低辅助生产环节费用。

井田分区域划分适合井田范围大、储量丰富、生产能力大的矿井。通风困难的大型矿井尤宜采用此法。

2.3.4　阶段内再划分

井田划分为阶段是我国目前使用最广泛的井田再划分方式。井田划分为阶段后，仍需进一步划分成适合开采的更小单元。根据煤层赋存特征和开采技术条件，阶段再划分可有以下几种形式。

2.3.4.1　分区式

将阶段沿煤层走向划分成若干块段，每个块段称为一个采区，如图 2-8 所示。

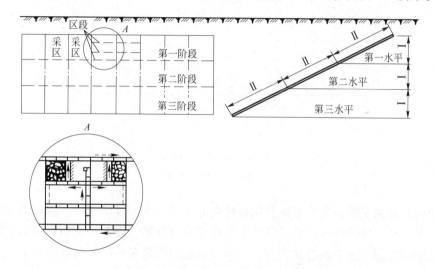

图 2-8　阶段内分区布置
Ⅰ—阶段垂高；Ⅱ—阶段斜长

采区斜长等于阶段斜长。采区走向长度根据开采技术条件和采煤方法确定。

每个采区都有独立的运输和通风系统，由采区上（下）山与主要运输巷、回风巷相连。

由于采区倾斜长度等于阶段倾斜长度，可达数百米甚至上千米，因此还需将采区沿倾斜方向划分成若干条带，每个条带倾斜宽度用来布置一个采煤工作面。条带走向长度与采区走向长度相等。这些条带称为区段。

在区段上部沿煤层走向开掘煤层巷道作回风、运料用，称为区段回风平巷，在区段下部沿煤层走向掘煤层平巷作进风、运煤用，称为区段运输平巷。区段回风平巷和区段运输平巷分别通过采区车场和溜煤眼与采区上（下）山相连。区段回风平巷和运输平巷掘至采区边界后沿煤层倾斜方向开掘开切眼将二者贯通后既可装备工作面开采。开采工作沿煤层走向推进。

一般地，上一个区段的运输平巷和下一个区段的回风平巷之间要留一定宽度的区段煤柱。这样，区段宽度（倾斜长度）等于采煤工作面长度、区段运输和回风平巷宽度以及区段煤柱宽度之和。随着开采技术的发展，沿空留巷、沿空送巷等无煤柱护巷技术得到越来越广泛的应用。这时，区段宽度就等于工作面长度再加上两条或一条区段平巷宽度。

在采区内，要开掘沿倾斜方向的巷道将阶段运输平巷和回风平巷沟通，以构成生产系统为整个采区服务，这种倾斜巷道称为采区上（下）山。担负运煤任务的上（下）山称为运输上（下）山，担负运送材料、设备任务的上（下）山称为轨道上（下）山。采区上（下）山可以沿煤层布置，也可以沿煤层底（或顶）板岩石布置。

采区上（下）山可以布置在采区走向的中央，也可以布置在采区走向的边界，如图 2-9 所示。前者在采区上（下）山两侧均可布置工作面回采，称为双面采区，后者只能在采区上（下）山的一侧布置工作面回采，称为单面采区。

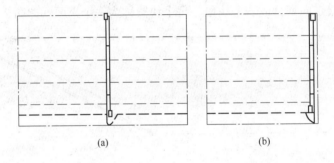

(a)   (b)

图 2-9　采区上山位置

(a) 双面上山；(b) 单面上山

阶段内划分为采区，各个采区有相对独立的生产系统，可以在同一阶段内同时布置多个采区开采。在一个采区内，又可以几个工作面同时开采。因此，它布置灵活，对地质条件的变化适应性强，便于调控和管理，是我国目前应用最多的阶段内划分方法。

一个矿井由几个采区同采来保证矿井生产能力，要由采区生产能力来确定。一般地，大型矿井为 2~4 个，小型矿井为 1~2 个。

2.3.4.2　分带式

该划分方式是将整个阶段沿走向方向划分成若干倾斜长条，每个走向宽度用来布置一个采煤工作面，工作面沿煤层倾斜方向推进。这种划分方式称为分带式布置，其采煤方法称为倾斜长壁采煤法。条带沿倾斜长度等于阶段斜长，如图 2-10 所示。

每个条带在沿走向宽度两侧开掘煤层斜巷分别担负条带的运煤、运料和通风任务，并与阶段运输巷和回风巷相连。

分带式布置省去了采区上（下）山及其生产环节，系统简单，运输环节少，井巷工程量小，建井工期短，煤柱损失小。但分段式布置斜巷掘进量大，特别是下山掘进时，如果煤层倾角较大和涌水量大时，掘进困难，效率低。此外，分带式布置辅助运输复杂，工作面沿倾斜方向推进对采煤机械稳定性要求高。

根据目前的实际经验，分带式布置对煤层平缓（倾角<12°~16°）、煤厚不大（薄及中厚煤层）和地质构造简单的井田适应性较好。

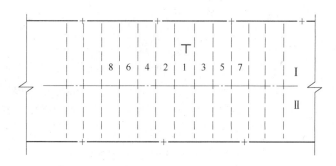

图 2-10　阶段内分带布置

Ⅰ，Ⅱ—阶段序号；1，2，3，…—条带序号

2.3.4.3　分段式

这种方式实际上就是将整个阶段看作一个采区，沿走向方向不再划分，而是沿倾斜方向划分为若干段，每个分段（相当于采区内的区段）斜长用来布置一个工作面，走向长等于阶段走向长。整个阶段布置一套阶段上（下）山，其他回采巷道同区段巷道布置完全一样，如图 2-11 所示。

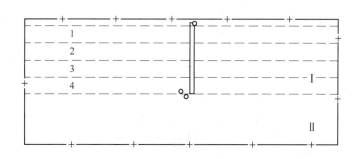

图 2-11　阶段内分段布置

Ⅰ，Ⅱ—阶段序号；1~4—分段序号（整阶段布置）

由于整个阶段作为一个采区，可大大减少准备工作量；工作面走向长度大，减少了工作面搬家次数并且大大简化了生产系统；但对地质条件变化的适应性较差。根据以上分析，分段式布置适合于井田走向较短，煤层埋藏稳定，倾斜构造少的矿井。

当井田走向、倾向尺寸都较小时，可直接将井田沿倾斜方向划分成若干阶段，每个阶段宽度用来布置一个回采工作面。这样整个井田就相当于一个采区，其巷道布置方式与采区相同。这种布置方式生产系统简单、工程量小、投资省，但只适用于井田范围小、地质条件简单的矿井。目前许多乡镇小煤矿都采用此种布置方式。

2.4　井田内的开采顺序

井田内可采煤层有上下之分，同一煤层有深有浅，特别是井田进一步划分后，形成许多的开采单元。要使矿井生产安全、合理、经济，必须按一定的顺序进行开采。

2.4.1　煤层沿倾斜的开采顺序

由于煤层在地下大多为倾斜赋存，对同一层煤，一般都是由上而下（由浅入深）地逐步开采。这种开采顺序称为煤层的下行开采顺序。反之，称为煤层的上行开采顺序。下行开采顺序可以减少初期建井工程量和初期投资，建井快、出煤早。当煤层倾角较大时，采用下行开采顺序可以避免开采煤层下部时由于采空区顶板移动对煤层上部的破坏。在开采近水平煤层时，上、下行开采顺序差别不大，均可采用。

当煤层顶板涌水量较大时，为了避免上区段采区涌水给下区段生产造成影响，有时在区段间采用上行开采顺序。这样，可以利用下部区段采空区疏泄上部区段的顶板水，减轻顶板水对上部区段的影响。

一般地，不论是整个井田，还是阶段内、采空区内，对同一煤层，都应首先考虑使用下行开采顺序。

2.4.2　煤层沿走向的开采顺序

煤层沿走向的开采顺序有前进式和后退式。在井田范围内，以井筒为基准，由井筒向边界依次推进的称为前进式，反之称为后退式，如图 2-12 所示。

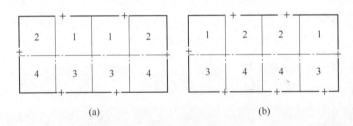

图 2-12　阶段内的开采顺序
（a）采区前进式开采顺序；（b）采区后退式开采顺序
1~4—采区开采序号

在采区内，工作面由上（下）山向边界推进的称为区内前进式，反之称为区内后退式。

后退式开采可以通过巷道摸清整个开采范围内地质条件和煤层赋存特征的变化情况，有利于开采准备，而且开采和掘进之间相互干扰小，巷道维护条件好。后退式开采的主要缺点是初期工程量大，建井工期长，投产慢。前进式开采与后退式相反。

2.4.3　连续式开采的概念

当阶段内采用分区式或分带式布置时，无论采用前进或后退的开采顺序，工作面在阶段走向方向的推进，总是间断的或跳跃的。而采用分段和整阶段布置时，工作面都是在阶段走向方向不停顿地连续推进，称为连续式开采。

连续式开采具有开采的准备工作量少、工作面可以连续推进较长的距离、搬家次数少等特点，对装备复杂的机械化工作面，其优点更为突出。但是，由于工作面连续推进，要求井田内没有或很少有地质变动，尤其是没有倾向断层，才能取得较好的技术经济效果。一般适用于煤层埋藏稳定，井田内无大的倾向断层的矿井，或走向较短的小型矿井。

2.5 巷道分类

实际生产中，常按巷道的空间特征和用途来分类，其中按空间特征分有以下几种。

2.5.1 垂直巷道

立井：有出口直接通到地面的垂直巷道，又称竖井（见图2-13中的1）。立井是进入煤体的一种方式。立井按用途分有位于井田中央担负提煤任务的主立井；有担负全矿人员、材料、设备等辅助提升任务的副立井；还有用来担负矿井通风的风井。

暗立井：没有出口直接通到地面的垂直巷道，通常装有提升设备（见图2-13中的4）。一般用来连接上、下两个水平，担负连通下水平和上水平的任务。暗立井也有主暗立井和副暗立井之分。

溜井：用来从上部向下部溜放煤炭的垂直巷道（见图2-13中的5）。

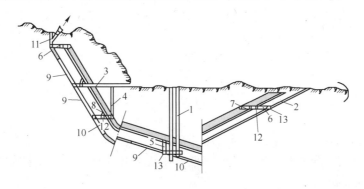

图 2-13 矿山井巷

1—立井；2—斜井；3—平硐；4—暗立井；5—溜井；6—石门；7—煤门；8—煤仓；
9—上山；10—下山；11—风井；12—岩石平巷；13—煤层平巷

2.5.2 水平巷道

平硐：有出口直接通到地面的水平巷道，是进入煤体的方式之一（见图2-13中的3）。平硐按所担负的任务不同有主平硐、副平硐之分。

平巷：没有出口直接通到地面，沿岩层走向开掘的水平巷道。开在岩石中的平巷称为岩石平巷，开在煤层中的平巷称为煤层煤巷。平巷按用途分有运输平巷、行人平巷、进风或回风平巷等；按服务范围分有阶段（水平）平巷、分段平巷和区段平巷等。

石门：没有出口直接通到地面，与岩层走向垂直或斜交的水平岩石巷道（见图2-13中的6）。石门按用途分有运输石门、进风石门、回风石门等；按服务范围分有阶段石门、采区石门等。

煤门：与煤层走向垂直或斜交的煤层平巷。煤门长度决定于煤层厚度和倾角，一般地，只有在厚煤层中才掘煤门。

2.5.3 倾斜巷道

斜井：有出口直接通到地面的倾斜巷道，也是进入煤体的方式之一（见图 2-13 中的 2）。斜井按用途分有主斜井、副斜井和回风井；按所在岩层层位分有岩石斜井和煤层斜井；按空间特征分有顺层斜井、穿层斜井、反斜井和伪斜井。

暗斜井：没有出口直接通到地面，用来联系上、下两个水平并担负提升任务的斜巷。暗斜井也有主暗斜井和副斜井之分。

上山：没有出口直接通到地面，位于开采水平之上，连接阶段运输平巷和回风平巷的倾斜巷道。上山有运煤的运输上山和运送材料、设备的轨道上山。上山按服务范围分有阶段上山和采区上山。

下山：位于开采水平以下，作用与上山相同。

除以上介绍的以外，斜巷还有行人斜巷、联络斜巷、溜煤斜巷、溜煤眼、管子道等。

矿井巷道按其在生产中的重要性还可以作以下分类：

开拓巷道：为全矿井、一个开采水平或阶段服务的巷道，如井筒、井底车场、阶段（或水平）运输大巷和回风大巷等。

准备巷道：为整个采区服务的巷道，如采区上（下）山、采区上下车场、采区石门等。

采煤巷道：为工作面采煤直接服务的巷道，如区段上、下平巷和开切眼等。

2.6 开拓方式的概念及分类

在一定的井田地质、开采技术条件下，矿井开拓巷道可有多种布置方式，这些布置方式通称为开拓方式。合理的开拓方式，一般要在技术可行的多种开拓方式中进行技术经济分析比较后才能确定。

2.6.1 井田开拓方式分类

井田开拓方式种类很多，一般可按下列特征分类：

（1）按井筒（硐）形式。按井筒（硐）形式可分为立井开拓、斜井开拓、平硐开拓、综合开拓。

（2）按开采水平数目。按开采水平数目可分为单水平开拓（井田内只设 1 个开采水平）和多水平开拓（井田内设 2 个及 2 个以上开采水平）。

（3）按开采准备方式。按开采准备方式可分为上山式、上下山式及混合式。

1）上山式开采只开采上山阶段，阶段内一般采用采区式准备。

2）上下山式开采分别开采上山阶段及下山阶段，阶段内采用采区式准备或带区式准备；近水平煤层则分别开采井田上山部分及下山部分，采用盘区式或带区式准备。

3）上山及上下山混合式开采是上述方式的结合应用。

（4）按开采水平大巷布置方式。按开采水平大巷布置方式可分为：

1）分煤层大巷，即在每个煤层设大巷。

2）集中大巷，在煤层群集中设置大巷，通过采区石门与各煤层联系。

3）分组集中大巷，即对煤层群分组，分组中设集中大巷。

根据我国常用的开拓方式，其分类如图2-14所示。

因此，立井开拓方式可有立井单水平上下山式，立井多水平上下山式，立井多水平上山式，立井多水平上山及上下山混合式，如图2-15所示。

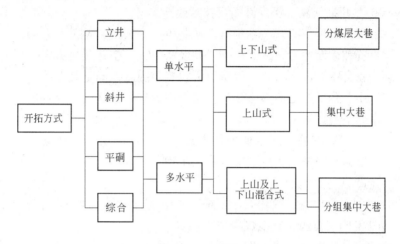

图 2-14　开拓方式分类

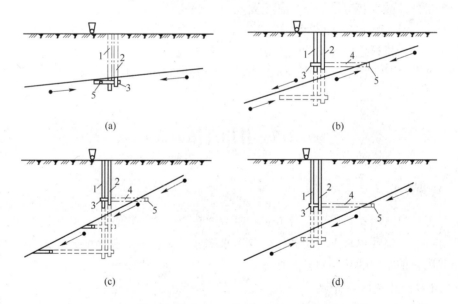

图 2-15　立井开拓方式
（a）立井单水平上下山式；（b）立井多水平上下山式；
（c）立井多水平上山式；（d）立井多水平上山及上下山混合式
1—主井；2—副井；3—井底车场；4—主要石门；5—开采水平运输大巷

2.6.2　确定井田开拓方式的原则

井田开拓所要解决的问题是，在一定的矿山地质和开采技术条件下，根据矿区总体设计的原则规定，正确解决下列问题：

（1）确定井筒的形式、数目及其配置，合理选择井筒及工业场地的位置。

（2）合理地确定开采水平数目和位置。

（3）布置大巷及井底车场。

（4）确定矿井开采程序，做好开采水平的接替。

（5）进行矿井开拓延深、深部开拓及技术改造。

上述问题解决得是否正确，关系到整个矿井生产的长远利益，关系到矿井的基本建设工程量、初期投资和建设速度，从而影响矿井经济效益。矿井开拓方案一经实施，再发现不合理而改动，就会耽误许多时间，浪费巨大投资。因此，确定开拓问题，需根据国家政策，综合考虑地质、开采技术等诸多条件，经全面比较后才能确定合理的方案。在解决开拓问题时，应遵循下列原则：

（1）贯彻执行国家有关煤炭工业的技术政策，为早出煤、出好煤、高产高效创造条件。在保证生产可靠和安全的条件下减少开拓工程量尤其是初期建设工程量，节约基建投资，加快矿井建设。

（2）合理集中开拓部署，简化生产系统，避免生产分散，做到合理集中生产。

（3）合理开发国家资源，减少煤炭损失。

（4）贯彻执行煤矿安全生产的有关规定，建立完善的通风、运输、供电系统，创造良好的生产条件，减少巷道维护量，使主要巷道保持良好状态。

（5）要适应当前国家的技术水平和设备供应情况，并为采用新技术、新工艺，发展采煤机械化、综合机械化、自动化创造条件。

（6）根据用户需要，应照顾到不同煤质、煤种的煤层分别开采，以及其他有益矿物的综合开采。

2.7　井田开拓方式

2.7.1　斜井开拓

斜井开拓时，根据井田再划分方式和阶段内布置形式可组合成多种开拓方式，如斜井单水平分区式、斜井单水平分带式、斜井多水平分区式、斜井多水平分段式等。本节仅举例介绍我国目前常用的几种斜井开拓方式。

2.7.1.1　片盘斜井开拓

片盘斜井开拓是斜井开拓的一种最简单的形式。它是将整个井田沿倾斜方向划分成若干个阶段，每个阶段倾斜宽度可以布置一个采煤工作面。在井田走向中央由地面向下开凿斜井井筒，并以井筒为中心由上而下逐阶段开采。图 2-16 为一片盘斜井的示例，井田沿倾斜方向划分为四个阶段，阶段内按整个阶段布置，即每一阶段斜宽布置一个工作面。

A　矿井开拓程序

在井田走向中央，沿煤层倾斜方向向下开掘主斜井 1 和副斜井 2，两井均在煤层之中，且两井中间留 30~40m 煤柱。为了掘进通风方便和沟通两井筒间的联系，每隔一段距离开掘联络巷 8 将两井筒贯通。井筒掘到第一阶段下部时，开掘第一阶段下部车场。从下部车

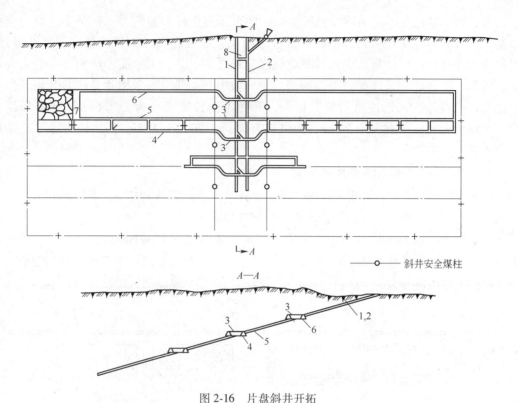

图 2-16　片盘斜井开拓

1—主斜井；2—副斜井；3—下部车场（片盘车场）；4—阶段运输平巷；5—副巷；6—阶段回风平巷；
7—采煤工作面；8—联络巷

场向井筒两侧开掘第一阶段运输平巷 4 和副巷 5。为了掘进方便，4、5 之间每隔一定距离掘联络巷沟通。4、5 之间阶段煤柱根据有关规定留设。与此同时，在第一阶段上部开甩车场向井筒两侧开掘第一阶段回风平巷 6。在井田走向边界处沿倾斜方向掘开切眼将 5、6 沟通，并在开切眼内布置采煤工作面 7 进行开采。该矿工作面由井田边界向井筒方向推进，属于阶段内后退式开采。工作面推至斜井井筒保护煤柱线时停止开采。井筒两侧保护煤柱宽度一般为 30~40m。

　　B　矿井生产系统

　　工作面 7 采出的煤，由工作面刮板输送机送至阶段运输副巷 5，并经联络巷运至阶段运输巷 4 装入矿车。矿车由电机车牵引至第一阶段下部车场 3 并由主斜井 1 提至地面。

　　生产所需材料、设备和人员一般由主斜井 1 下放到阶段上部车场，由阶段回风平巷 6 送到工作面上口，然后供工作面使用。副斜井只有在矿井产量大，辅助提升任务重时才作辅助提升。新鲜风流由主斜井进入，经阶段下部车场 3、运输平巷 4、阶段副巷 5 进入工作面 7。冲洗工作面后的乏风，经阶段回风平巷 6、回风斜巷汇集到副斜井排出地面。为了避免生产中新鲜风流和乏风掺混及风流短路，通常要在主要进风巷和回风巷交叉处设置风桥、风门等通风构筑物。为保证矿井生产正常接替，在开采第一阶段时，应及时向下延深井筒对第二阶段进行开拓并按同样方法布置巷道。生产转入第二阶段后，第一阶段的阶段运输平巷作为第二阶段的回风平巷。以后每阶段依次类推，直到开采到井田深部边界。

　　片盘斜井开拓，巷道布置和生产系统简单，井巷施工技术也不复杂，而且初期工程量小，出煤快。缺点是不能多阶段同时生产，同采工作面最多为两个，矿井生产能力受到限制。另外，延深工作频繁，生产和掘进之间相互影响较大。工作面整阶段连续推进，对地质条件变化适应性差。但随着采煤机械化程度的提高，工作面单产水平也会大大增加。因此，一些埋藏条件好、地质构造简单的大中型矿井也可采用片盘斜井开拓。但根据现有生产经验，采用片盘斜井开拓时，井田走向长度不宜大于1.5km。井田倾斜长度，一级提升时，不宜大于800m，两级提升时，不宜大于1.5km，并且应尽可能采用一级提升。

2.7.1.2 斜井单水平分区式开拓

这种开拓方式采用斜井进入煤体，由一个开采水平开采整个井田。井田可划分为一个阶段，也可以划分为两个阶段。阶段沿走向划分为采区。

图2-17为一典型的斜井单水平分区式开拓。井田划分为两个阶段，每个阶段沿走向划分为六个采区。开采水平在上、下两阶段分界面处。上山阶段每个采区沿倾斜划分为五个区段，下山阶段分为四个区段。矿井可采煤层为一层中厚煤层，煤层倾角较小。

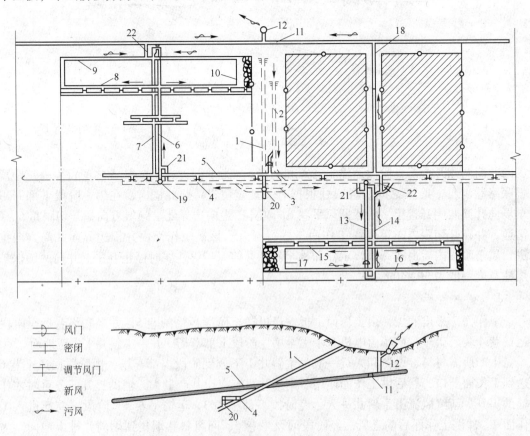

图2-17 斜井单水平分区式开拓

1—主斜井；2—副斜井；3—井底车场；4—水平运输大巷；5—副巷；6—采区运输上山；
7—采区轨道上山；8，15—区段运输平巷；9，16—区段回风平巷；10，17—采煤工作面；
11—水平回风大巷；12—回风井；13—采区运输下山；14—采区轨道下山；18—专用回风上山；
19—采区煤仓；20—井底煤仓；21—行人进风上山；22—回风联络巷

A 矿井开拓程序

在井田走向中部，由地面开掘一对岩层反斜井——主斜井 1 和副斜井 2。主斜井 1 安装胶带输送机提升煤炭、副斜井 2 安装绞车作辅助提升。斜井井筒掘到开采水平时，在开采水平布置井底车场 3 和硐室，然后向两侧掘进水平运输大巷 4 和副巷 5。水平运输大巷和副巷掘至采区中部位置后，在采区下部布置采区下部车场并开掘采区运输上山 6 和轨道上山 7，当采用中央分列式通风时，在主、副斜井施工同时，在井田浅部走向中央开凿回风井 12 至上山阶段上部车场、区段运输平巷 8 和回风平巷 9，并掘进开切眼布置工作面回采。

B 矿井生产系统

工作面出煤，经区段运输平巷 8、采区运输上山 6 至采区下部煤仓。煤炭装入矿车后由电机车牵引经水平运输大巷 4 至井底煤仓，并由井底煤仓装入斜井皮带提至地面。

材料、设备由副斜井下放至井底车场，由电机车牵引经水平运输大巷至采区下部车场。然后由采区轨道上山经采区中（上）部车场送至区段回风平巷进而到采煤工作面。

新鲜风流由主、副斜井经井底车场、水平运输大巷、采区下部车场、运输上山和区段运输平巷至工作面。冲洗工作面后的乏风，经区段回风平巷、水平回风大巷由边界回风井排至地面。

阶段内采用前进式开采顺序：首先开采井筒附近的采区，随后逐采区向井田两侧边界推进。在一个采区结束以前，应准备好下一个采区，做到采区顺利接替。

第二阶段为下山开采。由水平运输大巷在采区中部位置布置采区上部车场并沿煤层向下做采区下山 13 和 14。然后在采区内掘区段平巷，然后通过采区内侧区段平巷构成工作面回采。

下山采区工作面出煤向下运至区段运输平巷，然后通过采区运输下山 13 向上运至采区煤仓，装车后经水平运输大巷运至井底车场由主斜井提至地面。

下山采区所需材料、设备经采区上部车场，由轨道下山下放并经采区中部车场、区段回风平巷送到工作面。

新鲜风流经采区上部车场、采区轨道下山、区段运输平巷进入工作面。乏风经区段回风平巷、采区运输下山、水平副巷、上山阶段保留的回风上山进入水平回风大巷。然后经边界回风井排出。

斜井单水平上下山开拓，开采水平少，减少了初期工程量和投资；阶段分采区布置，对地质条件适应性强，可多采区同时生产、多工作面同时生产，生产能力大。此外，由于只有一个开采水平，不存在水平接替问题，矿井生产稳定。因此，在开采缓倾斜煤层（倾角小于 16°）、沼气含量低、涌水量小时，如果井田倾斜长度满足要求，应优先考虑采用此种开拓方式。

2.7.1.3 斜井形式选择

斜井形式主要是指井筒倾角及其在地下的空间布置。

斜井倾角主要依据其装备的提升设备确定。根据经验，一般应符合下列范围：

串车提升　　　$\alpha \leqslant 25°$　　　箕斗提升　　　　　　$\alpha = 20° \sim 35°$

无极绳提升　　$\alpha \leqslant 10°$　　　胶带输送机提升　　　$\alpha \leqslant 17°$

斜井采用串车和箕斗提升时，其提升能力受井筒斜长影响较大。近年来，随着胶带输送机技术的不断发展，斜井提升能力大大加强，其应用更加广泛。

斜井在地下的空间布置形式主要受煤层赋存条件、地面地形和提升方式影响。

煤层斜井：斜井沿煤层开掘，施工容易、速度快、投资少。但当煤层较厚、煤层松软、构造复杂及煤层有自燃倾向时，不宜沿煤层布置。此外，煤层斜井需要留设井筒保护煤柱，资源浪费大。

底板斜井：为了避免上述问题，可以将井筒布置在煤层底板中。但当煤层倾角小于井筒倾角时，水平石门工程量太大。优点是井筒易维护，不需保护煤柱。

穿层斜井。当煤层倾角小于井筒倾角时，为了减少水平石门工程量或免受地面因素影响，斜井可穿越煤层布置。

除此之外，还有反斜井、沿煤层伪斜井和折返式斜井等。

2.7.2　立井开拓

立井开拓也是广泛采用的一种进入煤体的方式。除井筒形式外，其他开拓巷道布置与斜井相同。

2.7.2.1　立井单水平分带式开拓

立井单水平分带式开拓如图 2-18 所示，井田划分为两个阶段，阶段内采用分带式布置。

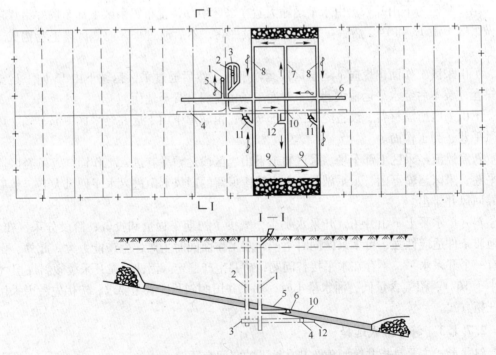

图 2-18　立井单水平分带式开拓（带区式准备）

1—主井；2—副井；3—井底车场；4—运输大巷；5—回风石门；6—回风大巷；
7—分带运输巷；8—分带回风巷；9—采煤工作面；10—带区煤仓；11—运料斜巷；12—行人进风斜巷

A 矿井开拓程序

在井田中央从地面开凿主井 1 和副井 2，当掘至开采水平标高后，开掘井底车场 3、主要运输大巷 4、回风石门 5、回风大巷 6，当阶段运输大巷向两翼开掘一定距离后，即可由大巷掘行人进风斜巷 12、运料斜巷 11 进入煤层，并沿煤层掘分带运输巷 7、带区煤仓 10、分带回风巷 8，最后沿煤层走向掘进开切眼即可进行回采。

B 矿井生产系统

由工作面采出的煤装入刮板输送机运至分带运输巷；经转载机和胶带输送机运至煤仓并在运输大巷装车，由电机车牵引至井底车场，通过主井提至地面。工作面所需物料及设备经副井下放至井底车场，由电机车牵引至分带材料车场，经运料斜巷由绞车提升至分带回风巷，然后运至采煤工作面。

新鲜风流自地面经副井、井底车场、运输大巷、行人进风斜巷，从分带运输巷分两股进入两个工作面。清洗采煤工作面后的乏风，由各自的分带回风巷送至总回风巷，再经回风石门进入主井排出地面。

这种开拓方式的生产系统比较简单，运输环节少，建井速度快，投产早，但其上山阶段的分带回风巷是下行风，应采取措施，防止分带回风巷中瓦斯积聚，保证安全生产。另外，示例中没有单独开凿回风井，而采用箕斗井兼作回风井。根据《煤矿安全规程》规定，箕斗提升井兼作回风井时，井上下装卸载装置及井塔必须采取密闭措施，并加强管理，漏风率不得超过 15%，并应有可靠的降尘设施。箕斗提升井若兼作进风井时，箕斗提升井的风速不得超过 6m/s，并应有可靠的降尘措施，保证粉尘浓度符合工业卫生标准。目前国内很少应用箕斗井进风。

这种开拓方式一般适用于煤层倾角小于 12°、地质构造简单、煤层埋藏较深的矿井。

2.7.2.2 立井多水平分区式开拓

图 2-19 为立井多水平分区式开拓。该井田有两层可采煤层 m_1 和 m_2，两层煤间距不大，采用联合开采的方式，在 m_2 煤层底板岩石中布置阶段运输大巷和回风大巷，为两层煤所共用。井田内设两个开采水平。

采区内巷道布置与斜井分区式开拓相同。

两层煤间的开采顺序应保证相互不受采动影响。对多水平开拓，一定要注意水平间的接替，在上水平采完以前，要将下水平开拓准备完毕。同时也要注意采区间、区段间的接替，以保证矿井稳定生产。

立井开拓可以适应各种水平划分方式和阶段内布置形式。

立井开拓的优点是井筒长度短、提升速度快、提升能力大及管线敷设短、通风阻力小、维护容易。此外，立井对地质条件适应性强，不受煤层倾角、厚度、瓦斯等条件限制。立井开拓的缺点是井筒掘进施工技术要求高，开凿井筒所需设备和井筒装备复杂，井筒掘进速度慢，基建投资大等。

斜井开拓和立井开拓各有所长和所短。要结合煤层赋存特征、地质条件、地面地形、技术装备和经济因素综合分析和比较来确定最合适的井筒形式。

2.7.3 平硐开拓

在山岭和丘陵地区，往往在矿井地面工业场地标高以上埋藏有相当储量的煤炭。开采

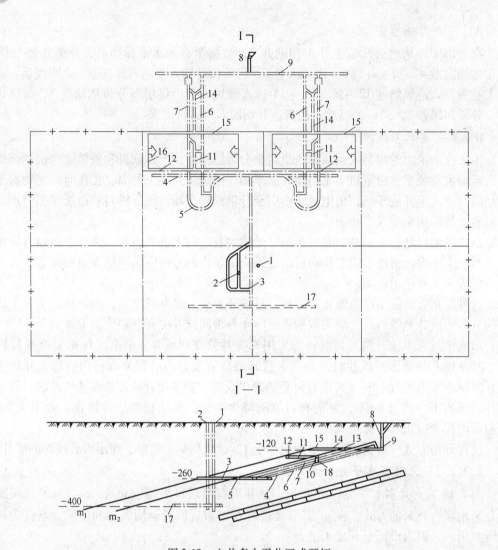

图 2-19　立井多水平分区式开拓

1—主井；2—副井；3—井底车场；4——260m 运输大巷；5—采区下部车场；6—采区运输上山；

7—采区轨道上山；8—边界回风井；9—总回风巷；10—m_2 区段运输平巷；11—区段运输石门；

13—m_1 区段运输平巷；13—m_2 区段回风平巷；14—区段回风石门；15—m_1 区段回风平巷；

16—采煤工作面；17——400m 运输大巷；18—区段溜煤眼

　　这部分煤炭最简单、经济的开拓方式就是平硐开拓，如图 2-20 所示。

　　平硐开拓，就是从地表开掘水平巷道进入山体或丘陵内的煤层。一般地，以一条主平硐担负运煤、运料、出矸、行人、排水、进风和敷设管线等任务。在井田上部回风水平开回风平硐或回风井担负回风任务。

　　平硐的布置方式与地表地形和煤层产状有关。主要布置方式有：

　　（1）走向平硐：一般沿煤层走向开掘在底板岩石中。条件适合（如煤层不厚、煤质坚硬、服务年限不长）时，也可以沿煤层掘进。走向平硐近似于立井和斜井开拓中的阶段运输大巷。从走向平硐掘石门进入每个采区。走向平硐工程量小、投资省、出煤快，但只

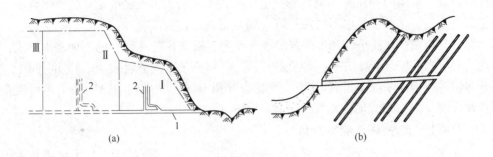

图 2-20　平硐开拓

（a）走向平硐；（b）垂直平硐

1—主平硐；2—盘区上山

能单翼开采，限制了矿井生产能力。

（2）垂直平硐：先从地面垂直煤层走向掘平硐到达煤层或煤层底板，然后沿煤层或底板岩石向井田两侧掘运输大巷，并准备采区。垂直平硐与立井开拓和斜井开拓中的阶段运输石门相似。根据地表地形，垂直平硐可以从煤层底板进入煤层，也可以从煤层顶板进入煤层。有时由于地表地形及地质条件的影响，平硐也可以与煤层走向斜交掘进，称为斜交平硐。

垂直平硐和斜交平硐初期工程量大、投资多、出煤慢，但可以两翼开采，矿井生产能力大。

当地形高差较大，主平硐以上煤层垂高过大时，可以把其分为几个阶段，分别用不同标高的平硐开拓，称为阶梯平硐，如图 2-21 所示。

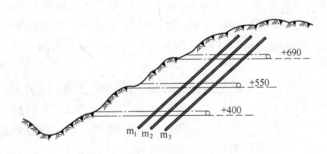

图 2-21　阶梯平硐

采用平硐开拓的关键条件是工业场地标高以上要有足够的储量可供较长时间开采。此外，在选择平硐硐口时，要考虑以下因素：

（1）硐口应地势平缓，有足够的面积布置工业场地。

（2）硐口交通要便利，以利于煤炭外运和设备、材料运输。

（3）硐口要安全，不受洪水、滑坡、雪崩等威胁。

2.7.4　综合开拓

通常情况下，一个矿井的主、副井都是同一种井筒（硐）形式。然而，有时常因某些条件的限制，采用同种井筒（硐）形式会带来技术上的困难或影响矿井的经济效益。在这种情况下，主、副井可采用不同的井筒（硐）形式，称为综合开拓。

综合开拓根据地质条件和生产技术条件而定。根据井筒（硐）的三种基本形式，组合后理论上有六种综合开拓方式，即立井-斜井、斜井-立井、平硐-立井、立井-平硐、平硐-斜井和斜井-平硐开拓方式。不论哪一种综合开拓方式，其确定的原则都是尽可能充分发挥各种井筒（硐）形式的优越性。

2.7.4.1 立井-斜井综合开拓

立井-斜井综合开拓是使用广泛的一种综合开拓方式。图2-22为某小型矿井采用的立井-斜井综合开拓方式。它利用立井井筒短、提升速度快、比斜井串车提升能力大等优点，用立井作为主井担负提煤任务；又利用斜井施工简单、掘进快、井筒装备简单、人员上下方便和安全等优点，用斜井作副井担负辅助提升和兼作安全出口。

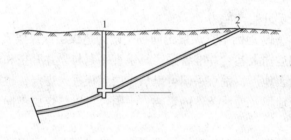

图 2-22　立井-斜井综合开拓
1—立井；2—斜井

2.7.4.2 斜井-立井综合开拓

图2-23为某特大型矿井采用的斜井-立井综合开拓方式。该矿井田范围大（250km²），年产量高（设计生产能力1000万吨/年）。为了合理开采，矿井采用分区域布置，将整个井田划分为五个独立的区域。每个区域再像一个井田一样划分为两个水平、四个阶段，阶段内分带布置。

对这样的特大型矿井，为了充分发挥胶带输送机连续运输、能力大、不受深度限制等优点，在井田走向中央开凿一对主斜井，安装运输能力达2000t/h的斜井钢丝绳胶带输送机，为整个井田服务。在各个分区域，又利用立井井筒短、管线敷设距离短、提升速度快等优点，各开凿一对立井井筒作为分区辅助提升井。

2.7.4.3 平硐-立井综合开拓

某矿井，主运输利用平硐。由于地面地形影响，主平硐长达2km。加上该矿瓦斯含量大，需要很大的通风量。利用主平硐进风在技术、经济上都不合理。为此，另开凿一个立井作为专用进风井。这样可大大缩短通风线路长度。另外，该立井延深后还可以担负后期主平硐水平以下煤炭的提升任务，将煤提至主平硐后外运，如图2-24所示。

2.7.4.4 平硐-斜井综合开拓

条件适合时，采用平硐开拓的矿井，可以在煤层露头处开掘浅部斜井做安全出口和回风井，构成平硐-斜井开拓方式，如图2-25所示。

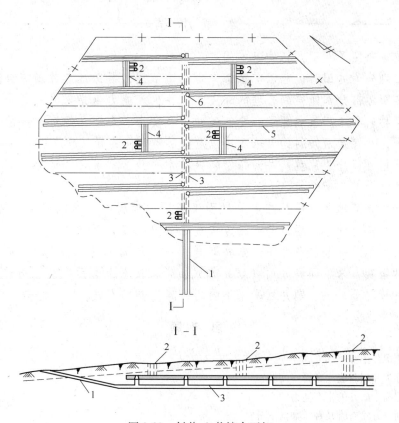

图 2-23 斜井-立井综合开拓

1—主斜井；2—分区域辅助立井；3—底板岩石胶带输送机大巷；4—联络斜巷；
5—阶段胶带输送机及运料行人大巷；6—大煤仓

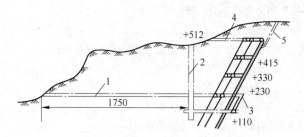

图 2-24 平硐-立井综合开拓

1—平硐；2—立井；3—暗斜井；4—回风平硐；5—回风小井

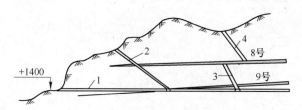

图 2-25 平硐-斜井综合开拓

1—主平硐；2—副斜井；3—阶段运输大巷；4—阶段辅助巷

本 章 小 结

本章重点介绍了井田开拓的基本问题。

在煤田划分为井田时，应以矿区总体规划为依据，要保证各井田有合理的尺寸和境界，使煤田各部分都能得到合理的开发。矿井生产能力是指矿井一年内能生产煤炭的数量，又称矿井年产量或井型。要使矿井生产安全、合理、经济，必须按一定的顺序进行开采，如煤层沿倾斜的开采顺序以及煤层沿走向的开采顺序。

斜井开拓可以分为片盘斜井开拓、斜井单水平分区式开拓。他们分别有自己的矿井开拓程序和矿井生产系统。

在山岭和丘陵地区，往往在矿井地面工业场地标高以上埋藏有相当储量的煤炭。开采这部分煤炭最简单、经济的开拓方式就是平硐开拓。

通常情况下，一个矿井的主、副井都是同一种井筒（硐）形式。然而，有时常因某些条件的限制，采用同种井筒（硐）形式会带来技术上的困难或影响矿井的经济效益。在这种情况下，主、副井可采用不同的井筒（硐）形式，称为综合开拓。

思 考 题

2-1 什么是井田开拓？

2-2 煤田划分为井田时应注意哪些问题？

2-3 如何合理确定矿井的生产能力？

2-4 井田再划分方式有哪几种，如何划分？

2-5 什么是采区，采区具有哪些特点？

2-6 什么是区段运输平巷，什么是区段回风平巷？

2-7 什么是单水平开拓，什么是多水平开拓？

2-8 巷道如何按空间特征和用途进行分类，分为哪几类？

2-9 什么是开拓巷道，什么是准备巷道？

2-10 在确定矿井生产能力和服务年限时，为什么要考虑储量备用系数？

2-11 什么是井田开拓方式？

2-12 在解决开拓问题时，应遵循什么原则？

2-13 片盘斜井开拓的优点、缺点和适用条件是什么？

2-14 斜井单水平分区式开拓的优点、缺点和适用条件是什么？

2-15 立井开拓的优点、缺点和适用条件是什么？

2-16 简述平硐开拓有几种方式，说明其布置特点及适用条件？

2-17 什么是综合开拓，通常有哪几种综合开拓方式？

3 井田开拓中的几个主要问题

结合井田开拓过程中需要注意的几个主要问题，本章主要介绍了井田开拓中井筒位置和数目的确定、开采水平的确定、阶段大巷的布置以及井底车场等相关知识。

3.1 井筒位置及数目的确定

井筒，是矿井最重要的井巷工程。它是矿井由地下通向地面的出口，是煤炭、材料、设备、人员、风、电的必经之路，是整个矿井生产系统的咽喉。井筒往往是矿井建设中影响初期投资和建井工期的关键性控制工程。此外，井筒的位置和数目还对矿井生产系统的技术合理性、矿井生产经营的经济合理性以及资源回收率等都有着重要影响。

一般地，一个矿井至少应有一主一副两个井筒，主井担负煤炭提升任务，副井担负辅助提升任务。

井筒的主要作用是联系井上和井下。在井上，由于要布置地面工业场地，井口位置会受地表因素影响；井筒在开凿过程中掘进的难易程度和维护性的好坏，则受井下地质因素的影响。另外，井筒落底位置与矿井生产经营的技术经济合理性有关，所以井筒位置还受矿井技术经济合理性的约束。

所谓井筒位置，主要是指两个方面：一是井口和井底沿井口走向和倾斜方向的位置；二是井筒本身所通过的岩层层位。

根据以上分析，选择井筒位置应从以下三方面进行论证和比较。

3.1.1 地面因素

（1）能充分利用地形，使地面生产系统和工业场地布置合理，尽可能减少地面工业场地的土石方工程量。

（2）地面工业场地应尽可能少占或不占良田，特别是不要占用高效农田。

（3）井口标高应高于当地历史最高洪水位，并具有良好的泄、排洪条件，免受洪水威胁。

（4）井口所在地工程地质条件要好，要避免滑坡、崩坍、地表沉陷的影响。

（5）距林区较近时，应给井口留有足够的防火距离，免受森林火灾的影响。

（6）要充分考虑各种人为因素。特别是地方煤矿和乡镇、个体煤矿，要充分注意地面场地、交通等引发的各种矛盾，如井口占地的归属、矸石排放方式等。

3.1.2 地下因素

（1）井筒穿过的岩层应有良好的地质条件，尽可能避免穿越流沙层、强含水层和地质破坏剧烈带等不利于井筒掘进和维护的地带。

（2）井筒落底位置应能保证各水平井底车场巷道和硐室处于坚硬、完整的岩层中，保持井底车场良好的维护条件。

（3）井筒应避免老窑采区及其垮落岩层的影响。

（4）井筒应尽可能布置在薄煤带或不受采动影响的井田边界之外，以减少工业场地煤柱损失。

（5）井筒位置应保证井筒延深时不受底板强含水层水患威胁。

3.1.3　技术经济因素

（1）井筒落底位置应尽可能使井下运输、提升等生产环节简单。

（2）井筒落底位置应尽可能使开拓工程量小，建井快，出煤早。

（3）井筒落底位置应尽可能降低煤炭运输费等运营费用，并使矿井生产易于管理。

井筒落底位置在遵循以上原则下，应优先考虑有利于第一开采水平，并兼顾其他水平。在条件许可时，井筒落底最好靠近第一水平运输大巷。

井筒落底沿井田走向的合理位置，一般在井田储量沿走向分布的中央，这样可以形成比较均衡的双翼井田，使煤在井下沿走向的平均运输距离最短、运输工作量最小、运费最省。矿井两翼开采，其生产、通风均衡，通风费用低。

井筒沿井田倾斜方向的位置应根据井田开采的煤层数目、层间距、煤层厚度、倾角和采用的开拓方式确定。

图3-1表示井筒沿倾斜方向可以有几种不同的布置方案：井筒位置设于井田中部B处，可使石门较短，沿石门的运输工作量较小；井筒位置设于A处时总的石门工程量虽然稍大，但第一水平工程量及投资较少，建井期较短；井筒位置设于C处，初期工程量最大，石门总长度和沿石门的运输工作量也较大，如果煤系基底有含水量大的岩层不允许井筒穿过时，它可以延深井筒到深部，对开采井田深部及向下扩展有利，而在A，B位置，井筒只能打到一、二水平，深部需用暗井或暗斜井开拓，生产环节多，运输提升较复杂。从井筒和工业场地保护煤柱损失看，井筒愈靠近浅部，煤柱的尺寸愈小，愈靠近深部，则煤柱尺寸愈大。

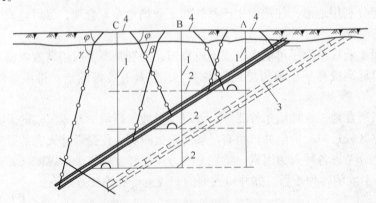

图3-1　立井井筒沿井田倾斜方向布置方案

1—井筒；2—石门；3—富含水层；4—井筒及工业场地煤柱

对于急倾斜煤层，特别是厚煤层，井筒位置对石门长度影响较小，而对安全煤柱损失的大小影响突出。因此，为了减小煤柱损失，井筒位置最好靠近煤层底板或布置在不受采动影响的底板岩石中，如图 3-2 所示。

斜井沿井田倾斜方向的位置如不受其他条件限制时，为了使井筒易于维护和减少安全煤柱损失，一般应把井筒布置在下部的薄煤层中或不受采动影响的底板岩石中。

在井田开拓中，除了主井、副井以外，还有风井或小风井。风井的数目和位置主要取决于井田开拓中的通风系统。

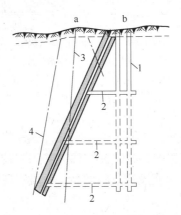

图 3-2　急倾斜煤层开拓井筒位置示意图
a—井筒位于煤层顶板；b—井筒位于煤层底板；
1—井筒；2—主要石门；3—井筒中心线，4—煤柱边界线

3.2　开采水平的确定

井田沿倾斜方向划分为阶段后，就要确定开采水平。如前所述，一个水平可以为一个阶段服务，也可以为两个阶段服务。所以，开采水平的数目不仅与阶段数目有关，还与一个水平服务的阶段个数有关。这就需要先解决能否采用下山开采的问题。

3.2.1　采区下山开采

在多水平开拓的井田中，每一个水平可以只开采上山阶段，也可以开采上、下山两个阶段。决定是否采用下山开采的因素很多，最主要的是矿井基本建设的工程量和基本建设投资的大小以及生产技术条件和因素等。

当阶段高度一定时，采用上、下山开采比只用上山开采水平数目少，井底车场、硐室等工程量及有关设备相应减少，因而基本建设投资也相应降低。同时，由于水平数目减少，每个水平的服务年限增长，也有利于矿井生产的均衡。

从生产技术上讲，采区上山开采与采区下山开采在运输、排水、通风、掘进等方面都有各自的特点。

采区上山开采，煤是向下运输，运输能力大、动力消耗少、运输费用的单价较低；但是，煤有反向运输（见图 3-3），矿井运输提升的总费用比下山开采略大一些。

采区上山开采的排水系统简单，采区内的涌水可以直接由采区上山自流到阶段平巷。而采区下山开采的排水就要复杂得多。下山采区排水可以采用各区段逐段排水的方法，也

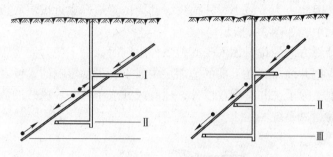

图 3-3　上、下山开采比较

I，II，III—开采水平序号

可以采用由采区下部集中一次排水的方法。和上山开采比较，无论哪一种排水方法都要增加排水设备和排水费用。

在通风方面，上山开采回风平巷位于阶段上部，采区的进风巷与回风巷往往相距较远，不易漏风。而采用下山开采时，进风巷与回风巷相距较近，因而漏风的可能性大，使采区的通风效率降低，且采区内通风构筑物增多，通风管理较困难，对高瓦斯矿井则更为不利。

采区下山开采的掘进工作，除掘进时的通风比采区上山容易以外，其装载、运输、排水等环节都比采区上山掘进困难，尤其是当煤层的倾角大和煤层涌水量大时，采区下山的掘进工作就更加困难。

综上所述，一般缓倾斜煤层，只有当煤层倾角较小（<16°），瓦斯含量较低，涌水量不大时，才适于既采用上山开采，又采用下山开采，即一个开采水平为上、下山两个阶段服务。

3.2.2　开采水平的确定

根据井田内划分阶段的多少，可以设一个或几个开采水平，这主要取决于井田的斜长和阶段尺寸的大小以及是否采用下山开采。

开采水平的尺寸用水平垂高表示。水平垂高指的是该水平开采范围煤层的垂直高度。如果一个水平只采一个阶段，则水平高度就等于阶段高度，如果一个水平既开采上山阶段又开采下山阶段，这时水平高度就是两个阶段垂高之和。

合理的水平高度应使矿井的吨煤基本建设投资和分摊到每吨煤上的生产费用达到最少。增大开采水平的垂高，减少开采水平的数目，矿井的吨煤基本建设费用就可能减少，但却会增加阶段的斜长或增加采区下山开采，使矿井的生产经营费用增加。由此可见，随着开采水平高度的变化，矿井的基本建设费用与生产经营费用都在向相反方向增减，因而对每个井田都存在着一个经济上合理的水平高度。

随着开采水平高度增大而减少的费用有：井底车场及有关硐室、开采水平内的石门及阶段平巷等的基本建设费用，以及设备和安装等费用。随着阶段高度增大而增加的费用有：上山部分煤的运输费用、通风费用以及巷道维护费用等。

就目前的开采技术条件而言，缓倾斜煤层阶段高度增加对采区通风、排水、煤的运输等项费用的影响并不很大，而限制阶段垂高的重要因素是上山部分采区的斜长。因为采区的辅助运输依靠的是轨道上山的绞车，如果采区上山过长，可能需要安装多台绞车进行多段提升，从而导致井下运输环节增加，降低生产效率。对于急倾斜煤层来讲，阶段垂高过大时，溜煤眼的掘进和维护都比较困难。反之，如果阶段垂高过小，则会造成采区服务年限缩短，可能使采区准备及开采水平等延深工作过分紧张，影响矿井正常生产。另外，阶段高度过小还会增加巷道的煤柱损失。

除上述因素外，煤层赋存状态以及煤层埋藏的地质条件等，对阶段和开采水平高度的确定也有一定影响。例如，煤层厚度影响开采水平的煤炭储量，即影响着开采水平的服务年限；近水平煤层层间距大小还可能决定开采水平的高度，如图3-4所示。

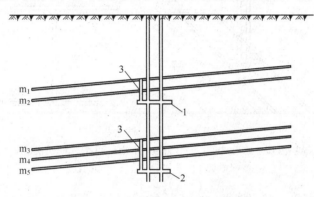

图 3-4 近水平煤层按煤组划分水平
1—第一水平；2—第二水平；3—溜井

总之，水平标高和垂高的确定，要充分考虑各种影响因素，并根据国家有关技术政策和规定来综合分析。

3.3 阶段大巷布置

阶段大巷包括阶段运输大巷和阶段回风大巷。它们横贯井田走向，服务年限长，工程量大，是影响矿井基建投资、建井速度和生产经营效果的重要开拓工程。研究阶段大巷的布置有很重要的意义。

3.3.1 阶段运输大巷的运输方式

目前，我国阶段运输大巷的运输方式主要有轨道运输和胶带输送机运输两种。

轨道运输时，大巷断面由电机车和矿车尺寸决定。它对巷道坡度要求较高，不允许有大的起伏，但对巷道平面弯度限制不大，只要弯道曲率半径能满足电机车和运行要求即可。

胶带运输时，巷道断面一般比轨道运输要小。但为了机器检修，必须另开一条轨道巷与其并行。有时可将轨道与输送机布置在一条巷道内（称为机轨合一），但巷道断面要增加。

就目前技术条件而言，胶带运输一般用于井田走向长度短，煤层开发强度大的大型矿井。否则，采用轨道运输更为合理和经济。

3.3.2　阶段运输大巷的布置方式

根据运输大巷所服务的煤层数，它的布置形式有分层运输大巷、集中运输大巷和分组集中运输大巷三种。

在开采水平各煤层中分别开掘运输大巷，并用阶段石门或溜井与井底车场相通的称为分层运输大巷，如图 3-5 所示。

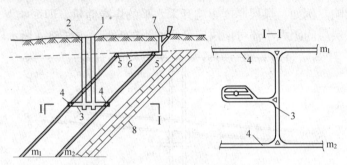

图 3-5　分层运输大巷

1—主井；2—副井；3—主要石门；4—分层运输大巷；5—分层回风巷；
6—回风石门；7—回风井；8—含水岩层

分层运输大巷可以沿煤层掘进，也可以在煤层底板中开掘。在煤层中开掘施工容易，掘进速度快，成巷费用低，并有助于进一步探明煤层赋存状况，补充地质资料，这对勘探程度较差、地质构造复杂的矿井有重要意义。

分煤层开掘大巷，巷道掘进工程量大，采区生产能力低，生产分散，管理十分不便，不利于矿井生产能力和劳动生产率的进一步提高。同时，煤层大巷易受采动影响，巷道维护困难，维护费用高，煤柱损失大，不利于安全生产。因此，分层运输大巷布置目前只在少数矿井或地方小型矿井中得到应用。

在开采水平内只开一条运输大巷为各煤层服务，这条运输大巷称为集中运输大巷，它通过采区石门与各煤层相联系，如图 3-6 所示。

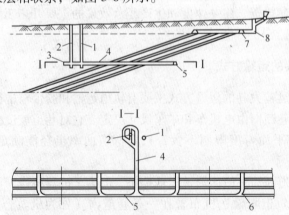

图 3-6　集中运输大巷

1—主井；2—副井；3—井底车场；4—主要石门；5—集中运输巷；
6—采区石门；7—集中回风巷；8—回风井

集中运输大巷的特点是：减少了大巷的掘进量和维护量，增加了联系各煤层的采区石门，有利于采区巷道联合布置，实现合理集中生产。当采用岩石集中运输大巷时，大巷的弯道可以减少，生产期间维护条件好，可以充分发挥电机车的运输能力，有利于运输工作机械化和自动化。同时，可以不留大巷煤柱，有利于提高煤炭回收率。但是，这种布置方式，建井初期需要在掘进阶段石门、运输大巷和采区石门以后才能进行上部煤层的准备与回采，因而建井期较长。另外，当煤层间距很大时，采区石门的长度大，采区石门的总工程量可能很大，以致造成技术和经济上不合理。因此，这种方式适用于煤层数目较多、煤层间距不大的矿井。

分组集中运输大巷是前述两种方法的过渡形式，它兼有前两种方式的部分特点。当井田内各煤层的层间有大有小用一条集中运输大巷服务于全部煤层在技术和经济上都不合理时，可以根据各煤层的间距及煤层特点将煤层分为若干煤组，每一煤组布置一条运输大巷担负本煤组的运输任务，称为分组集中运输大巷。分组大巷以采区石门联系本煤组各煤层，如图 3-7 所示。

通常，煤层群开拓，运输大巷宜采用集中布置，但应根据矿井的地质及生产技术条件进行综合分析比较来确定。

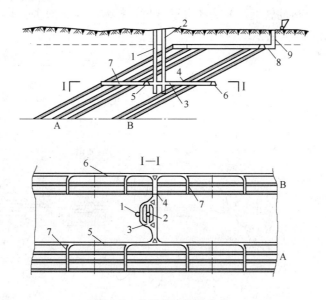

图 3-7　分组集中运输大巷

1—主井；2—副井；3—井底车场；4—主要石门；5—A 煤组集中运输大巷；
6—B 煤组集中运输大巷；7—采区石门；8—回风大巷；9—回风井

3.3.3　阶段运输大巷的位置

阶段运输大巷在煤层群或煤组中的具体位置直接关系到大巷掘进和维护的难易程度。大巷位置与大巷布置方式关系密切。一般地，对服务年限较长的大巷（如水平服务年限长的集中大巷、分组集中大巷等），最好布置在不受采动影响的煤层或煤组底板岩石中。当大巷服务年限不太长，煤组下部煤层为薄及中厚煤层，煤质坚硬、围岩稳定且自燃倾向不严重和煤与瓦斯突出危险较小时，也可沿该煤层布置。

3.3.4　阶段回风大巷布置

矿井阶段回风大巷的布置与阶段运输大巷布置的原则基本相同。实际上，本水平的运输大巷常作为下水平的总回风大巷。

矿井第一水平的回风巷布置应根据情况区别对待。

对于开采急倾斜、倾斜和大多数缓倾斜煤层的矿井，第一阶段的回风巷可设在煤组稳定的底板岩石中。有条件时，可设在煤组下部煤质坚硬、围岩稳定的薄及中厚煤层中。

当井田上部冲积层较厚且含水丰富时，井田上部边界必须留设防水煤柱，第一阶段的回风平巷可以布置在防水煤柱中。

开采近水平煤层群，矿井瓦斯含量高时，为避免下行风，回风巷可以布置在上部煤层或顶板岩石中，并与运输大巷重叠布置，以减少护巷煤柱损失。

3.4　井底车场

井底车场是井筒与井下主要巷道连接处的一组巷道和硐室的总称。它既担负着矿井煤矸、物料、设备、人员的转运，又为矿井的通风、排水、供电服务，是连接井下运输和井筒提升的枢纽，如图3-8所示。

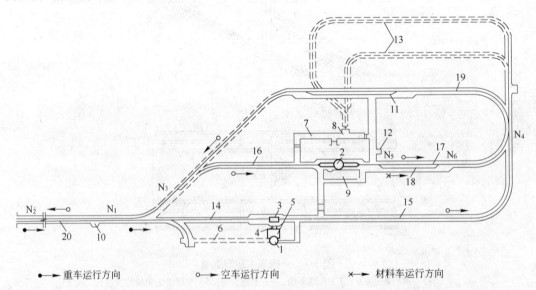

━●━重车运行方向　　　━○━空车运行方向　　　━×━材料车运行方向

图3-8　立井刀式环行井底车场

1—主井；2—副井；3—翻笼（翻车机）硐室；4-煤仓；5—箕斗装载室；6—清理井底撒煤斜巷；
7—中央变电所；8—水泵房；9—等候室；10—调度室；11—人车停车场；12—工具室；13—水仓；
14—主井重车线；15—主井空车线；16—副井重车线；17—副井空车线；18—材料车线；
19—绕道回车线；20—调车线；$N_1 \sim N_6$—道岔编号

由图3-8可知，井底车场的巷道线路包括主井重车线14、主井空车线15、副井重车线16、副井空车线17、材料车线18、绕道回车线19、调车线20及一些连接巷道；井底车场的硐室主要有：主井系统硐室——翻笼（翻车机）硐室3、煤仓4、箕斗装载室5、清理井底撒煤斜巷 6 等，副井系统硐室——中央变电所 7、水泵房 8、水仓 13 及等候室 9 等；其他硐室尚有调度室、电机车修理间、人车停车场等。

3.4.1 井底车场的形式和特点

由于井筒形式、提升方式、大巷运输方式的不同，井底车场形式也各不相同。根据矿车在车场内运行的特点，井底车场可分为环行式和折返式两大类。

3.4.1.1 环行式井底车场

环行井底车场的特点是重列车在车场内总是单向运行，因而调车工作简单，可以达到较大的通过能力，但车场的开拓工程量较大。

图 3-9 为立井环行井底车场示意图。主井为箕斗提升，副井为罐笼提升。采区出煤经水平运输大巷进入主井重车线 3。经翻笼卸载后空车经主井空车线 4 和绕道 6 出井底车场。由副井下放的材料与空车一起编组出井底车场。

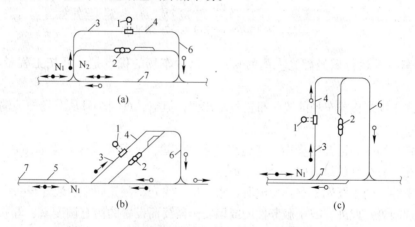

图 3-9　立井环行井底车场示意图

（a）卧式车场；（b）斜式车场；（c）立式车场

1—主井；2—副井；3—主井重车线；4—主井空车线；5—调车线；6—回车绕道；7—主要运输大巷

按照井底车场空、重车线与运输大巷或主要石门的相对位置关系，环行车场又可分为卧式、斜式和立式三种。

当井筒位置与主要运输大巷和石门相距较近时，主、副井储车线与运输大巷或石门可平行布置称为卧式井底车场。

主、副井储车线与运输大巷或石门斜交称为斜式井底车场。

环行立式井底车场的主、副井储车线垂直于运输大巷或石门。当井筒距运输大巷很远时，立式车场可以采用图 3-8 的布置方式，通常称为刀式车场。

斜井环行车场与立井环行车场极为相似，也可以分为卧式、斜式和立式三种类型。其线路布置与立井环行车场基本相同。

3.4.1.2 折返式井底车场

折返式井底车场的特点是空、重车在车场内有折返运行。根据车场两端是否可以进出车，折返式车场又可分为梭式和尽头式两种。

梭式车场，如图 3-10 所示，其主要特点是：主井储车线完全布置在主要运输巷

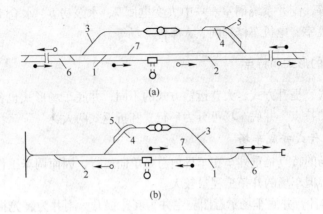

图 3-10　立井折返式井底车场示意图

(a) 立井梭式车场；(b) 立井尽头式车场

1—立井重车线；2—立井空车线；3—副井重车线；4—副井空车线；

5—材料车线；6—调车线；7—通过线

道上，列车往返运行需经翻笼一侧的轨道。这种车场的优点是：开拓工程量小，车场弯道少。

尽头式车场与梭式车场的线路布置基本相似，但空、重列车只从车场的一端出入，另一端为线路的尽头。

折返式车场的巷道开拓量小，巷道交叉点和弯道少，行车安全。但巷道由于断面大，需要布置在比较坚硬的岩石中，否则维护困难。

井底车场内的主要硐室有：变电所、水泵房、水仓、翻笼硐室、装煤设备硐室、电机车库及修理间等。此外，属于服务性的或因安全需要而设置的尚有调度室、等候室、井下防火门硐室、消防材料库及炸药库等。

3.4.2　井底车场形式的选择

选择井底车场形式时，应根据矿井的不同条件考虑以下主要原则：

(1) 运输系统和调车方式简单，有利于采用集中、闭塞、自动控制信号系统；

(2) 车场通过能力较矿井实际生产能力富余30%以上；

(3) 减少巷道开拓工程量；

(4) 尽量减少巷道交叉点，以便减少施工的困难和提高行车速度，增大井底车场的通过能力；

(5) 整个车场巷道和硐室，应布置在稳定的易于维护的岩层中。

一般来讲，环行车场的重列车在车场内没有折返运行，调车系统简单，有利于采用自动控制信号系统。此外，车场内可以有几台电机车同时运行，车场通过能力较大。但是，这种车场巷道交叉点和弯道多，施工比较复杂，车辆运行安全性差，而且绕道等工程量较大。与环行车场相比，折返式井底车场可利用运输大巷或石门作为主井储车线和调车线，车场的开拓工程量较小，且巷道交叉点少，弯道少，车场线路简单，施工较容易，行车也比较安全。

3.5　矿井开拓延深

由于矿井开采逐步地向深部发展，因此每隔一段时间，就需要延深井筒，开拓新的水平。生产矿井的开拓延深，是煤炭生产过程中保证开采连续进行的必要措施，它对挖掘矿井生产潜力、提高矿井生产能力具有重大影响。

3.5.1　矿井延深的原则

（1）充分利用老矿原有设备、设施，挖掘现有的生产潜力。

（2）尽量减少对现有生产水平的影响，并有利于下水平的延深，同时力求生产系统简单，缩短新旧开采水平交替生产的时间。

（3）临时性的辅助工程量小，减少投资，缩短工期，降低生产经营费用。

（4）尽量采用先进技术，以适应煤矿现代化生产发展的需要。

3.5.2　矿井延深方案的选择

矿井延深方案类型较多，最常见的有下列几种：

（1）主、副井直接延深。这种方案是将主、副井直接延深到生产水平以下的各水平，如图 3-11 所示。

这种方案可以充分利用原有设备、设施，具有提升单一、管理方便、投资少、维护费用低等优点。因此，无论是立井或斜井，如井筒延深不受地质条件限制，而原有的提升设备能满足新水平的提升要求时，都应考虑采取直接延深方案的可能性。

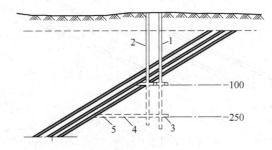

图 3-11　主、副井直接延深

1—主井；2—副井；3—井底车场；4—主要石门；5—运输大巷

（2）采用暗立井或暗斜井延深。这是在生产水平开掘暗立井或暗斜井通达下水平的延深方法，如图 3-12 所示。

采用暗立井或暗斜井延深，不影响生产水平正常生产，而且位置选择不受原有主、副井的约束。通常在下列情况下采用暗立井或暗斜井延深：

（1）在初期开发煤田时，由于立井开凿在煤层浅部，随着开采深度增加，原有立井设备不能满足提升要求，需要两段提升而不得不用暗井延深；或者煤层底板为强含水岩层，主、副井直接延深不安全，只能采用暗井延深。

（2）在采掘衔接特别紧张时，为避免影响生产，也可以考虑采用暗井延深。

54

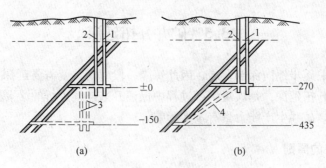

图 3-12　暗井延深

（a）暗立井延深；（b）暗斜井延深

1—主井；2—副井；3—暗立井；4—暗斜井

（3）副井（或主井）直接延深，主井（或副井）用暗井延深。这两种方案可根据地质条件和主、副井提升设备的能力来选取。延深时，可先打暗井，然后自下而上反接主井或副井。这样不但对生产影响小，而且有利于矿井的延深工程。

（4）新开一个井筒，延深一个井筒。由于矿井生产能力扩大，以及开采水平的延深，提升井筒的深度增加，瓦斯涌出量增大，利用原有井筒延深时，提升能力和通风能力如不能满足需要，在充分利用原有井筒的原则下可新开一个主井或副井以弥补原有井筒提升能力的不足。图 3-13 为新开主井、直接延深副井的方案。

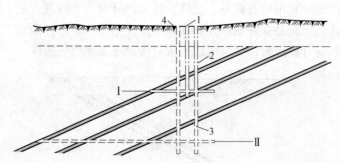

图 3-13　新开主井、直接延深副井

Ⅰ，Ⅱ—第一、二水平；1—原主井；2—副井；3—延深副井；4—新开主井

本 章 小 结

本章重点介绍了井田开拓中的几个主要问题。

井筒是矿井最重要的井巷工程，井筒的位置和数目对矿井生产系统的技术合理性，矿井生产经营的经济合理性以及资源回收率等都有着重要影响。根据前述分析，选择井筒位置应从地面因素、地下因素和技术经济因素三方面进行论证和比较。

井田沿倾斜方向划分为阶段后，就要确定开采水平。如前所述，一个水平可以为一个阶段服务，也可以为两个阶段服务。所以，开采水平的数目不仅与阶段数目有关，还与一个水平服务的阶段个数有关。这就需要先解决能否采用下山开采的问题。

阶段大巷包括阶段运输大巷和阶段回风大巷。它们横贯井田走向，服务年限长，工程量大，是影响矿井基建投资、建井速度和生产经营效果的重要开拓工程。研究阶段大巷的布置有很重要的意义。

井底车场是井筒与井下主要巷道连接处的一组巷道和硐室的总称。它担负着矿井煤矸、物料、设备、人员的转运等任务，又为矿井的通风、排水、供电服务，是连接井下运输和井筒提升的枢纽。

生产矿井的开拓延深，是煤炭生产过程中保证开采连续进行的必要措施。它对挖掘矿井生产潜力，提高矿井生产能力具有重大影响。

以上几个问题是井田开拓中至关重要的几个问题，设计时应当引起高度重视。

思 考 题

3-1 井筒的位置及数目如何确定？

3-2 运输大巷的布置方式有哪几种，各有什么优缺点？

3-3 什么是井底车场，井底车场有哪几种形式？

3-4 井底车场内的主要硐室有哪些，各具有什么用途？

3-5 矿井开拓延深方案有哪几种，各有什么优缺点？

4 采煤方法

采煤方法是采煤工艺与采煤系统在时间和空间上相互配合的总称。根据不同的矿山地质及技术条件，可有不同的采煤系统与采煤工艺相配合，从而构成多种多样的采煤方法。选择采煤方法应当结合具体的矿山地质和技术条件，应做到技术先进、经济合理、生产安全。

本章主要介绍了爆破采煤工艺、普通机械化采煤工艺、综合机械化采煤工艺和放顶煤采煤工艺，以及采煤方法的选择原则、影响采煤方法选择的因素和采煤方法的发展方向等相关知识。

4.1 基 本 概 念

4.1.1 采场和采煤工作面

用来直接大量采取煤炭的场所，称为采场。在采场内进行回采的煤壁，称为采煤工作面。实际工作中，采煤工作面与采场是同义语。

4.1.2 采煤工作

在采场内，为了采取煤炭所进行的一系列工作，称为采煤工作。采煤工作可分为基本工序和辅助工序。煤的破、装、运是回采工作中的基本工序。除了基本工序以外的工作面支护、采空区处理，以及通常还需进行的移置运输、采煤设备等工序，统称为辅助工序。

4.1.3 采煤工艺

由于煤层的自然条件和采用的机械不同，完成这些工序的方法也就不同，并且在进行的顺序上、时间和空间上，也必须有规律的加以安排和配合。这种按照一定顺序完成各项工作的方法及其配合，称为采煤工艺。在一定时间内，按照一定的顺序完成采煤工作各项工序的过程，称为采煤工艺过程。

4.1.4 采煤系统

采煤巷道的掘进一般是超前于采煤工作进行的。它们之间在时间上的配合以及在空间上的相互位置关系，称为采煤巷道布置系统，也称采煤系统。

4.1.5 采煤方法

采煤方法是采煤工艺与采煤系统在时间和空间上相互配合的总称。根据不同的矿山地质及技术条件，可有不同的采煤系统与采煤工艺相配合，从而构成多种多样的采煤方法。

4.2 采煤方法分类

采煤方法的分类方法很多，通常按采煤工艺、矿压控制特点，首先将采煤方法分为壁式体系和柱式体系两大类，如图4-1所示。

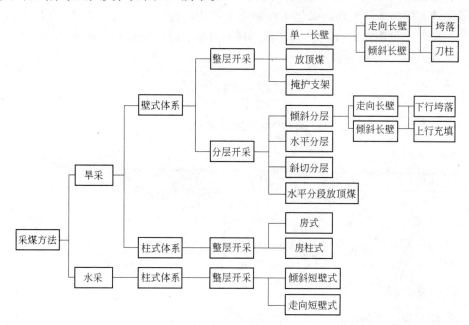

图 4-1 采煤方法分类

4.2.1 壁式体系采煤方法

壁式体系采煤方法又称长壁体系采煤方法，以长工作面采煤为主要标志，具体又有如下分类。

按所采煤层倾角不同，可分为缓斜、倾斜煤层采煤法和急斜煤层采煤法。

按煤层厚度不同，可分为薄煤层采煤法、中厚煤层采煤法和厚煤层采煤法。

按采用的采煤工艺不同，可分为爆破采煤法、普通机械化采煤法和综合机械化采煤法。

按采空区处理方法不同，可分为垮落采煤法、刀柱（煤柱支撑）采煤法和充填采煤法。

按采煤工作面布置及推进方向的不同，可分为走向长壁采煤法和倾斜长壁采煤法。按工作面向仰斜或俯斜推进的方向不同，倾斜长壁又有仰斜长壁和俯斜长壁之分。

按是否将煤层全厚进行一次开采，可分为整层采煤法和分层采煤法。薄煤层、厚度小于3m的中厚煤层采用整层采煤法；厚度较大的中厚煤层、厚煤层既可采用整层采煤法，也可采用分层采煤法。

4.2.1.1 薄及中厚煤层单一长壁采煤方法

图4-2（a）所示为单一走向长壁垮落采煤法示意图。所谓"单一"即表示整层开采；

"垮落"则表示采空区处理是采用垮落的方法。由于绝大多数单一长壁采煤法均用垮落法处理采空区，故一般可简称为单一走向长壁采煤法。首先将采（盘）区划分为区段，在区段内布置回采巷道（区段平巷、开切眼），采煤工作面呈倾斜布置，沿走向推进。

对倾斜长壁采煤法，则是首先将井田或阶段划分为带区，在带区内布置回采巷道（分带斜巷、开切眼），采煤工作面呈水平布置，沿倾斜推进，两侧的回采巷道是倾斜的，并通过联络巷直接与大巷相连。采煤工作面向上推进称仰斜长壁（见图 4-2 (b)），向下推进称俯斜长壁（见图 4-2 (c)）。为了便于顺利开采，煤层倾角不宜超过 12°。

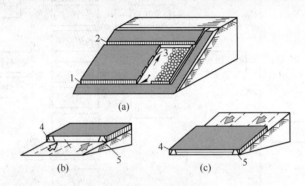

图 4-2　单一长壁采煤法示意图

(a) 走向长壁；(b) 倾斜长壁（仰斜）；(c) 倾斜长壁（俯斜）

1，2—区段运输、回风平巷；3—采煤工作面；4，5—分带运输、回风斜巷

当煤层顶板极为坚硬时，若采用强制放顶（或注水软化顶板）垮落法处理采空区有困难，有时可采用煤柱支撑法（刀柱法），称单一长壁刀柱式采煤法，如图 4-3 所示。采煤工作面每推进一定距离，留下一定宽度的煤柱（即刀柱）支撑顶板。但这种方法工作面搬迁频繁，不利于机械化采煤，资源的采出率低。

当开采急斜煤层时，为了便于生产及安全，工作面可呈俯伪斜布置，仍沿走向推进，则称为单一俯伪斜走向长壁采煤法。

4.2.1.2　厚煤层分层开采的采煤方法

开采厚煤层时，利用单一长壁采煤法来开采将会遇到困难，在技术上较复杂。煤层厚度超过 5m 时，采用单一长壁开采的空间支撑技术及装备目前尚无法合理解决。因此，有时为了克服单一长壁开采的困难，可把厚煤层分成若干采高 2~3m 的分层来开采。根据煤层赋存条件及开采技术不同，分层采煤法又可

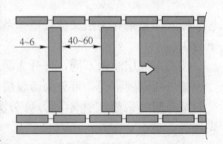

图 4-3　单一长壁刀柱式采煤法示意图（单位：m）

以分为倾斜分层、水平分层和斜切分层，前者用于缓斜、倾斜厚煤层，后两种主要用于急斜厚煤层（见图 4-4）。

倾斜分层：将煤层分成若干个与煤层层面相平行的分层，如图 4-4 (a) 所示，工作面沿走向或倾斜推进。

水平分层：将煤层划分成若干个与水平面相平行的分层，如图 4-4 (b) 所示，工作面

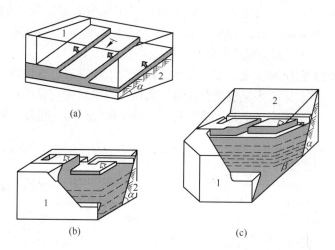

图 4-4 厚煤层分层方法
（a）倾斜分层；（b）水平分层；（c）斜切分层
1—顶板；2—底板

一般沿走向推进。

斜切分层：将煤层划分成若干个与水平面成一定角度的分层，如图 4-4（c）所示，工作面沿走向推进。

各分层的回采有下行式和上行式两种顺序：采用下行式回采顺序时，可采用垮落法或充填法来处理采空区；采用上行式回采顺序时，则一般采用充填法。

考虑综合分层方法、回采顺序以及采空区处理方法等因素，在实际工作中一般采用的采煤方法主要有下列三种：

（1）倾斜分层下行垮落采煤法。

（2）倾斜分层上行充填采煤法。

（3）水平或斜切分层下行垮落采煤法。

对于急斜特厚煤层，近几年来已在水平分层采煤法基础上，成功地采用了水平分段综采放顶煤采煤法，煤厚一般 25m 以上，分段高度可为 10~12m，分段底部采高约 3m，放顶煤高度 7~9m。

4.2.1.3 厚煤层整层开采的采煤方法

对于缓斜厚煤层（煤厚 3.5~5m），随着综采的发展，成功地采用了大采高一次采全厚的单一长壁采煤法。

对于煤厚一般大于 5m 的，特别是厚度变化较大的特厚煤层，可采用综采放顶煤长壁采煤法。

利用煤层倾角较大的特点使工作面俯斜布置，依靠重力下放工作面支架，为有效地进行顶板管理创造条件，在煤层赋存较稳定条件下可成功采用掩护支架采煤法，实现整层开采。

4.2.2 柱式体系采煤方法

柱式体系采煤方法以房柱间隔进行采煤为主要标志，一般特点如下：

（1）在煤层内布置一系列宽为 5~7m 的煤房，采煤房时形成窄（短）工作面成组向前推进。房与房之间留设煤柱，煤柱宽数米至二三十米不等，每隔一定距离用联络巷贯通，构成生产系统，并形成条状或块状煤柱，支撑顶板。

（2）采煤房时矿山压力显现较和缓，用锚杆支护工作空间，支护较简单。

（3）采煤用爆破或连续采煤机配套设备。采煤在一组房内交替作业。

（4）采掘合一，掘进准备也是采煤过程，回收房间煤柱时，也使用同一类型的采煤配套设备。

高度机械化的柱式体系采煤方法，一般只分为房式采煤法和房柱式采煤法两类。

典型的房柱式采煤法（见图 4-5）的基本特点是采用短工作面推进，将煤柱作为暂时或永久的支撑物，采用连续采煤机、梭车、锚杆等配套设备进行采煤。随着工作面推进，只用较简单的锚杆、支架支护顶板，用于防止顶板岩石冒落。由于采用锚杆支护增大了工作面空间，从而为机械化采煤创造了有利条件。此外，采用同类机械采煤房与煤柱，提高了采煤的灵活性。

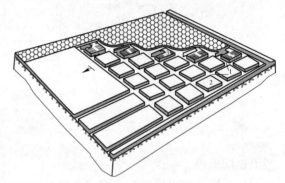

图 4-5 房柱式采煤法示意图
1—煤房；2—煤柱；3—采煤柱

4.3 爆破采煤工艺

爆破采煤工艺过程包括打眼、爆破落煤和装煤、人工装煤、刮板输送机运煤、移置输送机、人工架设支架和回柱放顶等主要工序。

4.3.1 爆破落煤

爆破落煤由打眼、装药、填炮泥、连炮线及起爆等工序组成。要求保证规定进度，工作面平直，不留顶煤和底煤，不破坏顶板，不崩倒支柱，不崩翻工作面输送机，尽量降低炸药和雷管消耗。因此，要根据煤层的硬度、厚度、节理和裂隙的发育程度及顶板的状况，正确地确定钻眼爆破参数，包括炮眼排列、角度、深度、装药量、一次起爆的炮眼数量以及爆破次序等。

一般常用的炮眼布置有：单排眼（见图 4-6（a）），一般用于薄煤层或煤质软、节理发育的煤层；双排眼（见图 4-6（b）、（c）、（d）），其布置形式有对眼、三花眼及三角眼等，一般适用于采高较小的中厚煤层，煤质中硬时可用对眼，煤质软时可用三花眼，煤层上部煤质软或顶板较破碎时可用三角眼；三排眼（见图 4-6（e）），亦称五花眼，用于煤质坚硬或采高较大的中厚煤层。

国内推广的微差爆破，使炮采工艺发生深刻变化。微差爆破一次多发炮，顶板震动次数减少，爆破产生的地震波因互相干扰、抵消，减少了对顶板的震动，有利于顶板管理；同时微差爆破有利于提高爆破装煤率。

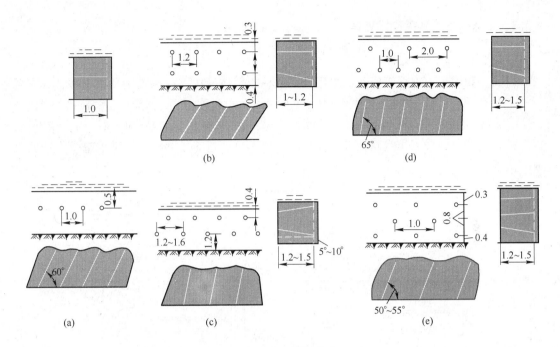

图 4-6　炮眼布置图（单位：m）

（a）单排眼；（b）双排眼；（c）三花眼；（d）三角眼；（e）三排眼

4.3.2　装煤与运煤

4.3.2.1　爆破装煤

爆破采煤工作面通常采用可弯曲刮板输送机运输，在单体液压支柱及铰接顶梁所构成的悬臂支架掩护下，输送机贴近煤壁，有利于爆破装煤，如图 4-7 所示。爆破装煤率可达 31%～37%。

4.3.2.2　人工装煤

爆破采煤工作面人工装煤量主要由两部分构成：输送机与新煤壁之间松散煤安息角线以下的煤（见图 4-7）和崩落或撒落到输送机采空侧的煤。因此，浅进度可减少煤壁处人工装煤量，提高爆破技术水平。

4.3.2.3　机械装煤

目前使用最多的是在输送机煤壁侧装上铲煤板。爆破后部分煤自行装入输送机，然后工人用铁锹将部分煤扒入输送机，余下的部分底部松散煤借助大推力千斤顶的推移，由铲煤板装入输送机。

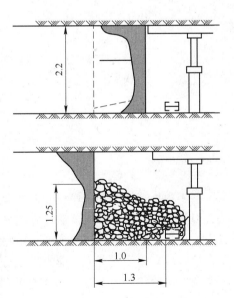

图 4-7　爆破装煤（单位：m）

4.3.3 工作面支护和采空区处理

4.3.3.1 工作面支护

目前，我国正规炮采工作面都采用金属支柱或单体液压支柱和铰接顶梁支护，其布置形式主要有两种：正悬臂齐梁直线柱（见图 4-8（a））和正悬臂错梁三角柱（见图 4-8（b））。但后者现在采用较少。落煤时爆深与铰接顶梁长度相等。最小控顶距为 3 排支柱，以保证有足够的回采工作空间，最大控顶距一般不宜超过 5 排支柱。通常推进一次或两次放一次顶。

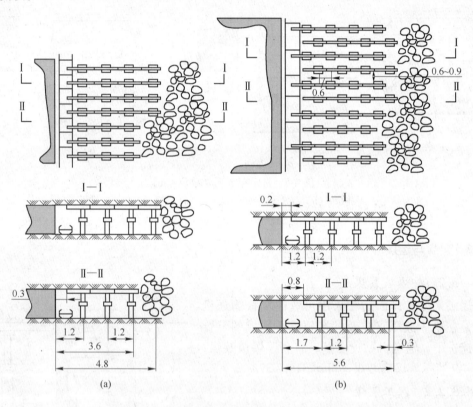

图 4-8 炮采工作面使用单体支柱和铰接顶梁的支架布置形式（单位：m）

（a）正悬臂齐梁直线柱布置；（b）正悬臂错梁三角柱布置

4.3.3.2 采空区处理

由于顶板特征、煤层厚度及保护地表的特殊要求等条件不同，采空区有多种处理方法，但最常用的是全部垮落法。它通常适用于直接顶易于垮落或具有中等稳定性的顶板，其方法是当工作面从开切眼推进一定距离后，主动撤除采煤工作空间以外的支架，使直接顶自然垮落。以后随着工作面推进，每隔一定距离就按预定计划回柱放顶。

全部垮落法主要工序是配合工作面的推进定期进行回柱放顶工作，如图 4-9 所示。当工作面推进一次或两次后，工作空间达到允许的最大宽度，应及时回柱放顶，使工作空间只保持回采工作所需的最小宽度，最小控顶距一般为 3 排支柱，最大为 4 排或 5 排支柱。

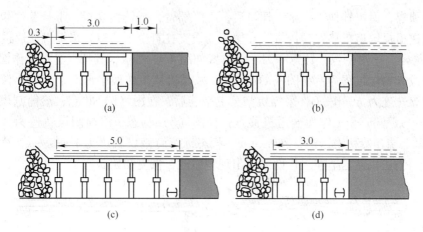

图 4-9　全部垮落法回柱放顶工序（单位：m）

（a）最小控顶距时支架形式；（b）第一次推进后支架形式；
（c）放顶前（最大控顶距）支架形式；（d）放顶后恢复到最小控顶状态

4.4　普通机械化采煤工艺

4.4.1　普采面单滚筒采煤机割煤方式

普采面的生产是以采煤机为中心的。采煤机割煤以及与其他工序的合理配合，称为采煤机割煤方式。采煤机割煤方式选择是否合理，直接关系到工作面产量和效率的提高。

（1）双向割煤，往返一刀。该方式如图 4-10 所示，其特点是在工作面下切口，采煤

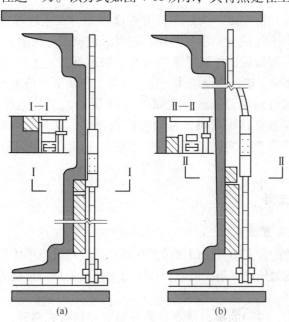

图 4-10　双向割煤，往返一刀

（a）上行割顶煤；（b）下行割底煤

机上行割顶煤，追机挂顶梁。至上切口后，下降摇臂，翻转挡煤板，下行割底煤并清理浮煤。自输送机机尾追机移置输送机，在梁下支设支柱直至下切口。采煤机往返进一刀。

（2）"∞"字形割煤，往返一刀。该方式如图 4-11 所示，其特点是在工作面中部输送机设弯曲段，割煤过程为：在图（a）状态，采煤机从工作面中部向上牵引，滚筒逐步升高，其割煤轨迹为 A—B—C；采煤机割至上平巷后，在图（b）状态，滚筒割煤轨迹改为 C—D—E—A，同时全工作面输送机移直；在图（c）状态，滚筒割煤轨迹为 A—E—B—F，工作面上端开始移输送机；在图（d）状态，滚筒割煤轨迹为 F—G—A，全工作面煤壁割直，而输送机输送槽在工作面中部出现弯曲段，恢复初始状态。

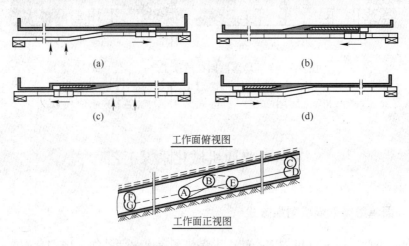

图 4-11　　"∞"字形割煤，往返一刀
（a）上行割顶煤；（b）下行割底煤；（c）下行割顶煤；（d）上行割底煤

（3）单向割煤，往返一刀。该方式如图 4-12 所示，工艺过程大致为：采煤机自工作面下（或上）切口向上（或下）沿底割煤，随机清理顶煤、挂梁，必要时可打临时支柱。机器割至上（或下）切口后，翻转弧形挡煤板，快速下（或上）行装煤及清理机道丢失的底煤，并随机推移输送机，支设单体支柱，直至工作面下（或上）切口。

（4）双向割煤，往返两刀。该方式如图 4-13 所示，工艺过程为：采煤机自下切口上行割煤，随机挂梁和推移输送机，并同时铲装浮煤、支柱，待采煤机割至上切口后，翻转弧形挡煤板，下行重复同样工艺过程。当煤层厚度大于滚筒直径时，挂梁前要处理顶煤。

4.4.2　普采面单体支架

4.4.2.1　支架布置方式

除少数顶板完整的普采面可使用带帽点柱外，一般均采用单体液压支柱或摩擦式金属支柱与铰接顶梁组成的悬臂支架。按悬臂顶梁与支柱的关系，可分为正悬臂与倒悬臂，如图 4-14 所示。

普采面支架布置，按梁的排列特点分为齐梁式和错梁式两种，如图 4-15 所示。为了行人和工人作业方便，工作面支柱一般排成直线状，三角形排列已很少使用。

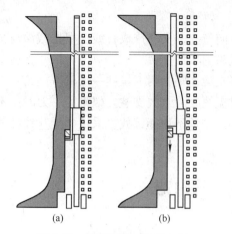

图 4-12 单向割煤，往返一刀

（a）上行割煤、挂梁；

（b）下行装煤、推移输送机、支柱

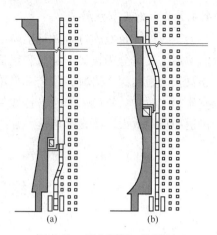

图 4-13 双向割煤，往返两刀

（a）上行割煤、挂梁、推移输送机；

（b）下行重复上行时工序

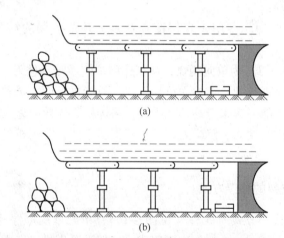

图 4-14 单体支架正悬臂与倒悬臂布置

（a）正悬臂布置；（b）倒悬臂布置

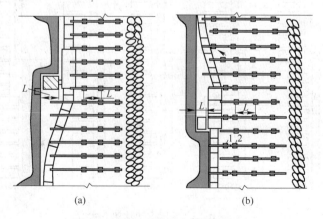

图 4-15 支架齐梁式和错梁式布置

（a）齐梁直线柱式布置；（b）错梁直线柱式布置

1—临时柱；2—正式柱

4.4.2.2 支架布置特点

齐梁直线柱式布置的特点是悬梁端沿煤壁方向整齐，支柱排成直线。根据截深与顶梁长度的关系，又可分梁长等于截深和梁长等于截深的2倍。

顶梁长度是截深2倍时，若全部采用正悬臂支架，则割两刀煤挂一次梁。割第一刀时每架支架打临时柱；割第二刀时，挂梁并将临时支柱改为永久支柱。因割第一刀时挂不上梁，机道控顶距太大，顶板易垮落，加之工人的工作量不均衡，故多采用错梁直线柱式布置方式。

4.5 综合机械化采煤工艺

4.5.1 综采面双滚筒采煤机割煤方式

综采面采煤机的割煤方式是综合考虑顶板管理、移架与进刀方式、端头支护等因素确定的，主要有如下几种：

（1）往返一次割两刀。多用于煤层赋存稳定、倾角较缓的综采面，工作面为端部进刀。

（2）往返一次割一刀。为单向割煤，从工作面中间或端部进刀，适用于以下条件：煤层倾角大，不能自上而下移架，或输送机易下滑，只能自下而上推移的综采面；采高大而滚筒直径小，采煤机不能一次采全高的综采面；采煤机装煤效果差，需单独牵引装煤行程的综采面；割煤时产生煤尘多，降尘效果差，移架工不能在采煤机的回风平巷一端工作的综采面。

4.5.2 综采面液压支架的移架方式

我国采用较多的移架方式有3种（见图4-16）：单架依次顺序式；分组间隔交错式；成组整体依次顺序式。其中，单架依次顺序式，支架沿采煤机牵引方向依次前移，移动步

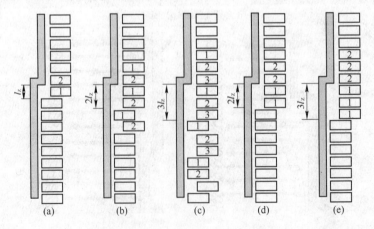

图 4-16 液压支架移架方式

（a）单架依次顺序式；（b），（c）分组间隔交错式；（d），（e）成组整体依次顺序式

距等于截深，支架移成一条直线。该方式操作简单，容易保证规格质量，能适应不稳定顶板，应用较多。

4.5.3　综采面工序配合方式

综采面割煤、移架、推移输送机 3 个主要工序，按不同顺序有及时支护方式（见图 4-17）和滞后支护方式两种配合方式。

4.5.3.1　及时支护方式

这种支护方式，推移输送机后，在支架底座前端与输送机之间要富余一个截深的宽度，工作空间大，有利于行人、运料和通风；若煤壁易片帮，可先于割煤进行移架，以支护新暴露的顶板。但这种支护方式增大了工作面控顶宽度，不利于控制顶板。

4.5.3.2　滞后支护方式

这种支护方式，割煤后输送机首先逐段移向煤壁，然后支架随输送机前移，两者移动步距相同。这种配合方式在底座前端和机槽之间不再有一个截深富余量，比较能适应周期压力大及直接顶稳定性好的顶板，但对直接顶稳定性差的顶板适应性差，使用较少。

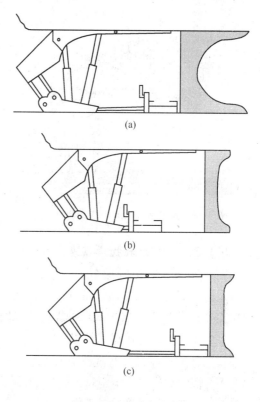

(a)

(b)

(c)

图 4-17　及时支护方式

4.6　放顶煤采煤法

放顶煤采煤法是沿煤层的底板或某一厚度范围内的底部布置一个采煤工作面，利用矿山压力将工作面顶部煤层在工作面推进过后破碎冒落，并将冒落顶煤予以回收的一种采煤方法。

4.6.1　放顶煤采煤法的分类

4.6.1.1　预采顶分层放顶煤采煤法

沿煤层顶板布置一个长壁工作面，用炮采、普采或综采进行预采。在采煤过程中，沿底板铺设金属网。相隔一段距离后，再沿底板布置一个综采放顶煤工作面进行开采，并将上下工作面之间的煤层放落，利用放顶煤工作面后面的输送机，将放落的煤运出，如图 4-18 所示。这种方法由于在顶层铺设了金属网，可以减少放落煤中的含矸量。

4.6.1.2　预采中分层放顶煤采煤法

采用这种方法时，先在距煤层底板约 3m 处布置一个破煤工作面，进行预采。而后再

68

沿底板布置一个放顶煤工作面，采出沿底板的煤层并回收采空区破碎了的顶煤，如图 4-19 所示。这种方法易于回收顶煤，但当底板起伏不平时，很难保证放顶煤工作面采高一致。同时，因为顶煤预先受到破坏，对于易于自然发火煤层，容易导致采空区煤的自燃，且放顶煤时煤尘较大。

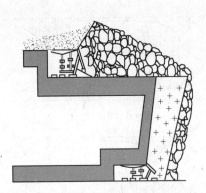

图 4-18　预采顶分层放顶煤采煤法

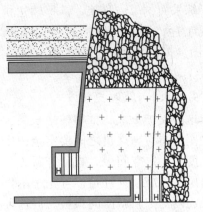

图 4-19　预采中分层放顶煤采煤法

4.6.1.3　整层开采放顶煤采煤法

如图 4-20 所示，沿底板布置一个放顶煤工作面采煤和回收顶煤。其优点是回采巷道掘进量及维护量小，工作面设备少，采区运输、通风系统简单，实现了集中生产，顶煤在矿山压力作用下易于回收。缺点是煤质较软时，工作面运输及回风巷维护困难。

4.6.1.4　分段放顶煤采煤法

当煤层厚度超过 20m 乃至几十米或上百米时，可以将特厚煤层分为 10~12m 厚的若干分段。上下分段前后保持一定距离，同时采两个分段，或者一个一个逐段下行回采。采用这种方法时，可以在第一个放顶煤工作面进行铺网，使以后各分段放顶煤工作，都在网下进行，以提高煤的采出率和减少煤的含矸量。当然也可以根据顶板岩性不铺网，如图 4-21 所示。

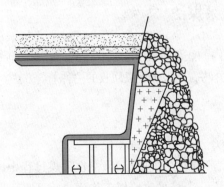

图 4-20　整层开采放顶煤采煤法

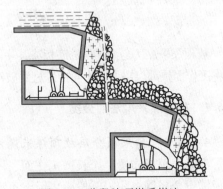

图 4-21　分段放顶煤采煤法

4.6.2　放顶煤工艺

放顶煤采煤法工艺过程如下：

（1）采煤机采煤。与单一中厚煤层一样，采煤机可以从工作面端部或中部斜切进刀。采用双向割煤往返一次进一刀，下行割煤、上行装煤。距滚筒 12~15m 处推移输送机，完成一个综采循环。

（2）放顶煤。放顶煤工作多从下部向上部，也可以从上部向下部，逐架或隔一架或隔数架依次进行。一般放顶煤沿工作面全长一次进行完毕即一轮放完，如顶煤较厚，也可以两轮放完。在放煤过程中，如有片帮预兆，宜停止放煤。当放煤口出现矸石时，应关闭放煤口。

4.6.3　放顶煤采煤法的优点、适用条件及应注意的问题

（1）优点。在工作面采高不大的情况下，放顶煤采煤法可大大增加一次开采的厚度和用于特厚煤层的开采。

1）简化巷道布置，减少巷道掘进工作量。

2）提高采煤工效。

3）降低吨煤生产费用。

（2）适用条件。放顶煤采煤法适用于煤层厚度 5~20m 或更厚的煤层以及煤层倾角由缓斜到倾斜或急倾斜的厚煤层。

1）煤质比较松软易冒落，冒落块度不大。

2）顶板容易垮落。

（3）应注意的问题。

1）应采取措施提高煤炭采出率。

2）防止煤的自燃和瓦斯爆炸事故的发生。

3）继续完善控制顶煤下放的技术措施。

4.7　采煤方法的选择

4.7.1　采煤方法选择的原则

选择采煤方法应当结合具体的矿山地质和技术条件，应做到技术先进、经济合理、生产安全。

（1）技术先进。

1）采煤工作面机械化水平高、单产高。高度的机械化是实现高产、高效、安全的决定因素。

2）煤炭质量好。选择先进的采煤工艺，改善顶板管理，防止矸石混入煤中，尽量减少煤的含矸率和灰分。在可能的条件下，增加块煤率，降低煤的水分。

3）煤炭采出率高。提高采出率，减少煤炭损失，充分利用煤炭资源，是国家对煤炭企业的一项重要技术政策。同时，也有利于防止残留煤炭自燃，保持和延长工作面、采区和矿井的服务年限。

（2）经济合理。经济合理是评价采煤方法好坏的一个重要依据。一般应符合以下几方面的要求：

1）劳动效率高。主要措施是改善采煤工艺和劳动组织，采用先进的技术和装备，努力实现机械化和自动化。

2）材料消耗少。减少采煤工作面的各种材料消耗，加强管理，改进设计，注意回收复用。

3）成本低。生产成本是经济技术效果的综合反映。降低成本的主要措施是加强生产管理，合理使用劳力，认真组织工作面正规循环作业，实行按项目分类的成本控制，从各方面减少煤炭生产费用。

（3）生产安全。保证生产安全是煤矿企业一项经常而又重要的任务，应当不断提高科学管理水平，应用先进技术和先进装备，认真贯彻《煤矿安全规程》，不断改善劳动条件，保证安全生产。一般应做到以下几个方面：

1）合理布置巷道，保证巷道维护状况良好，确保矿井和采区的运输、通风、行人（包括安全避灾路线）系统畅通。建立完善的防火、防尘、防水、防瓦斯积聚和处理各种灾害事故的系统和设施。

2）认真编制采煤工作面作业规程，切实加强采掘工艺过程中各工序的监督和控制，有效防止冒顶、片帮、支架倾倒、机械事故以及其他可能危及人身安全和正常生产的各类事故发生。

3）制定完善、合理的安全技术措施，建立全矿井的安全制度保证体系，采用高新技术，加强全方位的生产监测与监控。

上述三方面的要求是密切联系、互相制约的，应当综合考虑，力求得到充分满足。

4.7.2　影响采煤方法选择的因素

为了满足上述基本原则，在选择和设计采煤方法时，必须充分考虑地质因素和技术经济因素。

直接影响采煤方法选择的地质因素主要有：煤层倾角和厚度、煤层及围岩特征、煤层的地质构造、煤层的含水性、瓦斯涌出量及煤的自燃性等。

技术发展及装备水平也会影响到采煤方法的选择，其中主要是生产中采掘设备供应条件和生产单位的购买能力，以及设备的适用条件。而装备的发展和创新，又可能为采煤方法的发展带来巨大影响。

技术管理水平和职工素质会对选择采煤方法产生一定影响。因而，提高职工素质，特别是采掘一线工人的素质，对掌握先进技术、提高安全程度、实现高产高效矿井具有十分重要的意义。

（1）地质因素。

1）煤层倾角。煤层倾角变化直接影响工作面推进方向、破煤方式、运煤方式、采长、支护方式和采空区处理方法等。

2）煤层厚度。直接影响工作面长度、采煤工艺等。

3）煤层特征及顶底板稳定性。

4）煤层地质构造。直接影响工作面采煤方法的选择。

5）煤层含水性。开采过程中必须采取防治水措施。

6）煤层瓦斯含量。直接影响采区巷道布置、工作面参数等。

7）煤层自然发火倾向性。

8）煤层突出危险性。

（2）技术发展及装备水平。

1）矿井经济效益。在选择采煤方法时，要研究拟采用采煤方法的投入产出关系，考虑企业的投资能力和采煤方法的经济效果。

2）矿井管理水平。推广应用先进技术时，要先易后难，循序渐进。

4.7.3　采煤方法发展方向

市场经济环境下，煤矿资源的开采，要立足于资源经济效益进行生产。同时，基于社会环保意识的进一步深化，煤矿资源开采也要面对环保问题进行科学优化。

4.7.3.1　当前我国煤矿开采技术的发展现状分析

随着煤矿资源的规模化开发，我国的煤矿开采技术面临着多元化的发展层次结构和体系。

（1）出现多元化的煤矿开采技术结构。我国经济所有制形式比较灵活，煤矿企业出现了国有企业、地方集体企业以及个体私营企业并存的结构形式。由于科技经济发展水平的不均衡，煤矿开采技术出现了机械化、半机械化以及手工生产的多种技术结构。科学、高效的集约化生产成为今后煤炭资源开采技术的发展需求。

（2）煤矿开采技术取得突破性进展。随着科学技术的迅速发展以及现代计算机技术的普及应用，我国的煤矿开采技术相对于传统技术而言，取得了重大突破和进展。经过国家多年来的技术攻关和研发，煤矿开采的综合机械化放顶煤技术、坚硬顶板下的长壁综合开采技术以及各种大型综合开采技术工艺得到了突破性进展，为煤矿开采提供了技术储备。

（3）环保型绿色开采技术发展迅速。煤矿资源的开发，在为社会输送大量能源的同时，也导致了很多严重的地质生态问题，如对地表土地资源的占用和破坏，对地下水文结构的破坏和污染，对大气自然环境的污染和影响。

4.7.3.2　我国煤矿开采技术的发展方向

根据我国当前的采煤技术现状和需求，煤矿开采技术的研发应注重采煤工艺、围岩控制、深井开采、"三下"采煤、矸石排放、地下气化以及小煤矿技术改造和机械化开采技术等领域。

A　多元化的开采工艺

煤矿开采工艺的研发与改进，是采矿业发展的主题。现代采煤工艺的发展方向是通过现代高新科技与采煤技术的结合，研究开发智能化高效采煤系统设备，发展硬顶板硬煤层高效开采技术、缓倾斜薄煤层长壁开采技术、缓倾斜厚煤层一次采全高长壁综采技术等多层次、多样化的采煤工艺，开发煤矿高效集约化生产技术，改善作业条件，提高机械化水平，实现煤矿开采的科学高效性与安全可靠性。

B　采场围岩控制技术

根据煤矿采场的地质围岩结构压力等实际工况，进一步完善采场围岩控制理论。针对急倾斜、不稳定地质构造复杂的高深采场等各种地质煤层及开采条件进行科学分析，研究坚硬顶板与破碎顶板等条件下放顶煤开采岩层和支架围岩的相互作用机理，研究支护质量与顶板动态监测技术，研究冲击地压的预测和防治等科学合理的岩层控制技术，来保证采煤活动的安全高效。

C 深部矿井开采技术

随着煤矿井下开采深度的增加，煤层开采的矿压控制、围岩控制、瓦斯和热害治理、冲击地压防治以及巷道布置、深井通风等技术难度系数增大。需要针对深井围岩状态和应力场及分布状态、深井采场环境的变化、深井开采热害治理技术、深井巷道的快速掘进与支护技术、深井冲击地压防治与监测控制技术以及深井高效开采配套技术等进行科学的研发和实践推广。

D "三下"矿井采煤技术

充分利用现代计算机技术，深入研究开采上覆岩层运动和地表沉陷规律，研究满足地表、建筑物、地下水资源保护需要的开采系统和优化参数，进一步改进和发展煤矿水源保护开采技术、煤矿充填减沉开采技术、煤炭瓦斯综合共采技术等沉降控制理论和关键技术，加固改造矿区地表建筑结构，研究煤炭开采、土地复垦和矿井水资源的优化等关键技术。

E 优化矸石排放技术

改进采煤技术，完善煤矿巷道布置工艺体系，实现矸石废料综合利用技术。煤矿开采中产生的大量固体废弃物（矸石），是污染、占用矿区周围土地资源的主要因素。根据因地制宜原则，实行全煤巷布置单一煤层开采，使矸石基本不运出地面，将矿区内的矸石废弃物充填到煤层采空区空间内，实现综采与综掘同步发展。同时，对矸石进行综合开发，用来发电供热、制造建筑材料等，实现煤矿矸石废弃物的再利用。

F 煤炭地下气化技术

煤炭地下气化技术是煤炭资源的一种整体性的新型绿色开采工艺。它是运用高科技手段直接将埋藏在地下深层的煤炭资源进行有控制地燃烧，促使煤炭发生热化学反应，并产生可燃性气体，转化为气态能源，通过管道输送出地面，使煤矿井下固体开采变成采气作业。煤炭地下气化技术具有成本低、效率高等技术优势，尤其适于煤矿地质条件复杂、劣质煤比例高的工况，具有广阔的推广应用前景。

G 小型煤矿的机械化开采技术改造

根据国家有关关闭小型煤矿，淘汰落后生产技术与设备，提高平均单井规模的技术政策，积极拓展资源优势，大力改善乡镇地方小型煤矿机械自动化、半机械化的开采技术装备结构，改进乡镇地方小型煤矿的采煤工艺方法，狠抓小型煤矿的安全生产，开展围岩顶板控制技术改造与实施，提高小型煤矿采煤工作面的单产和工效，促进小型煤矿的健康发展和运行。

总之，随着现代煤矿资源开采的规模化发展，以及社会环保理念的进一步深化，我国煤矿开采技术的研发将根据当前形势和实际需求，呈现多元化多层次技术结构，本着环保与资源效益相结合的绿色开采技术原则，按照煤矿开采的可持续发展方向不断创新和研发。

本章小结

本章重点介绍了几种采煤方法。

采煤方法的分类方法很多，通常按采煤工艺、矿压控制特点，可将采煤方法分为壁式体系和柱式体系两大类。壁式体系采煤方法又称长壁体系采煤方法，以长工作面采煤为主要标志。柱式体系采煤方法以房柱间隔进行采煤为主要标志。此外，还有普通机械化采煤工艺和综合机械化采煤工艺以及放顶煤采煤法。

选择采煤方法有其基本的原则。选择采煤方法应当结合具体的矿山地质和技术条件，做到技术先进、经济合理、生产安全。为了满足上述基本原则，在选择和设计采煤方法时，必须充分考虑地质因素和技术经济因素。

根据我国当前采煤技术现状和需求，煤矿开采技术的研发应注重采煤工艺、围岩控制、深井开采、"三下"采煤、矸石排放、地下气化以及小煤矿技术改造和机械化开采技术等领域。

思 考 题

4-1 什么是采场，什么是采煤工作面？

4-2 什么是采煤工作，采煤工作可分为哪几种工序？

4-3 什么是采煤工艺，什么是采煤方法？

4-4 爆破采煤法采煤工作面的炮眼布置有哪几种工序？

4-5 普通机械化采煤工作面的采煤机有哪几种割煤方式？

4-6 普通机械化采煤工作面的支架有哪几种布置方式，各有什么优缺点？

4-7 综合机械化采煤工作面的采煤机有哪几种进刀方式，各有什么优缺点？

4-8 综合机械化采煤工作面的液压支架有几种移架方式，各适用什么条件？

4-9 放顶煤采煤法可分为哪几类？

4-10 放顶煤采煤法的优点和适用条件是什么？

4-11 选择采煤方法的原则是什么？

4-12 影响采煤方法选择的因素是什么？

4-13 当前我国采煤技术的现状是什么样的？

4-14 我国煤矿发展技术的发展方向是什么？

5 矿井通风

矿井通风是指不断地向作业地点供给足够数量的新鲜空气，稀释和排出各种有毒有害气体、放射性和爆炸性气体以及粉尘，调节气候条件，确保作业地点良好的空气质量，提供一个安全、舒适的工作环境，保证矿工安全和健康，提高劳动生产率。

本章主要介绍了矿井通风的任务、矿井通风压力与通风阻力、矿井通风动力、矿井通风系统、矿井总风量的计算、采区通风系统、掘进通风方法以及矿井通风构筑物的相关知识。

5.1 矿井通风的任务与矿井空气

5.1.1 矿井通风的基本任务

矿山生产过程中会产生大量有毒有害气体和粉尘，矿岩中还能析出放射性和爆炸性气体。此外，矿内空气的温度、湿度也会发生变化。这些不利因素，都会对矿工的安全和健康造成极大的威胁。矿山通风的基本任务就是，不断地向作业地点供给足够数量的新鲜空气，稀释和排出各种有毒有害气体、放射性和爆炸性气体以及粉尘，调节气候条件，确保作业地点良好的空气质量，提供一个安全、舒适的工作环境，保证矿工安全和健康，提高劳动生产率。矿井通风的主要任务包括：

（1）为井下提供足够的新鲜空气，以供人员呼吸；

（2）稀释和排除井下有毒有害气体和矿尘；

（3）创造良好的矿井工作环境，保证井下有适合的气候条件（适宜的温度、湿度与风速），以利于工人劳动和机器运转。

5.1.2 矿井空气

（1）空气的主要成分。地面新鲜空气的主要成分是氧、氮、二氧化碳和少量惰性稀有气体。地面空气进入矿井后，当其组分符合矿山安全检查条例时，称为新鲜空气，当矿内空气受到有害物质污染，例如氧气含量减少，有害气体和粉尘混入达一定程度时，称为污浊空气。进风流中的空气成分（按体积计），氧气含量不得低于20%，二氧化碳不得高于0.5%，含尘量不得超过 $0.5mg/m^3$。

（2）矿内有毒、有害成分。矿山井下常见的有毒、有害成分有一氧化碳、二氧化氮、二氧化硫和硫化氢，有时还有少量瓦斯、氢气、醛类、放射性氡及其子体、苯并芘及矿尘。矿内空气中有毒气体最大允许浓度见表5-1。

表5-1 矿内空气中有毒气体最大允许浓度

气 体 名 称	体积浓度/%	质量浓度/mg·m⁻³
一氧化碳（CO）	0.0024	30
氢氧化物（NO$_x$）（换算成 NO$_2$）	0.00025	5
二氧化硫（SO$_2$）	0.0005	15
硫化氢（H$_2$S）	0.00066	10

5.2 矿井通风压力和通风阻力

5.2.1 空气压力

图5-1表示一条水平巷道，在巷道内 A 点压力大于 B 点压力，故风流能从 A 点向 B 点流动。A 点或 B 点的压力称为点压力，而 A 点与 B 点之间存在着压力差。

空气的点压力可以用绝对压力和相对压力表示。

（1）绝对压力。某点的绝对压力是以真空为基准，以"0"压为起算点所计量的压力。所以，绝对压力总是正值，其单位通常用帕（Pa）表示。通常说的大气压力就是指绝对压力。一个标准大气压力值为101.325kPa。

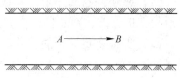

图5-1 巷道内的风流流动

（2）相对压力。某点的相对压力是以当地的大气压力为基准所计算的压力。若其大于当地的大气压力为正压，小于当地的大气压力则为负压。故相对压力有正值和负值之分。相对压力的单位通常也是用帕（Pa）表示。

5.2.2 井巷通风阻力

当空气沿井巷运动时，由于风流的黏滞性、惯性以及井巷周边对风流的阻滞、扰动作用而形成的通风阻力，是造成风流能量损失的原因。

通风机或自然因素所形成的通风压力是用来克服矿井通风阻力的，所以通风压力和通风阻力是作用力与反作用力的关系，即数值相等，作用方向相反，故通风阻力值就是矿井通风需要的风压值。

矿井通风阻力分为摩擦阻力和局部阻力两类。

摩擦阻力可按下式计算：

$$h_{摩} = \alpha L U Q^2 / S^3 \tag{5-1}$$

式中 $h_{摩}$——井巷摩擦阻力，Pa；

  α——井巷摩擦阻力系数，N·s^2/m^4；

  L——井巷长度，m；

  U——井巷周边长度，m；

  Q——井巷中流过的风量，m^3/s；

  S——井巷断面积，m^2。

通常令式（5-1）中的 $\alpha LU/S^3 = R_摩$，$R_摩$ 为摩擦风阻，单位是 $N \cdot s^2/m^8$。

则式（5-1）可写成：

$$h_摩 = R_摩 Q^2 \tag{5-2}$$

设局部阻力为 $h_局$，则井巷的通风总阻力为：

$$\begin{aligned} h_阻 &= h_摩 + h_局 \\ &= (R_摩 + R_局)Q^2 \\ &= R_总 Q^2 \end{aligned} \tag{5-3}$$

式中　$h_阻$——井巷通风总阻力，Pa；

　　　$R_总$——井巷通风总风阻，$N \cdot s^2/m^8$；

　　　Q——井巷中流过的风量，m^3/s。

5.2.3　降低通风阻力的措施

降低通风阻力的措施主要有：

（1）减小井巷摩擦阻力系数。对于服务年限长的主要井巷，应尽量采用巷道周壁表面光滑的支护方式，对于棚式支护，应尽量架设整齐，必要时背好帮顶等。

（2）保证有足够大的井巷断面。特别是扩大主要进、回风流巷道断面对降低风阻效果明显。

（3）避免巷道内风量过于集中。巷道摩擦阻力与风量的平方成正比，若巷道内风量过于集中，摩擦阻力会大大增加。因此，应尽可能使矿井的总进风早分开，使矿井的总回风晚汇合。

（4）尽量缩短通风路线长度。因为巷道的摩擦阻力与巷道长度呈正比，因此应尽量缩短风路的长度。

（5）降低局部阻力。应尽量避免巷道急拐弯，避免巷道断面突然扩大或缩小，尽量避免在主要巷道内任意停放车辆，堆积木材、器材等。

5.3　矿井通风动力

空气能在井巷中源源不断地流动，是由于进风侧与回风侧之间存在压力差。这种压力差，若是由通风机造成的则为机械风压，称机械通风；若是由自然力产生的则为自然风压，称自然通风。机械风压和自然风压是矿井通风的动力，用以克服各种通风阻力，促使空气流动。

5.3.1　自然通风

使空气获得能量，产生自然风压，使其沿井巷流动，这种自然力主要是由地面温度的变化使矿井进风侧和回风侧空气温度发生差异而引起的，如图 5-2 所示。《煤矿安全规程》规定，矿井必须采用机械通风，自然通风只能在特定条件下使用。

5.3.2　机械通风

机械通风是矿井通风的主要动力。按其服务范围可以分为三种：

（1）主要通风机（简称主扇）。主要用于全矿井或矿井的一翼（部分）。

（2）辅助通风机（简称辅扇）。主要服务于矿井网络的某一分支（如采区或工作面），协助主要通风机供风以保证该分支的风量。

（3）局部通风机（简称局扇），主要用于独头掘进的井巷等局部地区通风。

矿用通风机按其构造又可分为离心式通风机和轴流式通风机两类。

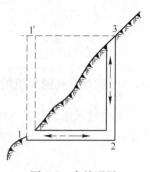

图 5-2　自然通风

（1）离心式通风机。离心式通风机主要由螺旋形外壳、风道和扩散器等部件组成，如图 5-3 所示。

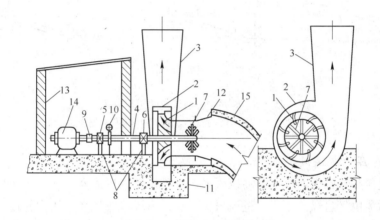

图 5-3　离心式通风机

1—动轮；2—螺旋形外壳；3—扩散器；4—通风机轴；5—止推轴承；6—径向轴承；7—前导器；8—轴承架；
9—齿轮联轴器；10—制动器；11—机座；12—吸风口；13—通风机房；14—电动机；15—风道

（2）轴流式通风机。轴流式通风机主要由集风口、动轮（叶轮）、整流器、风道、扩散器和传动部件等部分组成，如图 5-4 所示。

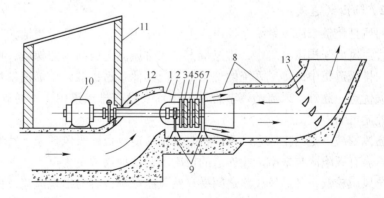

图 5-4　轴流式通风机

1—集风口；2—流线罩；3—前导器；4—第一级动轮；5—中间整流器；6—第二级动轮；7—后整流器；
8—扩散器；9—通风机架；10—电动机；11—通风机房；12—风道；13—流线形导风板

5.4 矿井通风系统

5.4.1 矿井主要通风机的工作方式

矿井通风系统按通风机工作方式分为三种：压入式、抽出式和压抽混合式，如图 5-5 所示。

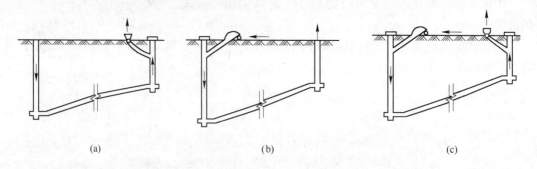

(a)   (b)   (c)

图 5-5 矿井主要通风机的工作方式
（a）抽出式通风；（b）压入式通风；（c）抽出和压入混合式通风

5.4.1.1 压入式通风

压入式通风是使整个通风系统在压入式主扇作用下，形成高于当地大气压力的正压状态。压入式通风由于进风流集中，进风量大，在进风段造成较高的压力梯度，可使新鲜风流沿指定的通风路线迅速送入井下，避免被其他作业所污染，风质好。

压入式通风的缺点是风门等风流控制设施需要设在进风段。由于运输、行人频繁，不易管理与控制，井底车场漏风大。在排风段主扇形成低压力梯度，不能迅速地将污风按指定路线排出风井，使井下风流紊乱，加上自然风流的干扰，甚至会发生风流反向、污染新风的现象。

5.4.1.2 抽出式通风

抽出式通风是使整个通风系统在抽出式主扇的作用下，形成低于当地大气压力的负压状态。抽出式通风由于排风流集中，排风量大，在排风侧造成高压力梯度，可使各作业面的污风迅速向排风道集中，排风系统的烟尘不易向其他巷道扩散，排烟速度快，这是抽出式通风的一大优点。此外，风流的调节控制设施均安设在排风道中，不妨碍行人、运输，管理方便，控制可靠。

抽出式通风的缺点是当排风系统不严密时，容易造成短路吸风现象，特别是当采用垮落法开采，地表有塌陷区与采空区相连通的情况下，这种现象更为严重。此外，作业面和整个进风系统风压较低，各进风风路之间受自然风压影响，容易出现风流反向，造成井下风流紊乱。抽出式通风系统使主提升井处于进风地位，北方矿山还要考虑冬季提升井的防冻。

我国金属矿和其他非煤矿大部分采用抽出式通风。

5.4.1.3 压抽混合式通风

压抽混合式通风是在进风侧和排风侧都利用主扇控制，使进、排风段在较高的风压和压力梯度作用下，风流可按指定路线流动，排烟快，漏风减少，也不易受自然风流干扰而造成风流反向。这种通风方式兼有压入式和抽出式两种通风方式的优点，是提高矿井通风效果的重要途径。它的缺点是所需通风设备较多，且不能控制需风段的风流，入风侧井底车场和排风侧塌陷区的漏风仍将存在，但程度上要小得多。金属矿山采用压抽混合式通风系统的为数不多，云南易门铜矿三家厂分矿就是其中之一。

20 世纪 80 年代以来，我国金属矿山出现了一种"多级机站压抽式（又称可控式）通风系统"新技术。它是用几级通风机站接力来代替主扇。在进风段、需风段和排风段均有通风机控制，可使风流控制到需风段。由于全系统风压分布较为均匀，故有利于在回采工作面附近形成零压区，使通过采空区的漏风及其他内部漏风减少。每级机站可由几台风机并联组成，能通过灵活地开闭部分风机来进行风量调节，而不采用人工加阻方法，从而可节约能耗。这种通风方式具有漏风少，有效风量率高，风量调节灵活可靠，能保证各需风巷有足够新鲜风量以及大幅度节省能耗等优点。它的缺点是所需通风设备多，管理水平要求较高。

选择通风方式时，地表有无塌陷区或其他难以隔离的通道是一个十分重要的因素。对于开采含有放射性元素或矿岩有自燃危险的矿井，应采用压入式通风或以压入式为主的压抽混合式通风，亦可采用多级机站的可控式通风。对于无地表塌陷区或虽有塌陷区但通过充填、密闭能够保持排风道有良好严密性的矿井，应采用抽出式通风或以抽出式为主的压抽混合式通风。对于开采有大量地表塌陷区且排风道与采空区之间不易隔绝的矿井，或由露天开采转入地下开采的矿井，应采用以压入式为主的压抽混合式通风或多级机站可控式通风。

5.4.2 矿井通风方式

按照矿井进风井和回风井相互位置关系，可把矿井通风方式分为三种基本类型：中央式、对角式和混合式。

5.4.2.1 中央式通风

中央式通风又可分为中央并列式和中央分列式两种。

中央并列式是进风井和回风井大致并列布置在井田的中央，而且相距较近，如图 5-6 所示。一般是利用主、副井兼作进、回风井。

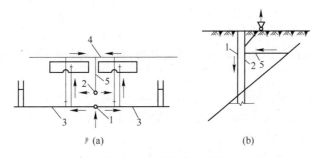

图 5-6　中央并列式通风

(a) 平面示意图；(b) 剖面示意图

1—进风井；2—回风井；3—总进风巷；4—总回风巷；5—总回风石门

中央分列式如图 5-7 所示，进风井大致位于井田的中央，回风井大致位于井田沿煤层倾向上部边界的中央。风流由井田中央的进风井进入矿井，最后由上部中央边界的回风井排出井外。

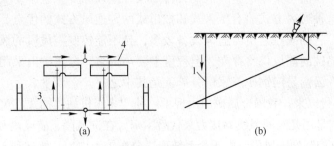

图 5-7 中央分列式通风

（a）平面示意图；（b）剖面示意图

1—进风井；2—回风井；3—总进风巷；4—总回风巷

5.4.2.2 对角式通风

对角式通风又可分为两翼对角式和分区对角式两种。

两翼对角式是进风井大致位于井田走向的中央，两个回风井位于井田沿走向边界的两翼，如图 5-8 所示。

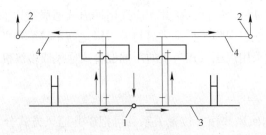

图 5-8 对角式通风

1—进风井；2—回风井；3—总进风巷；4—总回风巷

5.4.2.3 混合式通风

混合式通风是中央式和对角式或中央并列式和中央分列式所组成的一种综合形式，它是老矿井进行深部开采时常采用的通风方式。

中央式和对角式比较有以下优点：

（1）矿井总回风巷可以随采区接替逐步开掘，因而建井工期短，总回风巷的维护费用低。

（2）回风井筒数目少，同时运转的风机台数少，容易管理。

（3）当进风井口及井底车场附近发生火灾需要反风时，容易实现。

中央并列式的缺点为：

（1）随着向边界采区开采，总回风巷不断延长，通风线路随之加长，因而通风阻力不断增加。

（2）矿井生产期间，由于井下巷道阻力不断增加，阻力变动范围大，难以保证通风机在高效率状态下运转。

（3）矿井总进风和总回风风流反向平行流动，容易发生漏风。

（4）在矿井生产的中后期，多采区同时生产时矿井通风系统关联性太强，系统独立性差，系统防灾抗灾能力差。

5.4.3　矿井反风

矿井进风口、井筒、井底车场附近若发生火灾，为缩小灾情，有时需要反风，即改变风流方向。《煤矿安全规程》规定：矿井主要通风机必须有反风装置，必须能在 10min 内改变巷道中的风流方向；风流方向改变后，供风量应小于正常风量的 40%。

矿井反风主要有离心式通风机的反风（见图 5-9）和轴流式通风机的反风（见图 5-10）。

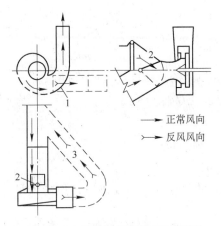

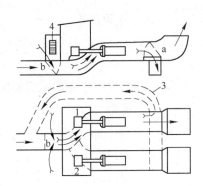

图 5-9　离心式通风机反风示意图　　　　　图 5-10　轴流式通风机反风设备系统图

1，2—反风风门；3—反风绕道　　　　　　1，2—通风机；3—反风绕道；4—百叶窗

a，b—反风门

5.4.4　矿井配风原则、方法和依据

5.4.4.1　配风原则和方法

根据实际需要，"由里向外"配风，即首先确定井下各用风地点（如采掘工作面、硐室、火药库等）所需的风量，然后逆风流方向加上各风路中允许的漏风量，求得各风路上的风量和矿井的总进风量；根据求得的矿井总进风量再加上空气体积膨胀的风量（这项风量约为总进风量的 5%）即得矿井总回风量。

5.4.4.2　配风的依据

（1）氧气含量的规定。

（2）瓦斯、一氧化碳等有害气体安全浓度的规定。

（3）风流速度的规定。

（4）空气温度的规定。

（5）空气中悬浮粉尘安全浓度的规定。

5.5　矿井总风量的计算

在煤矿生产中，为了保证井下工作场所有足够的新鲜空气，把井下有毒有害气体稀释至安全浓度，并为之创造良好气候条件，必须向井下连续不断地输送新鲜空气。

5.5.1　生产矿井总进风量的计算

生产矿井总进风量是指井下各工作地点的需风量和各条风路中损失风量的总和。根据《煤矿安全规程》规定，矿井需要的风量（Q）应按下列要求分别计算，并选取其中的最大值。

（1）按井下同时工作的最多人数计算矿井总需风量（m^3/min）：

$$Q_{矿进} = 4NK_{矿通} \tag{5-4}$$

式中　N——井下同时工作的最多人数；

$K_{矿通}$——矿井通风系数，一般取 $1.20 \sim 1.25$。

（2）按采煤、掘进、硐室及其他地点实际需要风量的总和计算（m^3/min）：

$$Q_{矿进} = （\sum Q_{采} + \sum Q_{掘} + \sum Q_{硐} + \sum Q_{其他}）K_{矿通} \tag{5-5}$$

式中　$\sum Q_{采}$——采煤工作面实际需要风量的总和，m^3/min；

$\sum Q_{掘}$——掘进工作面实际需要风量的总和，m^3/min；

$\sum Q_{硐}$——硐室实际需要风量的总和，m^3/min；

$\sum Q_{其他}$——矿井除了采煤、掘进和硐室地点外的其他井巷需要进行通风的风量总和，m^3/min。

5.5.2　新设计矿井风量的计算

设计矿井的风量，可参照邻近生产矿井的通风资料，按生产矿井的风量计算方法进行计算。对新矿区、无邻近生产矿井参照时，可参照省内气候、矿山地质、开采技术条件与之相类似的生产矿井的风量计算方法进行计算。

5.6　采区通风系统

5.6.1　采区通风

所谓采区通风系统，是指风流进入采区，沿采区巷道清洗工作面后排出采区的整个风流流动路线，如图 5-11 所示。

采区通风系统是矿井通风系统的核心单元，是采区生产系统的重要组成部分，包括采区进风巷、回风巷和采煤工作面进、回风巷道等组成的风路及采区的风流控制设施。

在准备采区时，必须在采区内构成通风系统以后方可开掘其他巷道。采煤工作面必须在构成全风压通风以后，方可回采。采区进、回风巷必须贯穿整个采区长度或高度，严禁将一条上山、下山或盘区的风巷分为两段，使其中一段为进风巷，另一段为回风巷。

采区内一般布置三条上山，一条为运输上山，一条为轨道上山，一条为专用回风上山。瓦斯涌出量小的小煤矿可布置两条上山。

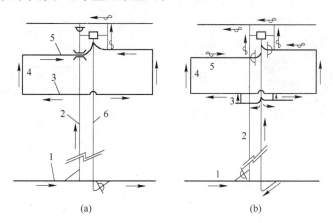

图 5-11　采区通风系统

（a）示例一；（b）示例二

1—主要进风巷；2—运输上山；3—区段运输平巷；4—回采工作面；5—区段回风平巷；6—轨道上山

5.6.2　采煤工作面通风

采煤工作面及其进、回风巷道所构成的通风路线称为采煤工作面通风系统。采煤工作面的通风系统可有多种形式，如"U"形、"Y"形、"W"形和"H"形等通风系统。

（1）"U"形通风系统（见图 5-12）。这种通风系统最为简单，采用最广泛。但它的缺点是，采煤工作面的采空区一侧的上隅角容易积聚瓦斯。

（2）"Y"形通风系统（见图 5-13）。这种通风系统对解决回风流瓦斯浓度过高或上隅角积存瓦斯具有良好效果，但要求工作面的上顺槽沿采空区一翼全长预先掘出，且在回采期内要始终维护。

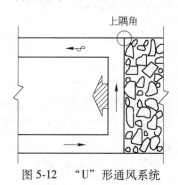

图 5-12　"U"形通风系统

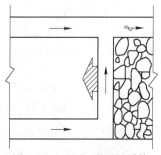

图 5-13　"Y"形通风系统

（3）"W"形通风系统（见图 5-14）。这种通风系统适用于瓦斯涌出量大、工作面较长的综采工作面，当开采煤层的瓦斯涌出量特别大时，还可在中间平巷中布置钻孔抽放瓦斯。但这种通风系统中有半个工作面是下行通风，对有煤与瓦斯突出的采煤工作面严禁采用。

84

除此外还有"Z"形通风系统,如图5-15所示。

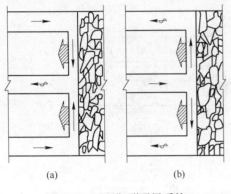

图5-14 "W"形通风系统

(a) 形式一；(b) 形式二

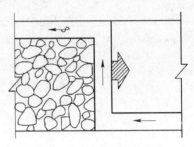

图5-15 "Z"形通风系统

5.7 掘进通风方法

在开掘井巷时,为了稀释和排除煤岩体涌出的有害气体、爆破产生的炮烟和矿尘,以及保持良好的气候条件,必须进行不间断的通风。这种对井下独头巷道通风的方法称为掘进通风(又称局部通风)。

局部通风的通风方式主要有压入式、抽出式和混合式三种,如图5-16所示。

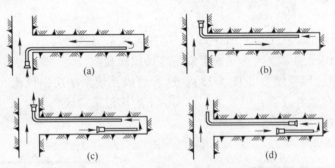

图5-16 局部通风方式

(a) 压入式通风；(b) 抽出式通风；(c),(d) 混合式通风

(1) 压入式通风(见图5-16(a))。压入式通风是用局部通风机把新鲜风流通过风筒压送到掘进工作面,回风由巷道直接排出。这种通风方式的风流清洗工作面的能力强,通过局部通风机压入的风流为新鲜风流,安全可靠,但是排除沿巷道流动的炮烟时间较长。

(2) 抽出式通风(见图5-16(b))。抽出式通风和压入式通风恰恰相反,依靠安装在离掘进巷道10m以外回风侧的局部通风机抽出时产生的负压,回风经风筒由局部通风机排出,迫使新鲜风流沿巷道流入掘进工作面。

(3) 混合式通风(见图5-16(c)、(d))。混合式通风是上述两种通风方式的联合使用。它兼有压入式通风和抽出式通风的优点,但需要两套通风设备,同时回风要经过局部通风机。

通过以上分析，压入式通风是最安全的通风方式。因此，当以排除瓦斯为主的煤巷或半煤岩巷掘进时，应采用压入式通风，目前压入式通风是矿井中最常用的掘进通风方式。当以排除粉尘、炮烟为主的井筒掘进时，宜采用抽出式通风。混合式通风主要用于大断面、无瓦斯涌出的长距离掘进巷道中。

5.8　矿井通风构筑物

用于引导、隔断和调节风流的装置，统称为通风构筑物。通风构筑物可分为两大类：一类是通过风流的构筑物，包括风桥、导风板、风幛和调节风窗；另一类是隔断风流的构筑物，包括风墙（密闭墙）和风门等。

5.8.1　风门

在通风系统中，既需要隔断风流，又需要行人或通车的通路，要建立风门（见图 5-17）。在排风过程中，只行人不通车或通车不多的地方，可构筑普通风门。在行人和通车比较频繁的主要运输道内应构筑自动风门。

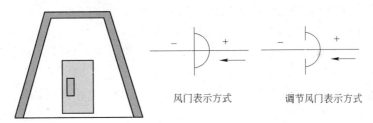

风门表示方式　　　　调节风门表示方式

图 5-17　风门

普通风门可用木板或铁板制成。木制风门的门扇与门框之间呈斜面接触，比较严密，结构坚固。风门开启方向要迎着风流，以使风门关闭后，受风压作用而保持严密。门框与门轴均应倾斜 80°~85°，使风门能借本身自重而关闭。为防止漏风和保持风流稳定，应同时设置两道或多道风门。

矿山常用的自动风门有以下几种：

（1）碰撞式自动风门。这种风门是靠矿车碰撞门板上的推门弓或推门杠杆而自动打开，借风门自重关闭。优点是结构简单，经济实用；缺点是碰撞构件容易损坏，需经常维修。这种风门可用于行车不太频繁的巷道中。

（2）气动或水动风门。风门的动力来源是压缩空气或高压水。它是由电气触点控制气缸或水缸的阀门，使气缸或水缸中的活塞做往复运动，再通过联动机构控制风门开闭。这种风门简单可靠，但需有压气或高压水源，北方矿山严寒易冻地点不能用水作动力。

（3）电动风门。以电动机作动力，电机经过减速，带动联动机构，使风门开闭。风门的电气控制方式通常用辅助滑线（亦称复线）、光电控制器或轨道接点。

辅助滑线控制方式是在距风门一定距离的电机车架线旁约 10m 处，另架设一条长为 1.5~2.0m 的滑线（铜线或铁线）。当电机车通过时，靠接电弓子将正线与复线接通，从而使相应的继电器带电，控制风门开闭。滑线控制方式简单实用，动作可靠，但只有电机车通过时才能发出信号，手推车及人员通过时需另设开关。

光电控制方式是将光源和光敏元件分别布置在距风门一定距离的巷道两侧，当列车或行人通过时，光线受到阻挡，光敏元件电阻值发生变化，使光电控制器动作，再经其他电气控制装置使风门启闭。光电控制方式对任何通过物都能起到作用，动作比较可靠，但光电元件容易损坏，成本较高。

轨道开关结构简单，但不十分可靠，只有在巷道条件较好，行车不太频繁的巷道中方可使用。

5.8.2　风墙

风墙是隔断风流的构筑物，通常砌筑在非生产的巷道里，可用砖石或混凝土砌筑，也称密闭墙或密闭。临时性密闭可用木柱、木板和废旧风筒布钉成。图 5-18 为砖结构风墙。

国外矿井用的快速拆卸式临时密闭有球囊型和降落伞型两种。球囊型临时密闭可由耐磨橡胶或塑料制成，有进、排气阀，安装时选用适合巷道断面的规格，充以压气即可。降落伞型临时密闭是由高强度的尼龙布制成，可利用密闭两侧的压差将伞面鼓开，堵满整个巷道，从而起到密闭墙的作用。天井的密闭可在天井上口

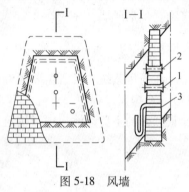

图 5-18　风墙
1—观测孔；2—注浆孔；3—放水孔

用木板、钢板或水泥板修筑。在受爆破冲击波影响较大的地点，可用悬吊式密闭，即在天井口水平放置两根钢梁，用钢绳悬挂吊板，深入井口下 1~1.5m，在吊板上堆放数层沙袋，再用泥土、碎石填满缝隙。这种悬吊式密闭具有一定的抗震能力。

5.8.3　风桥

当通风系统中的进风巷与回风巷交叉时，为使新风与污风互相隔开，需构筑风桥。对风桥的要求是坚固、严密、漏风少、风阻小，通过风桥的风速应小于 10m/s。根据结构特点的不同，风桥可以分为铁筒式风桥（见图 5-19（a））、混凝土风桥（见图 5-19（b））和绕道式风桥（见图 5-19（c））。

在巷道交叉处挑顶，可砌筑混凝土风桥，它比较坚固，可用于风量不超过 20m³/s 的巷道；亦可架设简易的铁筒式风桥，铁筒可制成圆形或矩形，铁板厚度不小于 5mm，适用于风量小于 10m³/s 的次要风路中。在巷道交叉处的上部矿岩中开凿的风桥称绕道式风桥，它漏风最少，能通过较大风量，适用于主要风路中。

5.8.4　井口封闭装置

在安设通风机的井筒内，空气压力与大气压力之间存在较大压力差，为防止井内风流和地面大气短路，其井口必须有封闭装置，以使井口和地面大气隔开。对于通风、提升共用的井筒，应将整个井楼密闭起来。

出风斜井井口一般都要安设风门，以便把地面与井下空气隔离，同时对通风机起到防爆安全作用。

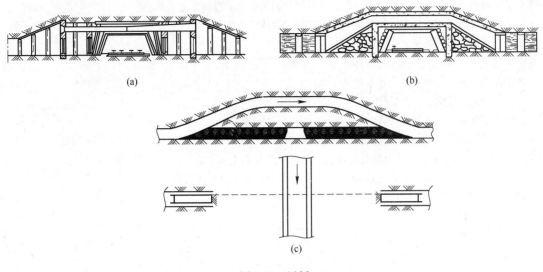

图5-19 风桥

(a) 铁筒式风桥；(b) 混凝土风桥；(c) 绕道式风桥

本 章 小 结

本章重点讲述了矿井通风的相关知识。

矿井通风的主要任务：首先是为井下提供足够的新鲜空气，以供人员呼吸；其次是稀释和排除井下有毒有害气体和矿尘；最后是创造良好的矿井工作环境，保证井下有适合的气候条件，以利于工人劳动和机器运转。

通风机或自然因素所形成的通风压力是用来克服矿井通风阻力的，所以通风压力和通风阻力是作用力与反作用力的关系，即数值相等，作用方向相反，故通风阻力值就是矿井通风需要的风压值。矿井通风阻力分为摩擦阻力和局部阻力两类。

空气能在井巷中源源不断地流动，是由于进风侧与回风侧之间存在压力差。这种压力差，若是由通风机造成的则为机械风压，称机械通风；若是由自然力产生的则为自然风压，称自然通风。

矿井通风系统按通风机工作方式分为三种：压入式、抽出式和压抽混合式。

按照矿井进风井和回风井相互位置关系，可把矿井通风方式分为三种基本类型：中央式、对角式和混合式。

采区通风系统涉及采区通风和采煤工作面通风。

用于引导、隔断和调节风流的装置，统称为通风构筑物。通风构筑物可分为两大类：一类是通过风流的构筑物，包括风桥、导风板、风幛和调节风窗；另一类是隔断风流的构筑物，包括风墙（密闭墙）和风门等。

思 考 题

5-1 矿井通风的任务是什么？

5-2 矿井空气中的主要成分与地面空气的主要成分有什么不同？

5-3 矿井内空气为什么会在井巷中流动，降低矿井通风阻力的措施主要有哪些？

5-4 自然通风的原理是什么，按其服务范围机械通风可分为哪三种？

5-5 什么是矿井通风系统？

5-6 矿井主要通风机的工作方式有哪几种？

5-7 矿井通风方式有哪几种，各有什么优缺点？

5-8 矿井配风的原则、方法是什么？

5-9 生产矿井总进风量如何计算？

5-10 什么是采区通风系统，主要有哪几种方式？

5-11 采煤工作面的通风系统有哪几种形式，其优缺点及适应条件是什么？

5-12 掘进工作面局部通风机的通风方式主要有哪几种，各有什么优缺点？

5-13 矿井通风构筑物主要有哪些，各起什么作用？

第 II 篇

金属矿开采

6 矿产资源开发

矿产资源是指由于地质作用，分布于地下或出露于地表，具有经济效益或社会效益的有用岩石、矿物或元素的集合体。矿产资源按其属性来分，可分为金属矿产资源及非金属矿产资源两大类。中国既是一个矿产资源大国，又是一个资源相对贫乏的国家；既有许多资源优势，同时又存有劣势。

本章主要介绍了矿产资源的分类、固体矿床力学及工业性质、矿山生产能力、矿石损失率与贫化率以及矿产资源储量和矿床工业指标、中国矿产资源的特点以及中国金属矿山面临的形势和未来的发展趋势等相关知识。

6.1 矿产资源定义与分类

6.1.1 矿产资源定义

矿产资源是指由于地质作用，分布于地下或出露于地表，具有经济效益或社会效益的有用岩石、矿物或元素的集合体。

根据美国地质调查局（U.S. Geological Survey）1976 年的定义，矿产资源（mineral resources）是指天然赋存于地球表面或地壳中，由地质作用所形成，呈固态（如各种金属矿物）、液态（如石油）或气态（如天然气）的具有当时经济价值或潜在经济价值的富集物。

矿物是天然的无机物质，有一定的化学成分，在通常情况下，因各种矿物内部分子构造不同，形成各种不同的几何外形，并具有不同的物理化学性质。矿物有单体者，如金刚石、石墨、自然金等，但大部分矿物都是由两种或两种以上元素组成，如赤铁矿、黄铜矿、白铅矿等。

凡是地壳中的矿物集合体，在当前技术经济水平条件下，能以工业规模从中提取国民经济所必需的金属或矿物产品的，称为矿石。矿石的聚集体称为矿体，而矿床是矿体的总称。对某一矿床而言，它可由一个矿体或若干个矿体所组成。

矿体周围的岩石称围岩。根据围岩与矿体的相对位置，有上盘围岩与下盘围岩和顶板围岩与底板围岩之分。凡位于倾斜至急倾斜矿体上方和下方的围岩，分别称之为上盘围岩和下盘围岩；凡位于水平或缓倾斜矿体顶部和底部的围岩，分别称之为顶板围岩和底板围岩。

矿体周围的岩石，以及夹在矿体中的岩石（称之为夹石），不含有用成分或有用成分含量过少，当前不具备开采条件的，统称为废石。

6.1.2　矿产资源分类

按照矿产资源的可利用成分及其用途分类，矿产资源可分为金属、非金属和能源三大类。

6.1.2.1　金属矿产资源

金属矿产资源是国民经济、国民日常生活以及国防工业、尖端技术和高科技产业必不可缺的基础材料和重要的战略物资。钢铁和有色金属的产量往往被认为是一个国家国力的体现，我国金属工业经过 50 多年的发展，已经形成了较完整的工业体系，奠定了雄厚的物质基础，成为金属矿产资源生产和消费的主要国家之一。

根据金属元素特性和稀缺程度，金属矿产资源又可分为：

（1）黑色金属，如铁、锰、铬、钒、钛等；

（2）有色金属，如铜、铅、锌、铝土、镍、钨、镁、钴、锡、铋、钼、汞、锑等；

（3）贵重金属，如金、银、铂、钯、铱、铑、钌、锇等；

（4）稀有金属，如铌、钽、铍、锆、锶、铷、锂、铯等；

（5）稀土金属，如钪、轻稀土（镧、铈、镨、钕、钷、钐、铕）等；

（6）重稀土金属，如钆、铽、镝、钬、铒、铥、镱、镥、钇等；

（7）分散元素金属，如锗、镓、铟、铊、铪、铼、镉、硒、碲等；

（8）放射性金属，如铀、钍（也可归于能源类）等。

6.1.2.2　非金属矿产资源

非金属矿产资源系指那些除燃料矿产、金属矿产外，在当前技术经济条件下，可供工业提取非金属化学元素、化合物或可直接利用的岩石与矿物。此类矿产少数是利用化学元素、化合物，多数则是以其特有的物化技术性能利用整体矿物或岩石。因此，世界一些国家又称非金属矿产资源为"工业矿物与岩石"。

目前世界上工业利用的非金属矿产资源约 250 余种，年开采非金属矿产资源量在 250 亿吨以上，非金属矿物原料年总产值已达 2 000 亿美元，大大超过金属矿产值，非金属矿产资源的开发利用水平已成为衡量一个国家经济综合发展水平的重要标志之一。

中国是世界上已知非金属矿产资源品种比较齐全、资源比较丰富、质量比较优良的少数国家之一。迄今，中国已发现非金属矿产品 102 种，其中已探明有储量的矿产 88 种。非金属矿产品与制品，如水泥、萤石、重晶石、滑石、菱镁矿、石墨等的产量多年来居世界之冠。

6.1.2.3　能源类矿产资源

能源类矿产资源主要包括煤、石油、天然气、泥炭和油页岩等由地球历史上的有机物堆积转化而成的"化石燃料"。能源类矿产资源是国民经济和人民生活水平的重要保障，能源安全直接关系到一个国家的生存和发展。

6.2 固态矿床力学及工业性质

6.2.1 矿岩力学性质

6.2.1.1 硬度

硬度，即抵抗工具侵入的能力，主要取决于矿岩的组成，如颗粒硬度、形状、大小、晶体结构以及颗粒间的胶结物性质等。矿岩的硬度不仅影响矿岩的破碎方法和凿岩设备的选择，而且会影响开采成本等经济指标。

6.2.1.2 坚固性

坚固性亦指矿岩抵抗外力的性能，但具体所指是工具的冲击、机械破碎以及炸药爆炸等综合作用下的合成力。坚固性的大小常用矿岩坚固系数 f 表示，该系数实际是表示矿岩极限抗压强度、凿岩速度、炸药消耗量等值的综合值，但由于各参数量纲的不同，因此求其平均值难度较大，一般采用下式来简化求取：

$$f = \frac{R}{10} \tag{6-1}$$

式中　R——矿岩极限抗压强度，MPa。

6.2.1.3 稳固性

稳固性，即矿岩的采掘空间允许暴露面积大小和暴露时间长短的性能。影响矿岩稳固性的因素主要有矿岩的成分、结构、构造、节理、风化程度、水文条件以及采掘空间的形状。稳固性是影响开采技术经济指标和作业安全性的重要因素。矿床一般按稳固程度分为：

（1）极不稳固的：不允许有任何暴露面积，矿床一经揭露，即行垮落；

（2）不稳固的：允许有较小的不支护暴露面积，一般在 $50m^2$ 以内；

（3）中等稳固的：允许不支护暴露面积为 $50 \sim 200m^2$；

（4）稳固的：允许不支护暴露面积为 $200 \sim 800m^2$；

（5）极稳固的：允许不支护暴露面积在 $800m^2$ 以上。

由于矿岩稳固性不仅取决于暴露面积，而且与暴露空间形状、暴露时间有关，因此上述分类中允许不支护暴露面积仅是一个参考值。

6.2.1.4 结块性

经开采后的含黏土、硫较高或高岭土质的矿石，遇到水并受压，可能会重新黏结在一起，这一性质称为结块性。一旦发生这种状况，将会对采下矿石的放矿、装车及运输产生阻碍作用。

6.2.1.5 氧化性和自燃性

硫化矿石与水和空气发生氧化反应而转变为氧化矿石的性质，称为氧化性。发生氧化反应时会产生大量的热量，不利矿工作业，而且矿石氧化会降低选矿回收率。

煤、硫化矿石、含碳矸石等在一定的条件下，会发生氧化而产生热量，由于产生的热量不能向周围介质及时有效的散发，导致热量积聚，最终物质本身温度自行升高。温度升高，又会加速氧化程度，经过不断的循环作用，当温度达到其燃点后，发生自燃现象。

6.2.1.6 含水性

含水性指的是矿岩吸收和保持水分的性能。它会影响矿石的放矿、运输和提升作业及矿仓储存等生产活动。

6.2.1.7 碎胀性

矿岩破碎后，由于碎块之间存在大量孔隙而使其体积增大的现象，称为碎胀性。破碎后体积与原矿岩体积之比，称为碎胀系数（或松散系数）。坚硬的矿石碎胀系数为1.2~1.6。

6.2.2 埋藏要素

6.2.2.1 走向及走向长度

对于脉状矿体，矿体层面与水平面所成交线的方向，称为矿体走向。走向长度指矿体在走向方向上的长度，分为投影长度（总长度）和矿体在某中段水平的长度。

6.2.2.2 埋藏深度和延伸深度

矿体的埋藏深度是指从地表至矿体上部边界的垂直距离，而延伸深度是指矿体上下边界之间的垂直距离，如图6-1所示。

6.2.2.3 矿体形状

由于成矿环境和成矿作用的不同，矿体形状千差万别，主要有层状、脉状、块状、透镜状、网状、巢状等，如图6-2所示。

（1）层状矿体。这类矿床大多是沉积和沉积变质矿床，如赤铁矿、石膏矿等，如图6-2（a）所示。

（2）脉状矿体。这类矿床大多数是在热液和气化作用下矿物质充填在岩体的裂隙中而形成的矿体。根据充填裂隙的情况不同而呈脉状、网状，如图6-2（b）、（c）所示。

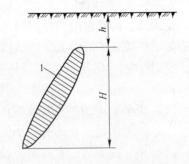

图6-1 矿体的埋藏深度和延伸深度
1—矿体；h—埋藏深度；H—延伸深度

（3）块状矿体。这类矿体主要是热液填充、接触交代、分离和气化作用形成的。其形状大小不一，大到上百米的巨块或不规则的透镜体，小到仅几米的小矿巢，如图6-2（d）、（e）、（f）所示。

6.2.2.4 矿体倾角

矿体倾角指矿体中心面与水平面的夹角。根据矿体倾角，矿体可分为以下几类：

（1）水平和微倾斜矿体：矿体倾角在5°以下，一般开采时将有轨设备直接驶入采场装运。

（2）缓倾斜矿体：矿体倾角为5°~30°，这类矿体在采场运搬通常采用电耙，少数情况下采用自行设备或运输机。

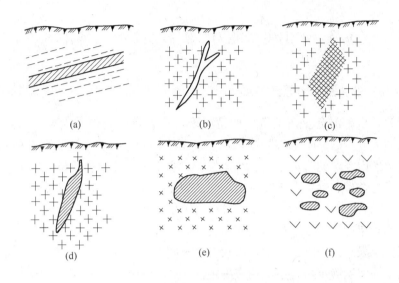

图 6-2　矿体形状

（a）层状矿床；（b）脉状矿床；（c）网脉状矿床；（d）透镜状矿床；

（e）块状矿床；（f）巢状矿床

（3）倾斜矿体：矿体倾角为 30°~55°，常用运搬方式为溜槽或爆力、底盘漏斗。

（4）急倾斜矿体：矿体倾角大于 55°，这类矿体开采时，利用重力作用，矿石沿底盘自溜实现运搬。

6.2.2.5　矿体厚度

矿体厚度是指矿体上下盘之间的垂直距离或水平距离，前者称为垂直厚度或真厚度，后者称为水平厚度。除急倾斜矿体常用水平厚度来表示外，其他矿体多用垂直厚度。由于矿体形状不规则，因此厚度又有最大厚度、最小厚度和平均厚度之分。垂直厚度与水平厚度和矿体倾角有如下关系（见图 6-3）：

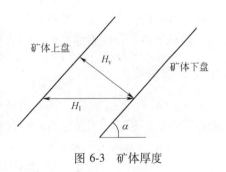

图 6-3　矿体厚度

$$H_v = H_1 \sin\alpha \tag{6-2}$$

式中　H_v——矿体垂直厚度；

H_1——矿体水平厚度；

α——矿体倾角。

矿体按厚度可分为 5 类：

（1）极薄矿体：矿体平均厚度小于 0.8m。

（2）薄矿体：矿体厚度为 0.8~2.0m。

（3）中厚矿体：矿体厚度为 2.0~5.0m。

（4）厚矿体：矿体厚度为 5.0~20.0m。

（5）极厚矿体：矿体厚度大于 20.0m。

6.3　矿山生产能力、矿石损失率与贫化率

6.3.1　矿山生产能力及矿山服务年限

生产能力是指矿山企业在正常生产情况下，在一定时间内所能开采或处理矿石的能力，一般用"万吨/年"或"t/a"来表示。矿山生产能力是矿床开发的重要技术经济指标之一，决定着矿山企业的基建工程、基建投资、主要设备类型和数量、技术建筑物和其他建筑物的规模与类型、辅助车间和选冶车间的规模、人员数量和配置等。

矿山生产能力的确定主要取决于国民经济需要、矿床储量、资源前景、矿床地质与开采技术条件、矿床勘探程度、矿山服务年限、基建投资和产品成本等因素。

矿山服务年限是矿山维持正常生产状态的时间，在矿山生产能力、矿床储量、采矿损失率和回收率等因素确定后，也即相应确定。

矿山生产能力和服务年限是密切相关的。为在保证矿山合理的经济效益的同时，保持可持续发展，矿山企业必须具有一定的服务年限，因此矿山生产能力既不能过小，也不能无限扩大，应与矿山合适的服务年限相适应。

6.3.2　矿石损失率

矿床开采过程中由于各种因素（如地质构造、开采技术条件、采矿方法及生产管理等）的综合影响，难免会造成部分工业矿石的丢失。采矿过程中损失的矿石量与计算范围内工业矿石量的百分比称为矿石损失率，而实际采出并进入选矿流程的矿石量与计算范围内工业矿石量的百分比则称为矿石回收率。很明显，矿石回收率＝1-矿石损失率。

6.3.3　矿石贫化率

采矿、运输过程中，由于围岩和夹石的混入或富矿的丢失，使采出矿石品位低于计算范围内工业矿石品位的现象称为矿石贫化，工业矿石品位降低的百分数称为矿石贫化率。

6.4　矿产资源储量及矿床工业指标

6.4.1　矿产资源储量

矿产资源领域有两个非常重要的概念，即资源与储量。由于矿产资源/储量分类是定量评价矿产资源的基本准则，它既是矿产资源/储量估算、资源预测和国家资源统计、交易与管理的统一标准，又是国家制定经济和资源政策及建设计划、设计、生产的依据，因此各国都对矿产资源/储量分类给予了高度重视。

虽然各国都是基于地质可靠性和经济可能性对资源与储量进行定义和区分，但具体分类标准各不相同。我国于1999年12月1日起实施的《固体矿产资源/储量分类》（GB/T 177766—1999）是我国固体矿产第一个可与国际接轨的真正统一的分类国家标准。

6.4.1.1　分类依据

（1）根据地质可靠程度将固体矿产资源/储量分为探明的、控制的、推断的和预测的，分别对应于勘探、详查、普查和预查四个勘探阶段。

1）探明的。矿床的地质特征、赋存规律（矿体的形态、产状、规模、矿石质量、品位及开采技术条件）、矿体连续性依照勘探精度要求已经确定，可信度高。

2）控制的。矿床的地质特征、赋存规律（矿体的形态、产状、规模、矿石质量、品位及开采技术条件）、矿体连续性依照详查精度要求已基本确定，可信度较高。

3）推断的。对普查区按照普查的精度，大致查明了矿产的地质特征以及矿体（点）的展布特征、品位、质量，也包括那些由地质可靠程度较高的基础储量或资源量外推部分，矿体（点）的连续性是推断的，可信度低。

4）预测的。对矿化潜力较大地区经过预查得出的结果，可信度最低。

（2）根据可行性评价分为概略研究、预可行性研究和可行性研究三个阶段。

（3）根据经济意义将固体矿产资源/储量分为经济的（数量和质量是依据符合市场价格的生产指标计算的）、边际经济的（接近盈亏边界）、次边际经济的（当前是不经济的，但随技术进步、矿产品价格提高、生产成本降低，可变为经济的）、内蕴经济的（无法区分是经济的、边际经济的还是次边际经济的）、经济意义未定的（仅指预查后预测的资源量，属于潜在矿产资源）。

6.4.1.2　分类及编码

依据矿产勘查阶段和可行性评价及其结果、地质可靠程度和经济意义，并参考美国等西方国家及联合国分类标准，中国将矿产资源分为3大类（储量、基础储量、资源量）16种类型。

（1）储量是指基础储量中的经济可采部分，用扣除了设计、采矿损失的实际开采数量表述。

（2）基础储量是查明矿产资源的一部分，是经详查、勘探所控制的、探明的并通过可行性研究、预可行性研究认为属于经济的、边际经济的部分，用未扣除设计、采矿损失的数量表达。

（3）资源量是指查明矿产资源的一部分和潜在矿产资源，包括经可行性研究或预可行性研究证实为次边际经济的矿产资源，经过勘查而未进行可行性研究或预可行性研究的内蕴经济的矿产资源以及经过预查后预测的矿产资源。

资源/储量16种类型、编码及其含义见表6-1。

6.4.2　矿床工业指标

用以衡量某种地质体是否可以作为矿床、矿体或矿石的指标，或用以划分矿石类型及品级的指标，均称为矿床工业指标。常用的矿床工业指标包括：

（1）矿石品位。金属和大部分非金属矿石的品级（industrial ore sorting），一般用矿石品位来表征。品位是指矿石中有用成分的含量，一般用质量百分数（%）表示，贵重金属则用"g/t"表示。

有开采利用价值的矿产资源，其品位必须高于边界品位（圈定矿体时对单个样品有用

表6-1 中国固体矿产资源分类与编码

大 类	类 型	编 码	含 义
储 量	可采储量	111	探明的经可行性研究的经济的基础储量的可采部分
	预可采储量	121	探明的经预可行性研究的经济的基础储量的可采部分
	预可采储量	122	控制的经预可行性研究的经济的基础储量的可采部分
基础储量	探明的（可研）经济基础储量	111b	探明的经可行性研究的经济的基础储量
	探明的（预可研）经济基础储量	121b	探明的经预可行性研究的经济的基础储量
	控制的经济基础储量	122b	控制的经预可行性研究的经济的基础储量
	探明的（可研）边际经济基础储量	2M11	探明的经可行性研究的边际经济的基础储量
	探明的（预可研）边际经济基础储量	2M21	探明的经预可行性研究的边际经济的基础储量
	控制的边际经济基础储量	2M22	控制的经预可行性研究的边际经济的基础储量
资源量	探明的（可研）次边际经济资源量	2S11	探明的经可行性研究的次边际经济的资源量
	探明的（预可研）次边际经济资源量	2S21	探明的经预可行性研究的次边际经济的资源量
	控制的次边际经济资源量	2S22	控制的经预可行性研究的次边际经济的资源量
	探明的内蕴经济资源量	331	探明的经概略（可行性）研究的内蕴经济的资源量
	控制的内蕴经济资源量	332	控制的经概略（可行性）研究的内蕴经济的资源量
	推断的内蕴经济资源量	333	推断的经概略（可行性）研究的内蕴经济的资源量
	预测资源量	334?	潜在矿产资源

注：表中编码，第1位表示经济意义，即：1=经济的，2M=边际经济的，2S=次边际经济的，3=内蕴经济的；第2位表示可行性评价阶段，即：1=可行性研究，2=预可行性研究，3=概略研究；第3位表示地质可靠程度，即：1=探明的，2=控制的，3=推断的，4=预测的；其他符号:? =经济意义未定的，b=未扣除设计、采矿损失的可采储量。

组分含量的最低要求）和最低工业品位（在当前技术经济条件下，矿物原来的开采价值等于全部成本，即采矿利润率为零时的品位），而且有害成分含量必须低于有害杂质最大允许含量（对产品质量和加工过程起不良影响的组分允许的最大平均含量）。

（2）最小可采厚度。最小可采厚度是在技术可行和经济合理的前提下，为最大限度利用矿产资源，根据矿区内矿体赋存条件和采矿工艺的技术水平而决定的一项工业指标，亦称可采厚度或最小可采厚度，用真厚度衡量。

（3）夹石剔除厚度。夹石剔除厚度亦称最大允许夹石厚度，是开采时难以剔除，圈定矿体时允许夹在矿体中间合并开采的非工业矿石（夹石）的最大真厚度或应予剔除的最小厚度。厚度大于或等于夹石剔除厚度的夹石，应予剔除，反之，则合并于矿体中连续采样估算储量。

（4）最低工业米百分值。对一些厚度小于最低可采厚度但品位较富的矿体或块段，可采用最低工业品位与最低可采厚度的乘积，即最低工业米百分值（或米·克/吨）作为衡量矿体在单工程及其所代表地段是否具有工业开采价值的指标。最低工业米百分值，简称米百分值或米百分率，也可用米·克/吨表示。高于这个指标的单层矿体，其储量仍列为目前能利用（表内）储量。最低工业米百分值指标实际上是以矿体开采时高贫化率为代价，换取资源的回收利用。

6.5　中国矿产资源概况

6.5.1　中国矿产资源特点

中国既是一个矿产资源大国，又是一个资源相对贫乏的国家；既有许多资源优势，同时又存有劣势。矿产资源的基本特点有以下几个方面：

（1）矿产资源总量丰富，品种齐全。中国在地理上位于亚洲东部，太平洋的西岸，陆地面积约 960 万平方千米，海域面积约 473 万平方千米。在大地构造位置上，处于欧亚板块的东南部，东与太平洋板块相连，南与印度板块相接。中国幅员辽阔，不同地区地质构造环境差异较大，发展历史也不尽相同，因而区域地质各具特色。从整体看，地层发育齐全，沉积类型多样，地质构造复杂，岩浆活动频繁。如此复杂多样的地质环境和优越的成矿地质条件，给这片广袤的土地带来了丰富的矿产资源。世界上已知的 171 种主要矿产在我国均有发现，已探明储量的矿产多达 157 种。可以说中国是世界上矿产品种齐全配套的少数几个国家之一。但是，由于我国人口众多，人均占有资源量仅为世界人均占有资源量的 58%，居世界第 53 位。有些重要矿产资源人均占有量大大低于世界人均占有量，如石油资源占有量仅为全球石油资源量的 7.7%，若按我国占有世界 22% 的人口平均，人均拥有石油资源量仅为世界人均量的 35.4%。又如铁矿，我国人均拥有铁矿资源量仅为世界人均量的 34.8%。

（2）资源分布广泛，储量区域相对集中。中国矿产资源的重要特点是产地分布面广，储量区域集中。在全国已发现的 20 多万处矿床、矿点中，主要矿种的矿床、矿点遍布全国，但各种矿产的探明储量相对集中。如煤矿，除上海外，各省、自治区、直辖市都有发现，而探明储量的 92% 集中在 12 个省、自治区、直辖市，其中山西、内蒙古、陕西三省（自治区）又占 64%；铁矿在全国 28 个省、自治区、直辖市都有数量不等的探明储量，而80% 的储量集中在 10 个省（自治区），其中辽宁、河北、四川三省拥有总储量的一半；铜矿分布在全国 29 个省、自治区、直辖市，而探明储量的 75% 集中在江西、西藏、甘肃、山西、黑龙江、安徽等 9 个省（自治区）；磷矿也大体如此，全国 26 个省、自治区、直辖市探明有储量，而 77%的储量集中在云南、贵州、四川、湖北、湖南 5 个省的境内。不同矿产在不同的地区相对集中，有利于建设规模经营的矿业基地。

（3）矿产资源优劣态势并存。中国矿产资源与世界其他国家相比，既有优势也有劣势。优劣并存的态势主要表现在以下四个方面：

1）矿产有丰有欠，有的矿产探明储量比较丰富，有的则明显不足。根据已有地质资料，保有储量多，找矿远景大，开发利用条件好，既能保证国内需要又可出口的矿产有煤、稀土、钨、钼、锡、锑、汞、钒、钛、菱镁矿、重晶石、萤石、石墨、滑石、建筑装饰石料等 20 余种。但另有一些矿产，如石油、富铁矿、锰矿、铜矿、天然碱、铬铁矿、钾盐、金刚石、铂族金属等，探明储量明显不足，属劣势矿产。

2）矿产有富有贫。中国有一批富矿，如南岭地区的钨矿、海南的石碌铁矿、湖北大冶铁矿、内蒙古稀土矿、辽宁的菱镁矿、山东的石墨矿、新疆的阿舍勒铜矿等。但是，一些关系到国计民生和用量大的支柱性矿产，如铁、锰、铝土、铜、铅、锌、硫、磷等，则贫矿多、富矿少，在一定程度上影响到开发利用。我国铁矿储量中，97.47%为贫矿，铁矿石平均品位为 33.5%，比世界平均水平低 10%以上。锰矿中，93.6%为贫矿，锰矿石品位约 22%，不及世界商品锰矿标准 48%的一半。铜矿石含铜 1%以下的贫矿占 65%，含铜平均品位为 0.87%，远低于智利、赞比亚等拉美、非洲国家。我国铝硅比大于 7 的铝土矿不到 28%；含 P_2O_5 大于 30%的富磷矿只占总量的 7.4%；含硫大于 35%的硫铁矿石仅占 3.6%。

3）大型矿床少。中国有一批大矿，如内蒙古白云鄂博稀土矿、湖南柿竹园钨矿和锡矿山锑矿、广西大厂锡矿、辽宁海城锑矿和范家堡子滑石矿、内蒙古达拉特旗芒硝矿、贵州天柱县大河边重晶石等矿床都是世界上最大的矿床。陕西省与内蒙古自治区交界地区的煤矿也是世界特大型煤矿之一。上述情况表明，中国确有一批世界级规模的大矿，但与世界资源大国相比，中国中型矿和小型矿偏多，大型矿床偏少。据统计，在已探明储量的 1.6 万多处矿产地中，大型矿床只占 11%。

4）矿产资源还有相当大的潜力。中国已经发现了众多的矿产，但仍有大量矿产有待进一步发现。据专家研究，目前除富铁矿资源总的格局已基本形成外，其他矿产都有相当大的潜力。如煤矿，探明储量已达 10000 多亿吨，而专家预测，在地表向下 1500m 深的范围之内，还有 4 万亿吨远景资源；石油、天然气资源也有比较大的潜力。在中国西部、东部海域和南方碳酸盐岩地区，都有一定的远景资源。再从金属和非金属矿来看，不仅西部地区有较大的远景资源，在东部的隐伏矿也有一定的潜力可挖。

（4）矿业发展迅猛，规模列居世界前列。20 世纪 50 年代以来，矿业开发得到迅猛发展。目前，全国已建成国有矿山 1 万多座，集体矿山 15 万多个，个体及其他经济成分采矿点 13 万多个；全国从事矿产资源开发的矿业职工达 2100 多万人。中国矿产开发的总体规模已居世界第三位。

6.5.2   中国金属矿山面临的形势和未来发展趋势

6.5.2.1   金属矿山面临的形势

（1）一大批金属矿山，经过长期大规模开发，已探明的浅部矿产逐渐枯竭，开采条件大大恶化。大型露天矿在逐年减少，不少矿山已开采到临界深度，面临关闭或转向地下开采；占矿山总数 90% 的地下矿山，有 2/5～3/5 正陆续向深部开采过渡。矿山是否进入深部开采，有专家提议以岩爆发生频率明显增加来界定，也有专家建议以岩石应力达到某一数值来界定，但是这些在实际工程中很难明确界定，因为"深部"是综合因素影响下的特殊开采环境。到目前为止还没有一个能为大家所认同的界定"深部"的科学方法，普遍采用的还是经验认同的方法，约定开采深度大于 800～1000m 时才进入深部开采。红透山铜矿的开采深度达 900～1100m，冬瓜山铜矿开拓深度达 1100m，弓长岭铁矿开拓深度达 1000m，湘西金矿开采深度超过 850m。此外，寿王坟铜矿、凡口铅锌矿、金川镍矿、乳山金矿、高峰锡矿等许多矿山，都正在步入深部开采期。

（2）开采品位下降，采掘工程量急剧上升，废弃物处理量大幅度增加。以铜矿为例，1950 年我国铜矿石平均开采品位为 1.87%，而今已下降到 0.76%；每生产 1t 铜，平均要开采 130t 矿石，尾矿量成倍增加；生产 10kt 矿石，一般要掘进 350～400m 工程，掘进废石大量增加，严重影响经济效益和环境效益。

（3）机械化装备水平及配套程度不高，严重制约矿山生产规模和劳动生产率的提高。

（4）安全与环保压力增大，主要体现在回采过程中的顶板安全控制措施不足；大水矿山超前探水工作缺乏，存在突水隐患；尾矿库维护不当，隐患较大；大量采空区未进行处理；露天坑复垦力度较小等。

（5）资源综合利用率不高。我国大多数金属矿山除主产元素外，还伴生和共生许多有用元素，受选矿技术水平限制，不能得到充分回收。

6.5.2.2　金属矿床开发战略

多年来，我国一直在探索自己的矿业发展道路，经历了曲折的历程，如今在矿业开发指导方针上已经逐步形成了我国特色的矿产资源开发战略。

（1）扩大资源与节约资源并举。加强对矿产资源勘查、开发利用的宏观调控，促进矿产资源勘查和开发利用的合理布局；对战略性矿产资源实行保护性开采，健全矿产资源有偿使用制度。依靠科技进步和科学管理，提高资源利用效率，实行适度消费原则，加强循环消费，促进稀缺资源的替代和替代产品开发，建立节约资源和回收资源的全社会意识。

（2）新矿区找矿和老矿区挖潜并举。要科学探索和总结矿床地质理论，不断发明新的探矿方法与技术，积极开拓资源新区。寻找新型矿产资源，要积极开展大洋与极地矿产资源的调查研究；加强老矿区挖潜，要实施战略性矿产储备战略，以应对国内紧缺支柱矿产供应中断和国际市场的突发事件，保障国家经济安全。

（3）国际、国内两个市场并举。在经济全球化条件下，要以资源全球观来认识我国的矿产资源形势，加强国内资源勘查与开发。既要自主开发与合作开发并举，又要加大"走出去"的力度，由过去以国内资源供应为主，向立足国内资源安全、最大限度分享国外资源转变，并逐步增加高端产品的进口，努力保障我国资源安全。

（4）提高资源回收和利用程度。依靠科技进步开发、利用高新技术，推广新的采、选、冶技术，是大力提高矿产资源回收利用能力、有效解决矿产资源供应问题的重要途径，并向利用二次资源和替代资源并重方面转变。

（5）开发矿业加强环境保护。矿业开发模式从粗放式经营向节约化经营转变，发展现代装备技术，实行科学采矿、安全生产，减少资源浪费，坚持以人为本，促进矿产资源开发利用与生态建设和环境保护协调发展。进一步发挥市场在配置各类要素资源中的基础性作用，走资源配置市场化道路，实现资源管理法制化。要正确处理好资源开发利用者和资源监督管理者的法律关系，建立资源管理法律法规体系，维护好国家主权。矿业要从单一发展向多元发展转变，努力开发高附加值的高端矿产品，加大资源开发的宏观调控力度，特别要调控初级原料和低附加值矿物产品的出口，将资源优势切实转变为市场优势和经济优势。

本 章 小 结

本章重点讲述了矿产资源的相关内容。

矿产资源是指由于地质作用，分布于地下或出露于地表，具有经济效益或社会效益的有用岩石、矿物或元素的集合体。按照矿产资源的可利用成分及其用途分类，矿产资源可分为金属、非金属和能源三大类。

矿产资源领域有两个非常重要的概念，即资源与储量。由于矿产资源/储量分类是定量评价矿产资源的基本准则，它既是矿产资源/储量估算、资源预测和国家资源统计、交易与管理的统一标准，又是国家制定经济和资源政策及建设计划、设计、生产的依据，因此各国都对矿产资源/储量分类给予了高度重视。

矿床工业指标有矿石品位、最小可采厚度、夹石剔除厚度和最低工业米百分值。

金属矿床开发战略包括：扩大资源与节约资源并举；新矿区找矿和老矿区挖潜并举；国际、国内两个市场并举；提高资源回收和利用程度；开发矿业加强环境保护。

思 考 题

6-1 什么是矿产资源，什么是矿物，什么是矿石？

6-2 矿产资源的分类是什么？

6-3 矿床的埋藏要素是什么？

6-4 矿床的工业指标有哪些？

6-5 金属矿产资源包括哪几种，非金属矿产资源包括哪几种？

6-6 能源类矿产资源包括哪几种？

6-7 中国矿产资源的特点是什么？

7 地质、成矿作用与地质构造

地质作用指的是由于地球内部和太阳能量的作用，会使地表形态、地壳内部物质组成及结构等不断发生变化。在地球的演化过程中，使分散存在的有用物质（化学元素、矿物、化合物）在一定地质环境中富集而形成矿床的各种地质作用称为成矿作用。地壳受地球内力作用，导致组成地壳的岩层呈现倾斜、弯曲和断裂的状态，称为地质构造。矿山地质工作是指在矿山基建、生产直至开采结束过程中所开展的一系列地质工作。

本章主要介绍了地质作用、成矿作用、地质构造的基本概念和分类，以及找矿、矿床勘探、生产勘探和地质管理、地质调查等相关知识。

7.1 地 质 作 用

地质作用指的是由于地球内部和太阳能量的作用，会使地表形态、地壳内部物质组成及结构等不断发生变化，如海枯石烂、沧海桑田、高山为谷、深谷为陵等。根据地质作用动力来源的不同，地质作用可分为内动力地质作用和外动力地质作用。

7.1.1 内动力地质作用

内动力地质作用是指主要由地球内部能量引起的地质作用。它一般起源和发生于地球内部，但常常可以影响到地球的表层，如火山作用、构造运动及地震作用等。内动力地质作用包括：

（1）构造作用。构造作用是指由地球内部能量引起的地壳或岩石圈物质的机械运动的作用。

（2）岩浆作用。地下温度高达 1000℃ 的液态岩浆，沿薄弱带上移或喷溢到地表的作用过程称为岩浆作用。

（3）变质作用。变质作用是指在地下特定的地质环境中，由于物理和化学条件的改变，使原来的岩石基本上在固体状态下发生物质成分与结构构造的变化，从而形成新的岩石的作用过程。

7.1.2 外动力地质作用

外动力地质作用是指大气、水和生物在太阳能、重力能的影响下产生的动力对地球表层所进行的各种作用，包括：

（1）风化作用。指在地表或近地表的环境下，由于气温、大气、水及生物等因素作用，使地壳或岩石圈的岩石和矿物在原地遭到分解或破坏的过程。

（2）剥蚀作用。指各种地质营力（如风、水、冰川等）在作用过程中对地表岩石产生破坏并将它们搬离原地的作用。

（3）搬运作用。指经过风化、剥蚀作用剥离下来的产物，经过介质从一个地方搬运到另一个地方的过程。

（4）沉积作用。指由水、风等各种营力搬运的物质，由于介质动能减小或条件发生改变以及在生物的作用下，在新的场所堆积下来的作用。

7.2　成　矿　作　用

在地球的演化过程中，使分散存在的有用物质（化学元素、矿物、化合物）在一定的地质环境中富集而形成矿床的各种地质作用称为成矿作用。成矿作用通常按成矿的地质环境、能量来源和作用方式划分为内生成矿作用、外生成矿作用和变质成矿作用，并相应地将形成的矿床划分为内生矿床、外生矿床和变质矿床 3 种基本成因类型。

7.2.1　内生成矿作用

内生成矿作用主要是指由于地球内部能量包括热能、动能、化学能等的作用，导致在地壳内部形成矿床的各种地质作用。按其含矿流体性质和物理化学条件不同，可分为：

（1）岩浆成矿作用。在岩浆的分异和结晶过程中，有用组分聚集成矿，形成岩浆矿床。

（2）伟晶成矿作用。富含挥发组分的岩浆，经过结晶分异和气液交代，使有用组分聚集形成伟晶岩矿床。

（3）接触交代成矿作用。在火成岩体与围岩接触带上，由于气液的交代作用而形成接触交代矿床。

（4）热液成矿作用。在含矿热液活动过程中，使有用组分在一定的构造、岩石环境中富集，形成热液矿床。

7.2.2　外生成矿作用

外生成矿作用是指在地壳表层，主要在太阳能影响下，在岩石、水、大气和生物的相互作用过程中，使成矿物质聚集的各种地质作用。外生成矿作用可分为风化成矿作用（形成风化矿床）和沉积成矿作用（形成沉积矿床）。

7.2.3　变质成矿作用

变质成矿作用指在区域变质过程中发生的成矿作用或使原有矿床发生变质改造的作用，其所形成的矿床为变质矿床。就本质看，变质成矿作用是内生作用的一种，其特点是成矿物质的迁移、富集或改造基本上是在原有含矿岩系中进行的。

7.3　地　质　构　造

地壳受地球内力作用，导致组成地壳的岩层呈现倾斜、弯曲和断裂的状态，称为地质构造，包括褶皱构造和断裂构造两大类。

7.3.1 褶皱构造

褶皱是由于岩石中原来近于平直的面由于受力而发生弯曲变形，变成了曲面而表现出来的构造，如图 7-1 所示。

图 7-1 褶皱构造

褶皱的形态虽然多种多样，但从单一褶皱面的弯曲看，其基本形态有两种：背斜和向斜。背斜是指两侧褶皱面相背倾斜的上凸弯曲（见图 7-2）；向斜是指两侧褶皱面相对倾斜的下凹弯曲（见图 7-2）。就褶皱内地层时代而言，背斜核部地层较老，向翼部地层时代逐渐变新；向斜恰好相反。

7.3.2 断裂构造

断裂构造是由于岩层受力发生脆性破裂而产生的构造。它与褶皱构造的不同之处在于，褶皱构造岩层仅发生弯曲变形，连续性未受到破坏，而断裂构造岩层的连续性受到破坏，岩层块沿破裂面发生位移（见图 7-3）。根据相邻岩块沿破裂面的位移量，又可分为节理和断层。

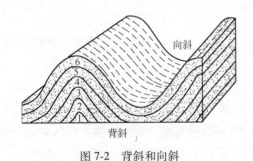

图 7-2 背斜和向斜
1~6 代表地层由老到新

图 7-3 断裂构造

7.3.3 岩层产状

（1）走向：岩层面与水平面的交线方向。

（2）倾向：岩层垂直于走向的倾斜方向，即向下延伸的方向。

（3）倾角：岩层面与水平面的夹角。

7.4　矿山工程地质工作

7.4.1　找矿

生产矿山找矿勘探的主要目的是在其深部、外部和外围寻找并探明新矿体或新矿床以至新矿种，增加新储量，为矿山制定长远规划，延长矿山服务年限或扩大生产能力提供接替资源。其主要任务是：以综合地质研究为基础，运用各种找矿方法进行成矿预测，确定成矿最有利地段；布置工程验证成矿预测目标，进行初步评价；对已知矿体的深部、边部和新发现的矿体进行生产时期的地质勘探。

生产矿山找矿方法包括物探法和化探法。

（1）物探法。当矿体和围岩的物理性质在磁性、弹性、放射性、电性和密度5个方面至少有一个方面存在差异，并且这个差异能被仪器测到时，可分别选用相应的磁性测量、地震测量、放射性测量、电法测量和重力测量等物探方法进行找矿。

（2）化探法。生产矿山常用的化探方法包括原生晕法、气体测量法等。

1）原生晕法。通过采集新鲜岩石样品，了解原生晕分布特征，常用于 Cu、Pb、Zn、Mo、Hg、Cr、Ni、Au、Ag、U、Sn、W 等矿种的找矿。

2）气体测量法，又称气晕法。通过对土壤中气体和空气系统取样，了解微量元素或化合物的气晕分布特征。

生产矿山采用化探法找矿的一般步骤是：

1）选择合适的指标元素。

2）确定背景值与异常下限值。

3）查明分散晕特征以预测盲矿体的具体位置。

7.4.2　矿床勘探

7.4.2.1　矿床勘探与勘查基本概念

矿床勘查是指对矿产普查（找矿）与勘探的总称。它包括区域地质调查、矿床普查、矿床详查、矿床勘探和开发勘探几个阶段。

7.4.2.2　矿床勘探技术

矿床勘探技术是指为完成矿床勘探任务所采用的各种工程和技术方法的总称。钻探和坑探（包括探槽、浅井、平硐、斜井等）工程，两者合称探矿工程或勘探工程。矿床勘探技术方法有：地面地质工作，地面化探、地面物探及井中化探和钻井地球物理勘探等。

A　地面地质工作

地面地质工作分为地质测量和重砂测量。

a　地质测量

地质测量是根据地质观察研究，将区域或矿区的各种地质现象客观地反映到相应的平面图或剖面图上的工作。其作用是了解成矿地质环境，为分析控矿因素和成矿规律及评价工作区不同地段的成矿远景提供最重要的基础地质资料。地质测量过程往往导致矿床的直接发现，是矿床勘探基本技术手段之一。

b 重砂测量

重砂测量是以各种疏松沉积物中的自然重砂为主要研究对象，以解决与有用重砂矿物有关的矿产及地质问题为主要研究内容，以重砂取样为主要手段，以追寻砂矿和原生矿为主要目的的一种地质找矿方法。适用于重砂找矿的矿产有：

（1）金属矿产：Pt、Cr、W、Sn、Bi、Hg、Au、Ti 及部分 Cu、Pb、Zn。

（2）稀有和分散元素矿产：Li、Be、Nb、Ta、Zr、Se、Y。

（3）非金属矿产：金刚石、黄玉、重晶石、萤石、刚玉等的原生矿和部分砂矿床。

B 地面化探

地面化探方法有：岩石地球化学测量、土壤地球化学测量、河流底沉积物地球化学测量、水化学测量、生物地球化学测量、气体地球化学测量。近些年又出现了一些新的勘查技术手段，如同位素地球化学找矿法、气液包体找矿法、径迹刻蚀找矿法、地电化学找矿法等。

C 地面物探

地面物探方法主要有：磁法、电法、重力测量、放射性测量、地震勘探等。

D 井（钻孔）中化探

在钻孔中同时进行岩石地球化学采样，已受到普遍的重视。它不仅是建立已知矿床原生晕模式、了解矿体蚀变带特征的基础，而且也是预测和评价深部盲矿体十分重要的依据。经验表明，它是矿区外围和深部盲矿预测找矿行之有效的一种重要勘查手段。

E 钻井地球物理勘探

钻井地球物理勘探是 20 世纪 50 年代提出和发展起来的一种技术手段，在煤田和油田勘查中应用较为成熟。

7.4.3 生产勘探和地质管理

7.4.3.1 生产勘探

生产勘探是指在矿山投产后的生产时期，紧密结合矿山采矿生产的阶段开拓、矿块采准、切割与回采作业的程序，直接为采矿生产服务，并具有一定超前期的连续不断的勘探工作。生产勘探采用的主要技术手段有槽（井）探、钻探和坑探 3 大类。

探槽一般用于揭露埋深小于 5m 的矿体露头或剥离露天采场工作平盘上的人工堆积物；浅井一般用于揭露埋深大于 5m 的矿体，多用于勘探砂矿及风化堆积矿床。

钻探是采用各种地质钻机进行各种深埋矿体的勘探工作。

地下采矿时，坑探是重要的勘探手段，但单纯靠坑道勘探不能取得最佳效果，一般与坑内钻探相配合。

生产勘探工程总体布置应尽量与已形成的总体工程系统保持一致，并与采掘工程系统相结合，即坚持探采结合的原则。

7.4.3.2 地质管理

A 矿产储量管理

矿产储量管理的目的是通过经常总结分析储量的增减与级别变动情况，确定生产勘探的方针与任务，为矿山的长远发展与采掘计划编制提供可靠的地质储量。其具体内容包括：编制全面反映矿产资源数量、质量、开采技术条件和利用情况的矿产储量表；确定和检查矿产储量的保有程度；划分三级矿量（开拓矿量、采准矿量和备采矿量），检查三级矿量的保有指标。

B　矿石质量管理

矿石质量管理属于矿山全面质量管理的重要组成部分，是为了充分合理地利用矿山宝贵的矿产资源，减少矿石损失并保证矿产品质量，满足使用部门对矿石质量的要求而开展的一项经常性工作。其具体内容包括：按照矿石质量指标要求，编制完善的矿石质量计划，进行矿石质量预测；加强矿石损失与贫化指标的管理，做好矿石质量均衡工作（根据入选品位要求，合理配矿）；加强生产现场全过程的矿石质量检查与管理，减少矿石质量的波动，保证矿山按计划持续、稳定、均衡地生产，提高矿山的总体效益。

7.4.4　地质调查

地质调查的目的是查明影响矿山工程建设和生产的地质条件，消除各种地质灾害，保证矿山生产安全。

7.4.4.1　矿山水文地质工作

矿产资源开发中，矿山水文地质工作具有相当重要的地位。这不仅是由于地下水直接或间接地威胁矿山采掘作业的安全，影响矿山经济效益，而且在矿山排水疏干期间，还会改变矿山环境地质条件，对附近城乡的工农业生产与建设造成一定的影响。矿山开发阶段的水文地质工作因开采方式和矿山水文地质条件的不同，其工作内容往往有很大的差异。但总的来说，水文地质条件一般的矿山，其工作内容是在原水文地质工作的基础上，设置必要的防治水措施，组织排水疏干和日常监测；而对水文地质条件复杂的矿山，往往由于原探矿工程量和工作深度的限制，所取得的水文地质资料，难以满足矿山开发的需要，故应结合矿山的实际，在建设前期到生产初期进行补充（或专门性）水文地质勘探与试验，必要时还应建立专业防治水队伍，进行防排水工作的研究、设计与施工工作。

7.4.4.2　水文地质调查内容

水文地质调查是在已有的矿床水文地质资料基础上，结合矿山建设和生产过程中出现的实际问题而进行的与岩土稳定性有关的水文条件调查与分析。其主要内容包括：

（1）矿区内地下水的类型：包括按含水空隙条件的分类（孔隙水、裂隙水或岩溶水）和按埋藏条件的分类（上层滞水、潜水或承压水）；

（2）矿区水文地质结构类型：按含水体和隔水体所呈现的空间分布和组合形式以及含水体的水动力特征所划分的类型，包括统一含水体结构、层状含水体结构、脉状含水体结构和管道含水体结构；

（3）不同水文地质结构中的水动力特征：包括不同水文地质结构的补给、径流、排泄条件及富水特征，相互之间或与地表水体有无水力联系等；

（4）含水层、隔水层、矿体之间的相互关系；

（5）水文地质钻孔的封堵质量；

（6）坑道、露天采场涌水量及其变化规律：包括季节性变化和随着开采的进展涌水量及潜水位（或测压水位）的变化；

（7）排水疏干对地表沉降的影响程度；

（8）帷幕注浆堵水效果评价。

7.4.5　地质灾害调查

7.4.5.1　地质灾害及其分类

A　地质灾害

地质灾害是诸多灾害中与地质环境或地质体的变化有关的一种灾害，主要是由于自然的和人为的地质作用，导致地质环境或地质体发生变化，当这种变化达到一定程度，其产生的后果就会给人类和社会造成危害，称之为地质灾害，如崩塌、滑坡、泥石流、地裂缝、地面沉降、地面塌陷、岩爆、坑道突水/突泥/突瓦斯、煤层自燃、黄土湿陷、岩土膨胀、砂土液化、土地冻融、水土流失、土地沙漠化及沼泽化、土壤盐碱化以及地震、火山、地热害等。

B　地质灾害分类

（1）按成因分为由自然作用导致的自然地质灾害和由人为作用诱发的人为地质灾害；

（2）按地质环境或地质体变化的速度分为突发性地质灾害与缓慢性地质灾害，前者如崩塌、滑坡、泥石流等，即习惯上的狭义地质灾害；后者如水土流失、土地沙漠化等，又称为环境地质灾害。

（3）根据不同的地质作用引发的地质灾害，可分为地球内部动力作用引发的内动力地质灾害（如地震、火山、地热害等）和地球外部动力作用引发的外动力地质灾害（如崩塌、滑坡、泥石流等）；

（4）根据地质灾害发生区的地理或地貌特征，可分为山区地质灾害（如崩塌、滑坡、泥石流等）和平原地质灾害（如地面沉降等）。

7.4.5.2　矿山地质灾害

由矿山资源开发导致的地质灾害主要包括滑坡、崩塌、泥石流、地面塌陷、地裂缝、流砂和采空区等。

滑坡是斜坡上的岩体或土体，在重力的作用下，沿一定的滑动面整体下滑的现象。露天边坡和露天排土场是滑坡地质灾害的多发地点。

崩塌也叫崩落、垮塌或塌方，是陡坡上的岩体在重力作用下突然脱离母体崩落、滚动、堆积在坡脚或沟谷的地质现象。地下采矿形成的采空区是造成矿山崩塌的主要因素之一。

泥石流是山区爆发的特殊洪流，它饱含泥砂、石块以至巨大的砾石，破坏力极强。山区矿山地下采矿形成的采空区、矿山尾矿库是重要的泥石流危险源。

矿山地面塌陷、地裂缝主要是由于矿山岩溶或地下采矿形成的采空区而引起的地表变形和破坏。由于地面塌陷、地裂缝发生具有突然性，因此其对塌陷区人民生命财产具有极强的破坏性。

在矿床开采或其他挖掘工作中，有时会遇到饱水的砂土，当其被工程揭露时，可产生流动，称为流砂。流砂可以是以突然溃决形式发生，也可以是缓慢地发生。流砂的存在会造成井巷施工困难；流砂的溃决可掩埋矿井，危及工人生命安全，甚至引起地面塌陷。

采空区是地下矿山最大的安全隐患之一。地下矿山采矿活动，不可避免地留下大量采空区，如果未进行及时处理，采空区规模越来越大，就会造成采空区顶板岩层突然垮落，产生强烈的冲击波，不仅危及井下作业安全，而且会导致地表塌陷、地裂缝等重大地质灾害。

7.4.5.3　矿山地质灾害调查

地质灾害调查，应在充分收集、利用已有资料的基础上进行。收集资料内容包括区域地质、环境地质、第四纪地质、水文地质、工程地质、气象水文以及植被等。

A　崩塌地质调查

崩塌地质调查内容包括：

（1）查明地形、地貌特征。陡坡和陡崖是产生崩塌的必要条件之一，因此要结合现场踏勘在地形地质图上圈绘出陡坡地段；

（2）查明不同岩性岩石的分布，尤其是抗风化能力强的坚硬岩石的分布；

（3）查明地质构造特征；

（4）调查本地区有无发生崩塌的历史；

（5）调查本地区气候变化特征，包括有无暴雨及积雪解冻季节等；

（6）调查本地区历史上地震的最大烈度和人工爆破的规模。

B　滑坡地质调查

滑坡地质调查内容包括：

（1）查明露天边坡、排土场倾角、平台宽度的几何要素；

（2）查明边坡不同岩性岩石的分布，尤其是易于风化成黏土的软弱岩层的分布；

（3）查明地质构造特征；

（4）调查边坡中潜水的补给、排泄条件等；

（5）调查本地区气候变化特征，包括有无暴雨及积雪解冻季节等；

（6）调查本地区历史上地震的最大烈度和人工爆破的规模。

C　泥石流地质调查

泥石流地质调查内容包括：

（1）查明区域内的微地貌条件、汇水面积、沟谷发育情况及其纵横坡度和高度；

（2）查明基岩松散土层分布位置及其与崩塌、滑坡等自然地质现象的关系；查明植被发育程度、水土流失情况等，从而预测可能被冲刷松散土石的数量和可能发生泥石流的规模；

（3）对泥石流流域进行大比例调查，查明松散碎屑岩石的风化、分布厚度、堆积速度以及湿度变化情况等；对泥石流流域斜坡和泥石流发源地的临界条件和岩土稳定性进行研究，从而推测泥石流可能发生的期限；

（4）调查大气降水资料，包括有无暴雨和大量冰雪急剧溶化可能、高山湖泊与水库有无突然溃决可能等；

（5）对尾矿库稳定性进行评价。

D　地面塌陷、地裂缝、采空区地质调查

地面塌陷、地裂缝多是由地下采空区引起的，地质调查内容包括：

（1）查明采空区规模和形状，包括采空区体积、采空区范围投影面积、采空区形状、采空区连通情况（独立采空区或采空区群）、采空区高度及采空区长度与宽度比；

（2）查明采空区充水情况；

（3）查明采空区周围矿石与岩石物理、力学性质，岩性的调查应特别注意岩石的脆性和可塑性；

（4）查明采空区存在年限；

（5）查明采空区规模变动情况，包括采空区处理方法和年处理量、年新增采空区数量及体积等；

（6）调查采空区冒落情况，包括逐渐冒落或阶段性大冒落、地表是否塌陷和下沉、历史地压事故分析等；

（7）调查采空区附近的抽水和排水情况及其对采空区稳定的影响。

本 章 小 结

本章重点阐述了地质、成矿作用与地质构造，以及矿山地质工作等相关知识。

地质作用指的是由于地球内部和太阳能量的作用，会使地表形态、地壳内部物质组成及结构构造等不断发生变化。根据地质作用动力来源的不同，可分为内动力地质作用和外动力地质作用。在地球的演化过程中，使分散存在的有用物质在一定的地质环境中富集而形成矿床的各种地质作用称为成矿作用。成矿作用通常按成矿的地质环境、能量来源和作用方式划分为内生成矿作用、外生成矿作用和变质成矿作用。

地壳受地球内力作用，导致组成地壳的岩层呈现倾斜、弯曲和断裂的状态，称为地质构造，包括褶皱构造和断裂构造两大类。

矿山地质工作是指在矿山基建、生产直至开采结束过程中所开展的一系列地质工作。

思 考 题

7-1 地质作用的概念及分类是什么？

7-2 地质构造的概念及分类是什么？

7-3 成矿作用概念及矿床成因类型是什么？

7-4 生产矿山找矿方法分类是什么？

7-5 矿床勘探与勘查的基本概念是什么？

7-6 矿床勘探技术有哪几种？

7-7 生产勘探采用的主要技术手段有哪些？

7-8 地质灾害的概念及分类是什么？

7-9 矿山地质灾害的分类是什么？

7-10 矿山地质调查主要分为哪几类？

8 凿岩爆破

凿岩是指用凿岩机具在岩石中凿成炮眼，而爆破则是利用在炮眼内装入的炸药瞬间释放出巨大能量破碎矿石和岩石。

本章主要介绍了凿岩方式以及爆破的相关知识。

8.1 凿 岩

8.1.1 凿岩机械

凿岩机械是在矿岩上钻凿孔眼的主要工具。按照其动作原理和岩石破碎方式，可分为冲击式凿岩机、冲击-回转式凿岩机和回转-冲击式凿岩机；按照其所使用动力的不同，可分为风动凿岩机（一般简称凿岩机或风钻）、液压凿岩机和电动凿岩机。现阶段的矿山企业主要使用风动式凿岩机和液压凿岩机。

8.1.2 凿岩方式

在矿岩开采中，根据采矿作业的要求，广泛采用浅眼凿岩、中深孔接杆式凿岩和深孔潜孔钻凿岩等方式。

8.1.2.1 浅眼凿岩

浅眼凿岩是指钻凿直径在 34~42mm、孔深在 5m 以内的炮眼。钻凿这种炮眼，主要是采用气腿式凿岩机和上向式凿岩机。

浅眼凿岩主要用于巷道掘进、薄矿体回采落矿、天井掘进以及安装锚杆，其主要工具是钻杆和钎头。

8.1.2.2 中深孔凿岩

中深孔是指孔径为 45~50mm 以上、孔深在 15m 左右的炮孔。在地下开采中，为避免在井下开凿较大的凿岩硐室，满足换钎的需要，在有些采矿方法中（如无底柱分段崩落法等），多采用接杆式凿岩法，即使用数根钎杆，随着凿岩加深，不断接长，直到达到设计的钻孔深度。

8.1.2.3 深孔凿岩

深孔是指孔径为 45~50mm 以上、孔深在 15m 以上的炮孔。现阶段，井下深孔凿岩设备主要为潜孔钻机。深钻凿岩是在中硬以上岩石中钻凿大直径深孔的有效方法，除广泛用于钻凿地下采矿的落矿深孔、掘进天井和通风井的吊罐穿绳孔外，还用于露天矿穿孔。

8.2 爆　破

8.2.1 炸药爆炸的基本理论

8.2.1.1 炸药的化学反应形式

物质在瞬间发生急剧物理或化学变化、放出大量的能量，并伴随着声、光、热等现象，称为爆炸。一般将在爆炸前后物质的化学成分不发生改变，仅发生物态变化的爆炸现象称物理爆炸，如车胎爆炸、锅炉爆炸等。而在爆炸前后，不仅发生物态变化，而且物质的化学成分也发生改变的爆炸现象称为化学爆炸，如烟花爆炸、炸药爆炸等。反应过程必须高速进行、必须放出大量的热、必须生成大量的气体是发生化学爆炸的必备条件。某些物质的原子核发生裂变或聚变反应，在瞬间放出巨大能量的爆炸现象称为核爆炸。

炸药是一种能在外部能量的作用下发生高速化学反应，生成大量的气体并放出大量的热的物质，是一种能将自身所贮存的能量在瞬间释放的物质，其成分中包括了爆炸反应所需的元素或基团，主要是碳、氢、氧、氮及其组成的基团。

根据化学爆炸反应的速度与传播性质，炸药的化学反应分为4种基本形式：

（1）热分解。在一定温度下炸药能自行分解，其分解速度与温度有关（如硝铵炸药）。随着温度的升高反应速度加快，当温度升高到一定值时，热分解就会转化为燃烧，甚至转化为爆炸。不同的炸药其产生热分解的温度和速度也不同。

（2）燃烧。在火焰或其他热源的作用下，炸药可以缓慢燃烧（燃烧反应速度为数毫米每秒，最大不超过数百厘米每秒）。其特点是：在压力和温度一定时，燃烧稳定，反应速度慢；当压力和温度超过一定值时，可以转化为爆炸。

（3）爆炸。在足够的外部能量作用下，炸药以数百米至数千米每秒的速度进行化学反应，能产生较大的压力，并伴随光、声音等现象。其特点是：反应不稳定，爆炸反应的能量足够补充维持最高、稳定的反应速度时，则转化为爆轰，能量不够补充时则衰减为燃烧。

（4）爆轰。炸药以最大的反应速度稳定地进行传播。其特点是具有稳定性，特定炸药在特定条件下其爆轰速度为常数。

8.2.1.2 炸药的起爆机理

炸药在一定外能的作用下发生爆炸，称为起爆。能够起爆炸药的外部能量有：

（1）热能。利用加热使炸药起爆，火焰、火星、电热都能使炸药起爆。

（2）机械能。利用机械能起爆炸药，机械能有撞击、摩擦、针刺等机械作用。

（3）爆炸冲能。利用炸药爆炸产生的爆炸能、高温高压气体产物的动能。

活化能理论认为，活化分子具有比一般分子更高的能量，炸药的爆炸反应只有在具有活化能量的活化分子相互碰撞时才能发生。炸药起爆与否，取决于起爆能的大小与集中程度。

热能起爆机理：炸药在热能作用下产生热分解，随着热能的积累和温度压力上升到一定程度，炸药热分解所释放出的热量大于热散失的热量，炸药就会发生爆炸。

热点起爆机理：在机械能的作用下炸药内部某点产生的热来不及均匀分配到全部炸药分子中，而是集中在炸药个别小点上。当这些小点上的温度达到炸药的爆发点时，炸药首先从这里发生爆炸，然后再扩展。在炸药中起聚热作用的物质有微小气泡、玻璃微球、塑料微球、微石英砂等。炸药中微小气泡等的绝热作用、炸药颗粒间的强烈摩擦、高黏性液体炸药的流动生热是热点形成的原因；足够的温度（$300 \sim 600℃$）、足够的颗粒半径（$10^{-3} \sim 10^{-5}$cm）、足够的作用时间（大于 10^{-7}s）、足够的热量（大于 $4.18 \times 10^{-8} \sim 4.18 \times 10^{-10}$J）是热点扩展发展为爆炸的条件。

8.2.1.3　炸药的爆轰理论

爆轰波是由于炸药爆炸而产生的一种特殊形式的冲击波。冲击波是指在介质中以超声速传播并能引介质状态参数（如压力、温度、密度）发生突跃升高的一种特殊形式的压缩波（介质的状态参数增加，反之为稀疏波），如雷击、强力火花放电、冲击、活塞在充满气体的长管中迅速运动、飞机在空中超声速飞行、炸药爆炸等。

图 8-1 为爆轰波结构示意图。在正常条件下，在外界冲击波的作用下，炸药中首先与冲击波接触部位受到冲击波的压缩作用而形成一个压缩区（0-1 区），在该区内压力、密度、温度都呈突然跃升状态，从而使区内炸药分子获高能量而活化；随着炸药分子的活化，由于分子间的碰撞作用加强而发生化学反应，即原来的压缩区（0-1 区）成了化学反应区（1-2区）；化学反应区内炸药分子或离子（等离子）相互碰撞发生激烈的化学爆炸，生

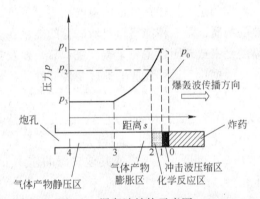

图 8-1　爆轰波结构示意图

成大量的气体，释放出大量的能量；随着化学反应的完成，原来的化学反应区成为反应产物的膨胀区（2-3 区）；化学反应区所释放出的能量，一部分补充冲击波在传播过程中的能量损耗，一部分在膨胀区消耗掉。在炸药中传播的冲击波因能够获得化学反应区的能量补充，使之能够以稳定的速度传播。

爆轰波在炸药中传播时，在达到稳定爆轰之前，有一个不稳定的爆炸区，该区的长短取决于所施加的冲击波的波速与炸药特征爆速的差值，差值愈大，该区愈长；在特定条件下，每一种炸药都有一个特征的、不变的爆速，它与起爆能的大小没有关系；每种炸药都存在一个最小的临界爆速，当波速低于此值时，冲击波将衰减成声波而导致爆轰熄灭。

化学反应生成的高温高压气体产物会自反应区侧面向外扩散，在扩散的强大气流中，不仅有反应完全的爆轰气体产物，而且还有来不及反应或反应不完全的炸药颗粒、其他中间产物。由于这些炸药颗粒的逸失，造成化学反应的能量损失，称为侧向扩散作用。侧向扩散现象愈严重，炸药爆轰所释放的能量愈少，甚至会导致爆轰中断。因此，炸药稳定爆轰的条件是炸药颗粒发生化学反应的时间要小于其被爆轰波驱散的时间；通过改变炸药的约束条件、药包直径等可以控制炸药的侧向扩散作用。

炸药起爆后能以最高爆速稳定传播，称为理想爆轰。在一定条件下炸药起爆后能以稳定的爆速传播，称为稳定爆轰，也称为非理想爆轰。

研究表明：随着药包直径的减小，炸药的爆速也相应地减小，当药包的直径减小到一定值后，炸药的爆轰就会完全中断，此时的药包直径称为临界直径。随着药包直径的增大，炸药的爆速也相应地增大，当药包的直径增大到一定值后，炸药的爆速趋于一定值而不再增大，此时的药包直径称为极限直径。药包直径与炸药爆速的关系，如图 8-2 所示。

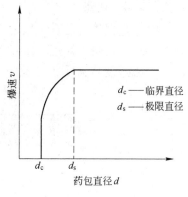

d_c ——临界直径
d_s ——极限直径

图 8-2 炸药的爆速与药包直径

单质炸药的爆速随装药密度的增大而增大，呈直线关系。混合炸药的爆速随装药密度的增大而增大，但当密度增大到某一值时，随着密度的增加爆速又反而下降，直到出现熄爆。炸药颗粒愈细，愈有利于稳定爆轰。

8.2.2 炸药的爆炸性能

8.2.2.1 敏感度

炸药在外部能量的作用下发生爆炸的难易程度称为敏感度，简称感度。炸药起爆所需的外部能量越小则炸药的感度越高，反之亦然。炸药在热能、冲击能和摩擦能的作用下发生爆炸的难易程度分别称为热感度、撞击感度和摩擦感度。

炸药爆炸所产生的爆轰波引起另一炸药发生爆炸的难易程度，称爆轰感度。工程爆破中，用雷管、导爆索、起爆药包起爆炸药，就是利用爆轰波使炸药爆炸。

炸药的感度受炸药颗粒的物理状态与晶体形态、颗粒的大小、装药密度、温度、惰性杂质的掺入等因素的影响，其对炸药的加工、制造、贮存、运输和使用极为重要。感度过高，安全性差；感度过低，则需要很大的起爆能，给爆破作业带来不便。

8.2.2.2 爆速

爆轰波的传播速度称为爆速。炸药的爆速，是衡量炸药质量的重要指标，一般为 2000~8000m/s。

8.2.2.3 氧平衡

炸药爆炸，实质上是炸药中的碳、氢等可燃元素分别与氧元素发生剧烈的氧化还原反应。爆炸反应所需氧依赖炸药自身提供（外界提供，供给速度不够），故将 1g 炸药爆炸生成碳、氢氧化物时所剩余的氧量，定义为炸药的氧平衡。炸药的氧平衡有零氧平衡（炸药中的氧含量恰够将碳、氢完全氧化）、正氧平衡（炸药中的氧含量足够将碳、氢完全氧化且有多余）和负氧平衡（炸药中的氧含量不足以将碳、氢完全氧化）3 种。只有当炸药中的碳、氢完全被氧化生成 CO_2 和 H_2O 时，其放出的热量才能达到最大值。炸药的氧平衡，是生产混合炸药确定配方的理论依据，也是确定炸药使用范围的重要原则。

炸药爆炸时产生的有毒有害气体主要有 CO、NO、NO_2、N_2O_5、SO_2、H_2S，产生的主要原因有两种：一是炸药的正（负）氧平衡值较大，多余的氧原子在高温高压环境中同氮原子结合生成氮氧化物，而氧量不足时 CO_2 容易被还原成 CO；二是炸药的爆轰反应往往是不完全的（颗粒细反应较完全），使得有毒有害气体含量增加。

8.2.2.4　殉爆

一个药包爆炸时可引起与之相隔一定距离的另一药包爆炸的现象叫殉爆（见图8-3）。炸药的殉爆，反映了炸药对爆轰波的敏感程度，其大小用殉爆距离（L）来表示。殉爆距离大，爆轰感度高，反之亦然。

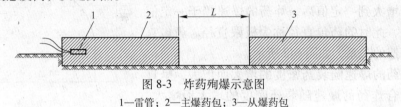

图8-3　炸药殉爆示意图

1—雷管；2—主爆药包；3—从爆药包

8.2.2.5　爆力和猛度

爆力是炸药爆炸时做功的能力。爆力越大，破坏的介质量越多。一般来说，炸药的爆热、爆温高，生成的气体量多，其爆力就大。

炸药的猛度是指炸药爆炸时击碎与其接触介质的能力。炸药的猛度越大，介质的破碎就越细，爆速高的炸药其猛度也大。

8.2.3　工业炸药

工业炸药，按照炸药的组成成分，可分为单质炸药和混合炸药。组成单质炸药的各元素是以一定的化学结构存于同一分子内，且分子中含有某些具有爆炸性质的基团，这些基团的化学键很容易在外界能量的作用下发生破裂而激发爆炸反应；混合炸药由两种以上的分子组成。工业炸药一般是混合炸药。

8.2.3.1　工业炸药的原材料

炸药的爆炸反应，其本质是一种反应速度极高、能释放大量能量的氧化还原反应，所以工业混合炸药至少包括一种氧化剂和一种还原剂。炸药的氧化剂和还原剂大多是非爆炸性的或爆炸性较低的物质，因此其混合物对外界的能量作用反应比较迟钝。为了保证使用的可靠性和使用范围的广泛性，在混合物中还加入适当的敏化剂和其他添加剂。因此，工业炸药的原料可以分为氧化剂、还原剂、敏化剂和添加剂等。

A　氧化剂

爆炸反应中能够提供有效氧的物质即为氧化剂。能够提供有效氧，表明反应产物中含氧键的键能要大于原氧化剂中的含氧键的键能。工业炸药对氧化剂的要求是：有效含氧量高，来源广泛，加工方便，安定性能好，感度适当，爆炸反应时放出的热量多、气体产物多。用于炸药中的氧化剂有：硝酸盐类，如硝酸铵、硝酸钠、硝酸钾、硝酸钙、硝酸铜、硝酸镁等；氯酸盐类，如氯酸钾、氯酸钠等；高氯酸盐类，如高氯酸钾、高氯酸铵、高氯酸钠、高氯酸钡等；金属氧化物类，如氧化铁、氧化铜等；液体氧化剂类，如硝酸、四硝基甲烷等。

a　硝酸铵

硝酸铵常温常压下为白色无结晶水晶体，工业硝酸铵由于含有少量的铁的氧化物而略显淡黄色，极易溶于水，其水溶液略显酸性。工业炸药中常用的为粉状、粒状和多孔粒状。一般粉状硝酸铵密度为 $0.8 \sim 0.95 \mathrm{g/cm^3}$，多孔粒状为 $0.75 \sim 0.85 \mathrm{g/cm^3}$，熔点

169.6℃，吸湿性、结块性很强。硝酸铵与铅、镍、锌、铜、镉等容易发生化学反应，与铝、锡等不易反应，黏附于纸片、布、麻袋等纤维制品可以引起自燃。能与亚硝酸盐、氯酸盐、强酸发生反应，铬酸盐、重铬酸盐、氯化物、硫化物能促进其分解，在200℃以下的低温状态下其分解有自行加速的特征。硝酸铵为钝感弱爆炸性物质，在密度为0.75~1.1g/cm³时爆速为1100~2700m/s，临界直径100mm（钢管），没有雷管感度，火焰感度很低，摩擦感度、撞击感度、枪击感度均为0。温度、水分含量、密度、晶形等对其爆炸性能影响很大。

b 硝酸钠

硝酸钠自身没有爆炸性能，有效含氧量高，能明显降低硝酸铵的析晶点，无色透明的菱形晶体，工业品为白色或微带黄色，密度为2.26g/cm³，熔点308℃，380℃时开始分解，主要用于乳化炸药中。

c 硝酸钾

硝酸钾有两种晶体形式，密度为2.11g/cm³，熔点333℃，400℃时开始分解，800℃时分解剧烈，吸湿性较硝酸铵和硝酸钠小。参与爆炸反应速度慢，生成气体量小，是制造黑火药的主要成分（70%~80%）。

d 高氯酸盐

大多数的高氯酸盐都有爆炸性，且比硝酸盐强。但含高氯酸盐类炸药的安定性差，机械感度较高。高氯酸铵为白色晶体，通常有两种结晶形式，密度1.95g/cm³，熔点333℃，150℃时开始分解，350℃时分解剧烈，380℃时呈爆炸性分解，受硫、金属粉和某些有机物的催化，具有吸湿性，长期存放会结块。

e 氯酸盐

大多数无机氯酸盐都具有爆炸性，安定性差，机械感度和热感度高。

f 金属氧化物

许多金属氧化物有多种氧化态，在低氧化态时可以结合氧，呈还原性，在高氧化态时可以放出氧，呈氧化性。在炸药中即是应用高氧化态的金属氧化物的氧化性来氧化炸药中的还原剂。

B 还原剂

工业炸药中的还原剂，又称可燃剂，一般需要满足热值高、来源广泛、使用方便、安全性好且对体系有明显的敏化作用。炸药中常用还原剂（可燃剂）有固体碳氢化合物、液体碳氢化合物、金属和合金等。

a 固体碳氢化合物

固体碳氢化合物有木质素类，如木粉、树皮粉、谷糠粉等；碳素类，如煤粉、木炭粉等；淀粉类，如木薯粉、地瓜粉等；纤维素类，如棉纤维、亚麻纤维等。它们的共同特点是碳氢含量高，负氧平衡值大，密度小，孔隙多。其中木粉最为常见，干燥木粉密度约为0.4~0.6g/cm³，堆积密度为0.17~0.24g/cm³，在162℃炭化，275℃分解，600℃点燃。干燥木粉具有一定的吸湿能力。以松柏科木材的木粉为好，在炸药中为可燃剂、敏化剂、疏松剂。

b 燃料油

燃料油包覆于硝酸铵颗粒表面，可改善硝酸铵的吸湿性和结块性，增大两者的接触面积和结合程度；在含水炸药中，燃料油借助表面活性剂的作用，均匀地分散在过饱和氧化剂水溶液的微团表面，防止硝酸铵固体析晶，可提高体系的稳定性、均匀性和敏感程度。

对于以硝酸铵为主体的爆炸体系来说，燃料油的引入，足以使硝酸铵达到雷管起爆感度。

应用最多的燃料油有：柴油、石蜡、松香、沥青。

c 铝粉

工业炸药中常用的铝粉一般是不同粒度的粒状和片状粉。铝与氧有较强的亲和性，可以直接发生强烈的放热反应；在室温下铝与水反应非常缓慢，超过60℃后反应显著加剧；铝与碱性溶液、盐酸溶液反应迅速，并放出大量的气体，但与硝酸溶液的反应较缓慢；在常温下，铝与硝酸铵水溶液反应缓慢，但在高温下反应剧烈，并发生爆炸。

铝粉加入炸药后，能提高炸药的爆炸性能，表现在提高炸药的感度、爆速和爆热。

C 敏化剂

选用某些活性物质或能使体系活性增强的物质来降低爆炸所需的外界能量的添加剂称为敏化剂。爆炸性敏化剂（大部分的单质炸药均是）和非爆炸性敏化剂（如气泡、固体、黏性敏化剂），是常见的敏化剂。对于固体敏化剂的选择，要比较其硬度。

8.2.3.2 常见工业炸药

工业炸药几乎全部都是混合炸药。为了改善混合炸药的爆炸性能，在配方中经常加入一些单质猛炸药。

A 单质炸药

a 梯恩梯（TNT）

梯恩梯，三硝基甲苯 $C_6H_2(NO_2)_3CH_3$，淡黄色晶体，吸湿性弱，不溶于水，热安定性好，在常温下不分解，180℃才显著分解。梯恩梯爆热4229kJ/kg，爆速6850 m/s，爆力285~300 mL，猛度19.9 mm，机械感度较低。梯恩梯主要用做硝铵类炸药的敏化剂，单独使用是重要的军用炸药。

b 黑索金（RDX）

黑索金（又译为黑索今），环三亚甲基三硝胺 $(CH_2NNO_2)_3$，白色晶体，不吸湿，不溶于水。50℃以下长期储存不分解；机械感度比梯恩梯高，当密度为 $1.66g/cm^3$ 时，爆力520mL，猛度16mm，爆速8300m/s。由于其爆力、猛度和爆速都很高，感度适当，常用做导爆索的药芯和雷管中的加强药。

c 特屈儿

特屈儿，三硝基苯甲硝胺，$C_6H_2(NO_2)_3 \cdot NCH_3NO_2$，淡黄色晶体，难溶于水，易与硝酸铵强烈作用而释放热量导致自燃，热感度和机械感度均高，爆炸性能好，爆力475mL，猛度22mm。常作雷管的加强药。

d 泰安（PETN）

泰安，季戊四醇四硝酸酯 $C(CH_2ONO_2)_4$，无色晶体，不溶于水。当密度为 $1.74g/cm^3$ 时，爆热6225kJ/kg，爆炸威力高，爆速8400m/s，爆力500mL，猛度15mm。

e 雷汞

雷汞 $Hg(CNO)_2$，白色或灰白色微细晶体，50℃以上自行分解，160~165℃发生爆炸，对撞击、摩擦、火花均极敏感，潮湿或压制后感度更低，易与铝发生化学反应。常作为雷管的起爆药（铜壳或纸壳）。

f 氮化铅

氮化铅 $Pb(N_3)_2$，通常为白色针状晶体，热感度较雷汞低，但爆炸威力大，不会因潮湿而失去爆炸能力，但易与铜发生化学反应生成极敏感的氮化铜。

g 二硝基重氮酚（DDNP）

二硝基重氮酚 $C_6H_2(NO_2)N_2O$，黄色或黄褐色晶体，安定性好，长期储存于水中不降低其爆炸性能，干燥时在 75℃ 开始分解，170~175℃ 时爆炸，撞击、摩擦感度比雷汞、氮化铅低，热感度介于两者之间。

B 硝铵炸药

硝铵类炸药是以硝酸铵为主要成分的混合炸药。硝酸铵的原料来源丰富、价格低廉、安全性好，所以多以它为主要原料制成混合炸药。

a 铵梯炸药

铵梯炸药是我国目前广泛使用的工业炸药，由硝酸铵、梯恩梯、木粉 3 种成分组成。硝酸铵是主要成分，在炸药中为氧化剂；梯恩梯为敏化剂，用以改善炸药的爆炸性能，增加炸药的起爆感度，还兼起可燃剂的作用；木粉在炸药中起疏松作用，使硝酸铵不易结成硬块，并平衡硝酸铵中多余的氧，起松散剂和可燃剂的作用。防水品种铵梯炸药还需加入少量防水剂，如石蜡、沥青等。煤矿许用炸药须加入适量的食盐作为消焰剂，以吸收热量、降低爆温，防止引起瓦斯爆炸。

硝铵炸药分为煤矿、岩石、露天三类。前两类可用于井下，其特点是氧平衡值接近于零，有毒气体产生量受严格限制。煤矿硝铵炸药是供有瓦斯或煤尘爆炸危险的矿井使用的炸药；露天炸药以廉价为主，硝酸铵、木粉含量较高，梯恩梯含量较低；岩石硝铵炸药适用于井下无瓦斯、无煤尘爆炸危险的爆破作业；抗水型硝铵炸药用于有水工作面。

b 铵油炸药

铵油炸药的主要成分是硝酸铵，配以适量的柴油、木粉。由于该类炸药不含梯恩梯，因而加工简单方便，适合使用装药器装药，价格低廉。

粉状铵油炸药是按硝酸铵 92%、轻柴油 4%，木粉 4% 经轮碾机热混加工工艺制成，生产过程要求"干、细、匀"，炸药颗粒越细、含水率越低，其爆炸性能就越好。多孔粒状铵油炸药是多孔粒状硝酸铵和柴油的混合物，硝酸铵约占 95%，柴油约占 5%，一般选用 10 号轻柴油。冷混粉状铵油炸药一般按硝酸铵 94.5%、柴油 5.5% 现场制备，多用于硐室爆破。为改善其爆轰性能，可添加一定量的木粉、松香以提高其爆轰感度；添加一定量的铝粉以提高威力；添加一定量的表面活性剂（如十一烷基磺酸钠）以利于其拌和均匀从而提高爆轰的稳定性；加少许明矾和氯代十八烷胺以降低吸湿结块性。这类炸药的不足之处是爆炸威力较低，比较钝感，易吸湿结块，储存期短。

C 含水炸药

自 1956 年在加拿大诺布湖矿成功地进行了含水炸药爆破试验以后，各种含水炸药相继出现，浆状炸药、水胶炸药、乳化炸药是 3 种主要的含水炸药。

a 浆状炸药

浆状炸药是以氧化剂水溶液、敏化剂和胶凝剂为基本成分的混合炸药。由于其抗水性能强、密度高、爆炸威力大、成本低，在露天深孔爆破中有广泛的应用。

浆状炸药的氧化剂为硝酸铵和硝酸钠，有时加入小量的硝酸钾。氧化剂是以饱和水溶液的方式参与生产工艺，这样使得氧化剂同还原剂能均匀混合、炸药颗粒间接触更良好，增加炸药密度，改善炸药爆炸性能，增加炸药可塑性。但加水以后会使炸药感度降低，所以必须加入适量敏化剂；爆炸时水的汽化热损失大，因此浆状炸药中水分含量以占炸药总量的 10%~20% 为宜。

用于浆状炸药敏化的敏化剂有：猛炸药敏化剂，如梯恩梯等；金属粉末敏化剂，如铝粉等；可燃物敏化剂，如柴油、煤粉、硫黄等；气泡敏化剂，如加入发泡剂亚硝酸钠通过化学反应形成敏化气泡。

胶凝剂在浆状炸药中起增稠作用，它包括胶结剂和交联剂。胶结剂使炸药中的各组分胶结在一起形成一个均匀整体，保持必需的理化性质和流变特性，并使它具有良好的抗水性和爆炸性能。目前常使用的胶结剂有槐豆胶、田菁胶、皂角和聚丙烯酰胺等；交联剂的作用是促使胶结剂分子中的基团互相结合，进一步联结成为巨型结构，提高炸药胶结效果和稠化程度。常用的交联剂有硼砂、重铬酸钾等。

除上述主要组分外，浆状炸药还常加入少量如尿素等安定剂，以防止炸药变质；加入表面活性剂，如十二烷基磺酸钠、十二烷基苯磺酸钠等，以控制硝酸铵的晶粒发育，保持炸药的塑性；加入乙二醇以提高浆状炸药的耐冻能力。

浆状炸药的优点是炸药密度高，具有较好的可塑性，可以装入孔底并填满炮孔，抗水性强，使用安全性好；缺点是感度过低，一般露天矿用浆状炸药不能直接用 8 号雷管起爆，需用猛炸药制作的药包来起爆。

b 水胶炸药

水胶炸药是在浆状炸药基础上发展起来的，与浆状炸药不同之处在于使用不同的敏化剂。水胶炸药使用水溶性的甲基胺硝酸盐作敏化剂，使得水胶炸药中氧化剂、还原剂、敏化剂间的耦合状况大为改善，从而获得更好的爆炸性能。这类炸药的爆轰感度较高，具有雷管感度。

甲基胺硝酸盐 $CH_3NH_2 \cdot HNO_3$，简称 MANN，密度为 $1.42g/cm^3$，比硝酸铵更易溶于水，不含水时可直接用雷管起爆。当温度不大于 95℃ 时，浓度低于 86% 的甲基胺硝酸盐水溶液没有雷管感度。利用这种特性，可以采用低于 86% 的甲基胺硝酸盐水溶液来生产水胶炸药以保证安全。在水胶炸药中，甲基胺硝酸盐的含量为 25%~45%，含量愈高炸药的威力愈大。

水胶炸药的优点是爆速和起爆感度高，有雷管感度（8 号），抗水性强，可塑性好，使用安全，炸药密度、爆炸性能可在较大范围内调节，适应性强；缺点是价格较贵。

c 乳化炸药

乳化炸药是继浆状炸药、水胶炸药之后发展起来的另一种含水炸药，广泛应用于露天和地下矿山的爆破工作。它由氧化剂水溶液、燃料油、乳化剂和敏化剂 4 种基本成分组成。氧化剂水溶液与燃料油在乳化剂的作用下经乳化而成的油包水型乳状体是具有爆炸性的基质。

氧化剂的水溶液以硝酸铵（65%左右）为主，添加少量的硝酸钠（15%）做辅助氧化剂，水的含量在8%~16%之间。

燃料油一般采用柴油、石蜡、凡士林等的混合物，其量要满足包裹水相的最小需要量，但因它又是炸药中的可燃剂，所以还要受到氧平衡的限制，其含量以2%~5%为佳。

乳化剂是制造乳化炸药的关键组分，用它来降低水、油表面张力，形成油包水型的乳状体，并使氧化剂与可燃剂高度耦合，用量在1%~2%。实践证明，采用SP-80（失水山梨醇单油酸酯）做乳化剂，效果较为理想。

在乳化炸药中加入化学发泡剂（如亚硝酸钠）或多孔微球（空心玻璃微珠、塑料微球、膨胀珍珠岩等），都能形成敏化气泡。这些气泡在爆炸冲能的作用下，形成热点，能提高炸药的爆轰感度，起到敏化剂的作用。

乳化炸药分为煤矿许用乳化炸药、岩石乳化炸药和露天乳化炸药3类。

乳化炸药的优点：密度可调，因而适用范围广；爆炸性能好，爆速达4000~5000m/s；猛度比2号岩石硝铵炸药高，达17~19mm；具有雷管感度（8号），爆力略低于铵油炸药。

8.2.4 起爆器材

产生起爆能以引爆炸药、导爆索和继爆管的器材称为起爆器材。雷管是工程爆破的主要起爆器材，有火雷管、电雷管、导爆管雷管等。此外，导爆索、导爆管、导火索、继爆管和起爆药柱（起爆弹）也是常用的起爆器材。

根据使用的起爆器材的不同，炸药的起爆方法可分为火雷管起爆法、电雷管起爆法、导爆索起爆法和非电导爆管雷管起爆法。

8.2.4.1 雷管

雷管是起爆器材中最重要的一种，包含管壳、加强帽、起爆药、加强药等基本组成部分。按点燃方式和起爆能源的不同，分为火雷管、电雷管、非电导爆管雷管；按管壳材料分为铜壳雷管、纸壳雷管、铝壳雷管。

A　火雷管

火雷管是通过火焰来引爆雷管中的起爆药而使其爆炸的，是最简单的起爆器材，又是其他各种雷管的基本部分（雷管基本体）。如图8-4所示，火雷管由管壳、加强帽、起爆药、加强药组成，用导火索引爆。

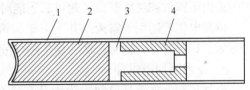

图8-4　雷管基本体结构示意图
1—管壳；2—加强药；3—起爆药；4—加强帽

a　管壳

管壳通常用金属材料（铜、铝、铁）、纸或硬塑料制成，须有一定的强度以保护管内的起爆药和加强药。管壳的一端开口供导火索等插入，另一端以圆锥形或半球面形凹穴封闭，此封闭凹穴称为聚能穴。

b　起爆药和加强药

起爆药具有良好的火焰感度，能在火焰的作用下发生爆轰，且能急剧增长到稳定爆轰。目前我国主要采用二硝基重氮酚（DDNP）做起爆药。加强药对火焰不敏感，它需要吸收起爆药的起爆能才能爆炸。由于共爆炸威力大，故用加强药来提高雷管的起爆能力。雷管的起爆能力与加强药的爆炸性能（主要是爆力和猛度）、装药直径、装药密度、装药量等相关。目前我国主要采用黑索金（RDX）、特屈儿或黑索金-梯恩梯做加强药。

　　c　加强帽

加强帽是一个中心带小孔的金属罩，常用铜皮冲压而成。其作用是：封闭雷管内的装药，减少起爆药的暴露面积，防止起爆药受潮，增强雷管的安全性，提高雷管的起爆能力。

　　B　电雷管

电雷管是由电能转化成热能而引发爆炸的工业雷管，由雷管的基本体和电点火装置组成，分瞬发电雷管、毫秒电雷管、秒（半秒、1/4秒）延期电雷管和煤矿许用电雷管。

　　a　瞬发电雷管

瞬发电雷管是在电能的直接作用下，立即起爆的雷管，又称即发电雷管，是在雷管的基本体的基础上加上一个电点火装置组装而成（见图8-5）。

电点火装置由两根绝缘脚线、塑料或塑胶封口塞、桥丝、点火药组成。电雷管的起爆是向脚线通以恒定的直流或交流电，使桥丝灼热引燃点火药，点火药燃烧后在其火焰热能作用下，使雷管起爆。

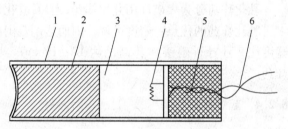

图8-5　直插式瞬发电雷管基本体结构示意图
1—管壳；2—加强药；3—起爆药；
4—点火头；5—塑料塞；6—脚线

脚线用来给桥丝输送电流，有铜和铁两种导线，外皮用塑料绝缘，要求具有一定的绝缘性和抗拉伸、抗弯曲和抗折断能力。脚线长度可根据用户需要而定制，一般多以2m长的脚线为主。每一发雷管都是由两根颜色不同的脚线组成，颜色的区分主要是为方便使用和炮孔连线。桥丝，即电阻丝，通电后桥丝发热引燃点火药。常用的桥丝有康铜丝和镍铬合金丝。点火药一般是由可燃剂和氧化剂组成的混合物，涂抹在桥丝的周围呈球状。通电后桥丝发生的热量引燃点火药，由点火药燃烧的火焰直接引爆雷管的起爆药。封口塞的作用是固定脚线和封住管口，封口后还能对雷管起到防潮作用。

瞬发电雷管适用于露天及井下采矿、筑路、兴修水利等爆破工程中，用来起爆炸药、导爆索、导爆管等；在有瓦斯和煤尘爆炸危险的场所，必须采用煤矿许用瞬发电雷管。

　　b　毫秒延期电雷管

毫秒延期电雷管是段间隔为十几毫秒至数百毫秒的延期电雷管，是一种短延期电雷管。它是在电能直接作用下，引燃点火药，再引燃延期体，由延期体的火焰冲能而引发电雷管爆炸。

毫秒延期电雷管是在原瞬发电雷管的基础上加一个延期体作为延期时间装置，延期体装配在电引火装置和雷管起爆药之间，只要通电点火，它就可以根据延期时间来控制一组起爆雷管的起爆先后顺序，从而为各种爆破技术的应用提供物质条件，如图8-6所示。

毫秒延期电雷管使用范围：用于微差分段爆破作业，起爆各种炸药，采用毫秒微差爆破技术可以减轻地震波，减少二次爆破，根据爆炸设计顺序，先爆的炮孔为后爆的炮孔提供了自由面，直接提高了爆破效率。在有瓦斯和煤尘爆炸危险的地方，必须使用煤矿许用毫秒延期电雷管。

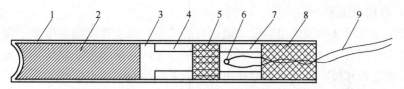

图 8-6　直插式毫秒延期电雷管基本体结构示意图

1—管壳；2—加强药；3—起爆药；4—加强帽；5—延期药；

6—点火头；7—长内管；8—塑料塞；9—脚线

毫秒延期电雷管的脚线也是由两根不同颜色的导线组成，但毫秒延期电雷管 1 ~ 10 段的脚线颜色分别代表着不同的段别，11~20 段则在每发雷管上贴上相应的段别标签（实际生产中 1~5 段由颜色区分段别，其他段别贴上相应的段别标签）。毫秒延期电雷管的段别标志如表 8-1 所示，段别和秒量范围如表 8-2 所示。

表 8-1　毫秒延期电雷管的段别标志

段别	1	2	3	4	5	6	7	8	9	10
脚线颜色	灰红	灰黄	灰蓝	灰白	绿红	绿黄	绿白	黑红	黑黄	黑白

表 8-2　毫秒延期电雷管的段别及秒量

段号	第 1 毫秒系列/ms	第 2 毫秒系列/ms	第 3 毫秒系列/ms	第 4 毫秒系列/ms
1	0	0	0	0
2	25	25	25	25
3	50	50	50	45
4	75	75	75	65
5	110	110	110	85
6	150		128	105
7	200		157	125
8	250		190	145
9	310		230	165
10	380		280	185
11	460		340	205
12	550		410	225
13	650		480	250
14	760		550	275
15	880		625	300
16	1020		700	330
17	1200		780	360
18	1400		860	395
19	1700		945	430
20	2000		1035	470

注：我国现阶段主要以生产第 1 毫秒系列为主。

c 煤矿许用电雷管

煤矿许用电雷管又叫安全电雷管，适于在有瓦斯、煤尘爆炸危险的井下使用。它的特点是起爆药部分加有一定的消焰剂，可避免使用时造成瓦斯爆炸。煤矿许用电雷管分为煤矿许用瞬发电雷管和煤矿许用毫秒延期电雷管。其性质与瞬发电雷管和毫秒延期电雷管相同，只是煤矿许用毫秒延期电雷管的延期时间不能超过 130ms。

并非随便大小的电流和任意长短的通电时间都能引爆一发电雷管。如果通过的电流非常小，产生的热量就达不到点火药的发火点，这样即使通入的时间再长，雷管也不会爆炸。给电雷管通以恒定的直流电，在一定的时间内（5min）不会引爆雷管的电流的最大值，称为电雷管的最大安全电流，它是电雷管对于电流的一个最重要的安全指标。我国规定最大安全电流为 0.18A，就是说在 5min 内通 0.18A 以下的恒定直流电流，都不会引爆电雷管。

通过 0.18A 以下的恒定直流电流，电雷管是不会爆炸的，但随着电流逐渐增大，个别雷管就会率先引爆。当电流达到某一数值时，电雷管将 99.99% 点火，这个电流值称为电雷管的最低准爆电流。因此，最低准爆电流表示了电雷管对电流的敏感程度。我国规定最低准爆电流为 0.45A，就是说通过 0.45A 以上的恒定直流电流，就一定会引爆雷管。

在实际使用中，雷管的连接方法多种多样，使用雷管的数目也多少不一。因此，实际爆破时，若使用交流电，则通过电流不应小于 2.5A，若使用直流电，则通过电流不应小于 2A。大爆破使用的交流电不小于 4A，直流电不小于 2.5A。

电雷管是由电能作用而发生爆炸的一种雷管。与火雷管相比，它具有爆破作用的瞬间性和延时性。在爆破作业中，使用电雷管可远距离点火和一次起爆大量药包，使用安全、效率高，便于采用爆破新技术。

C 导爆管雷管

导爆管雷管是导爆管的爆轰波冲能激发而引发爆炸的一种工业雷管。它是利用导爆管的管道效应来传递爆轰波，从而引爆雷管，实现非电起爆。导爆管雷管分为瞬发导爆管雷管和延期导爆管雷管。

瞬发导爆管雷管由雷管的基本体、卡口塞、导爆管三部分组成。延期导爆管雷管与瞬发导爆管雷管相比，多一个用于延时的延期体。

导爆管雷管适用于露天及井下无瓦斯和矿尘爆炸危险的采矿、筑路、兴修水利等爆破工程。毫秒、半秒、秒延期导爆管雷管用于微差分段爆破作业，可起爆各种炸药。

8.2.4.2 其他起爆器材

A 导火索

导火索是一种延时传火、外形如索的产品，是以粉状或粒状黑火药为药芯，以棉线、塑料皮、纸条、沥青等材料被覆而成，属于索类起爆器材，外表为白色，外径为 5.2~5.8mm，内径为 2.2mm 左右。导火索按燃烧时间分为普通型和缓燃型两种，国产普通导火索的燃速为 100~125s/m，主要产品有塑料导火索和棉线导火索。塑料导火索指外表面涂覆层材质为塑料的导火索；棉线导火索指缠绕导火索的内外层线和外表面主体均为棉线的导火索。

在爆破工程中，导火索大量用于传导火焰、引爆雷管，进而引爆炸药，适用于无爆炸性可燃气体或粉尘的环境,广泛应用于矿山开发、兴修水利、电力及交通建设、农田改造等爆破工程。

B　导爆索

导爆索是以黑索金或泰安为药芯,以棉线、麻线或人造纤维等材料被覆而成,用以传递爆轰波或引爆炸药的一种爆破器材,属于索类起爆器材,外表为红色。产品类型有普通导爆索、安全导爆索、震源导爆索、油气井用导爆索。

普通导爆索是目前大量使用的爆破器材,适用于一般露天及无瓦斯、煤尘爆炸危险的场所,在爆破工程中起传爆和直接起爆炸药和塑料导爆管的作用,包括棉线导爆索和塑料导爆索,具有一定的防水性能和耐热性能。装药密度在 $1.2g/cm^3$ 左右,药量 $12\sim14g/m$,外径 $5.7\sim6.2mm$,爆速不低于 $6500m/s$。

安全导爆索可以在有瓦斯或矿尘爆炸危险的环境下爆破作业,结构与普通导爆索相似,不同的是在药芯或包缠层中加了适量的消焰剂,用量为 $2g/m$。安全导爆索的爆速不低于 $6000m/s$,黑索金(泰安)的药量为 $12\sim14g/m$。

震源导爆索是用于地震勘探的一种导爆索,包括棉线震源导爆索和塑料震源导爆索。油气井用导爆索是指用在油气井中起引爆传爆作用的爆破器材。

C　导爆管

塑料导爆管指内壁喷涂有猛炸药,以低速传播爆炸冲击波的挠性塑料细管,主要有普通塑料导爆管、高强度塑料导爆管两种,传爆速度为 $1650m/s\pm50m/s$、$1750m/s\pm50m/s$、$1850m/s\pm50m/s$ 和 $1950m/s\pm50m/s$ 四种规格。

导爆管以低密度聚乙烯树脂为管材,外径为 $3mm$,内径为 $1.5mm$。它的管内壁喷涂有一层高威力的黑索金粉或奥克托金粉(91%)、铝粉(9%)和少量附加物($0.25\%\sim0.5\%$)的均匀混合物粉,药量为 $14\sim16mg/m$,管内能够传播爆炸冲击波,并通过管内传递的爆炸冲击波来引爆雷管。

塑料导爆管需用引爆(击发)元件来起爆。当引爆元件引爆导爆管时,管内激起的爆炸冲击波沿管内传播,管内炸药即发生化学反应,形成一种爆炸冲击波。爆炸反应释放出的热量及时地补充到导爆管传播的爆炸冲击波中,从而使得该爆炸冲击波能以恒定的速度稳定传播。塑料导爆管内的爆炸冲击波能量不大,不能直接起爆炸药,而只能起爆雷管,然后再由雷管来起爆炸药。

导爆管的传爆是依靠管内冲击波来传递能量的,若外界某种因素堵塞了软管中的空气通道,导爆管的稳定传爆便在此被中断;采用明火和撞击都不能引起导爆管爆炸,而在具有一定压力的空气强激波的作用下会引爆导爆管;导爆管在传爆过程中,携带的药量很少,不能直接起爆炸药,但能起爆雷管中的起爆药。

导爆管在储存期间,需将端头烧熔封口,防止受潮、进水和尘粒,以便长期保存。

8.2.5　起爆方法

根据使用的起爆器材的不同,炸药包的起爆方法可分为火雷管起爆法、电雷管起爆法、导爆索起爆法、导爆管起爆法及联合起爆法。目前火雷管起爆法、电雷管起爆法的应用逐渐减少;导爆索起爆法主要用于加强起爆;广泛应用的是导爆管起爆法。

火雷管起爆法是利用点燃的导火索引起火雷管爆炸进而引爆药包的起爆方法。火雷管起爆法所用的起爆器材有火雷管、导火索及点火器材。火雷管起爆法的适用范围很广，主要用于浅孔爆破。火雷管起爆法的优点是操作简便、成本较低，缺点是需要在工作面点火，毒气量较大，安全性较差。

电雷管起爆法是利用电能引爆电雷管进而引爆药包的方法。电雷管起爆法的优点是：操作人员可以撤退到安全地点后再给电起爆；可以同时起爆大量雷管；可以准确控制起爆时间和延期时间；可以在爆破之前用仪表检测电雷管和电爆网路。缺点是操作较复杂，作业时间长，需要有足够的电源，消耗导线较多，易受静、杂电流影响而早爆。为了安全起见，在进行起爆网路连线时应当停电，以免杂散电流引爆雷管。

导爆索起爆法是利用雷管爆炸引爆导爆索，再经由导爆索网路引起药包爆炸的方法。这种方法因不必在炮孔内装置起爆雷管，故又称为（孔内）无雷管起爆法。导爆索起爆法的优点是操作技术比较简单安全，可以使成组药包同时起爆，不受杂散电流、雷电或射频电的干扰；缺点是不能用仪表检测起爆网路的质量，导爆索价格较贵。一般只有深孔爆破或间断装药时才使用此法。

在有杂散电流、静电、射频电或雷电干扰存在的地区使用电雷管起爆法，可能会发生意外爆炸事故。在这些情况下宜采用非电起爆的方法。除火雷管起爆法和导爆索起爆法之外，国内外已广泛应用导爆管起爆法。

导爆管是用高压聚乙烯挤制的管子，其外径为3mm，内径约1.5mm，管内壁表面涂有一薄层起爆药。导爆管内所含炸药量极少，而其直径又远远小于炸药稳定爆轰的临界直径，故按经典爆轰理论，不可能产生稳定爆轰。但根据管道效应原理，导爆管可以传播空气冲击波。波动过程中冲击波能量的衰减可由管壁内表面加强药粉的爆炸能量来补偿。冲击波传播后导爆管仍然完整无损，安全性很好。导爆管起爆系统的优点是操作简便，比较安全，能抵抗一般杂散电流和静电的干扰；原材料为塑料，可节省大量金属材料、棉纱和起爆药，成本较低。它的缺点是不能用仪表检测网路连接的质量。

8.2.6 装药工艺

装药工艺就是将炸药装入炮孔的过程，可以是人工装药或机械化装药。

人工装药一般适合于装药量比较小的小型爆破，或者在没有装药机械的爆破工地采用。对于小孔径炮孔，人工装药常采用直径略小于炮孔的成品药卷，人工用炮棍将药卷逐个装入炮孔。炮棍用直径与药卷直径相当的木棍，长度视炮孔的深度而定，应比炮孔的深度略大，炮棍必须直，不能用弯曲的木棍。用炮棍将药卷送入炮孔时用力要恰当，不要用力硬往里送，以免损坏炮孔内的起爆线。向直径较大的炮孔装填袋装的散药时，人工只能装下向的炮孔。人工装药不需要各种装药机械，技术容易掌握，适合于中小企业采用。当装药量较少、装药结构复杂、药量控制要求高时，应当首先考虑人工装药。但是人工装药的劳动强度大、效率低、装药密度小。

机械化装药是采用各类装药机械代替人工装药，具有机械化程度高、生产效率高、装药密度大等优点，因而被各大型矿山广泛采用。机械化装药设备为井下矿山采用的主要装药器，其装药的基本原理有喷射式、压入式和重力作用式。井下采用的主要有药卷装药器、地下爆破混装车等。

8.2.7 爆破方法与爆破设计

8.2.7.1 井巷掘进爆破

井巷掘进爆破是在地下岩体掘进垂直、水平和倾斜巷道的一个主要工序,其特点是只有一个狭小的爆破自由面,四周岩体的夹制性很强,爆破条件差。井巷掘进爆破的具体内容在第九章中介绍。

8.2.7.2 井下采场爆破

A 浅眼爆破

采用浅眼爆破时(炮眼直径45mm以下、炮孔深度5.0m以下),崩矿药量分布较均匀,一般破碎程度较好而不需要进行二次破碎。浅眼爆破炮孔分水平孔和垂直(含倾斜)孔两种(见图8-7)。炮孔水平布置,顶板比较平整,有利于顶板维护,但受工作面限制,一次施工炮孔数目有限,爆破效率较低;炮孔垂直布置优缺点恰好与水平布置相反。因此,矿石比较稳固时可采用垂直布置,而矿石稳固性较差时,一般采用水平炮眼。

(a)   (b)

图 8-7   垂直炮孔与水平炮孔

(a) 垂直上向炮孔;(b) 水平炮孔

炮眼排列形式有平行排列和交错排列两类,如图8-8所示。

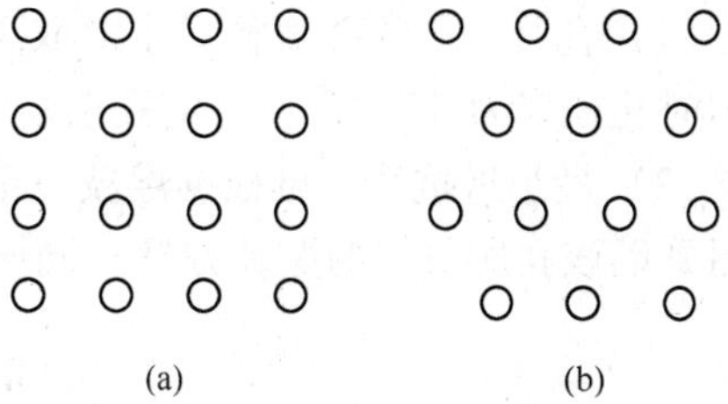

浅眼爆破通常采用32mm直径的药卷,炮眼直径 d 取 $38 \sim 42$mm。最小抵抗线 W 和炮眼间距 a 可由下式求出:

$$W = (25 \sim 30)d \qquad (8-1)$$

$$a = (1.0 \sim 1.5)W \qquad (8-2)$$

一些金属矿山使用 $25 \sim 28$mm 的小直径药卷进行爆破(炮眼直径 $30 \sim 40$mm),在控制采幅宽度和降低贫化损失等方面取得了比较显著的效果。

图 8-8   炮孔排列方式

(a) 平行排列;(b) 交错排列

井下浅眼爆破的单位炸药消耗量(爆破单位矿岩所需的炸药量)同矿石性质、炸药性能、炮眼直径、炮眼深度以及采幅宽度等因素有关。一般来说,采幅愈窄、眼深愈大,单位炸药消耗量愈大。单位炸药消耗量根据经验数据可取表8-3所示参考值。

表8-3   井下炮眼崩矿单位炸药消耗量参考值

矿石坚固性系数	<8	8~10	10~15
单位炸药消耗量/kg·m⁻³	0.26~1.0	1.0~1.6	1.6~2.6

B　中深孔爆破

炮眼直径45mm以上、炮孔深度大于5.0m的炮孔称为中深孔。中深孔按照布置方式可分为平行深孔和扇形深孔两类，如图8-9所示。按深孔的方向不同它们又可分为上向孔、下向孔和水平孔三类。

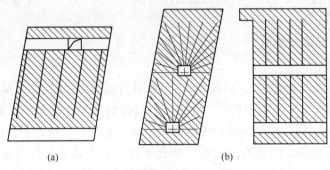

图 8-9　平行深孔和扇形深孔布置
（a）平行炮孔；（b）垂直扇形炮孔

扇形深孔具有凿岩巷道掘进工程量小，深孔布置较灵活且凿岩设备移动次数少等优点，应用很广。但是，由于扇形深孔呈放射状布置、孔口间距小而孔底间距大，崩落矿石块度没有平行深孔爆破的均匀，深孔利用率也较低。所以在矿体形状规则和对矿石破碎程度有要求的场合，可采用平行深孔。

除此之外，还有一种由扇形孔发展演变的布孔形式——束状深孔。其特点是深孔在垂直面和水平面上的投影都呈扇形。束状深孔强化了扇形深孔的优缺点，通常只应用于矿柱回采和采空区处理工程。

深孔爆破参数包括孔径、最小抵抗线、孔间距和单位炸药消耗量等。

（1）孔径。中深孔直径 d 主要取决于凿岩设备、炸药性能及岩石性质等。采用接杆法凿岩时孔径多为55~65mm，潜孔凿岩时孔径为90~110mm，牙轮钻时为165~200mm。

（2）最小抵抗线。可根据爆破一个中深孔崩碎范围需用的炸药量（单位体积炸药消耗量乘以该孔所负担的爆破方量）同该孔可能装入的药量相等的原则计算出最小抵抗线：

$$W = D\sqrt{\frac{7.85\Delta\tau}{mq}} \qquad (8-3)$$

式中　D——炮孔直径，dm；

Δ——装药密度，kg/dm³；

τ——深孔装药系数，一般取0.7~0.8；

m——炮孔密集系数，$m=a/W$，对于平行深孔取0.8~1.1；对于扇形深孔，孔口取0.4~0.7，孔底取1.1~1.5；

q——单位炸药消耗量，kg/m³，主要由矿石性质、炸药性能和采幅宽度确定。

当单位炸药消耗量、炮孔密集系数、装药密度及装药系数等参数为定值时，最小抵抗线可根据孔径 d 由下式得出：

$$W = (25 \sim 35)d \qquad (8-4)$$

（3）孔距。对于平行孔，孔距 a 是指同排相邻孔之间的距离；对于扇形孔，孔距可分

为孔底垂距 a_1（较短的中深孔孔底到相邻孔的垂直距离）和药包顶端垂距 a_2（堵塞较长的中深孔装药端面至相邻中深孔的垂直距离）。

平行中深孔可按最小抵抗线 W 进行布孔，扇形深孔则应先由最小抵抗线定出排间距，然后逐排进行扇形分布设计。

C　井下爆破应注意的安全问题

井下爆破应特别加以注意的安全问题有危险距离的确定、早爆和拒爆事故的防止与处理、爆后炮烟中毒的防止等。

危险距离包括爆破震动距离、空气冲击波距离和飞石距离几项。在地下较大规模的生产爆破中，空气冲击波的危险距离较远。强烈的空气冲击波在一定距离内可以摧毁设备、管线、构筑物、巷道支架等，并会引起采空区顶板的冒落，还可能造成人员伤亡。随着传播距离增大，空气冲击波强度减弱，很快达到不会引起破坏的程度。根据实验，爆炸时的空气冲击波安全距离可由下式给出：

$$W = k\sqrt{Q} \tag{8-5}$$

式中　Q——炸药用量，kg；

　　　k——影响系数，对于一般建筑物 $k = 0.5 \sim 1$，对人员 $k = 5 \sim 10$。

早爆事故发生的原因很多，如爆破器材质量不合格（导火索燃速不准）、杂散电流、静电、雷电、射频电等的存在以及高温或高硫矿区的炸药自燃起爆、误操作等。为了杜绝早爆事故，在器材使用上应尽量选用非电雷管。杂散电流的产生主要来自架线式电机车牵引网路的漏电（直流）和动力电路和照明电路的漏电（交流）。所以采用电雷管起爆方式时必须事先对爆区进行杂散电流测定，以掌握杂散电流的变化和分布规律，然后采取措施预防和消除杂散电流危害，在无法消除较大的杂散电流时采用非电起爆方法。静电主要来自炸药微粒在干燥环境下高速运动时输药管内产生的静电积累。预防静电引起早爆事故的主要措施是采用半导体输药管，尽量减少静电产生并将可能产生的静电随时导入大地；采用抗静电雷管，用半导体塑料塞代替绝缘塞，裸露一根脚线使之与金属沟通，或采用纸壳或塑料壳。

拒爆事故的原因很多，应在周密分析发生拒爆的原因后，采取妥善措施排除盲炮。

8.2.8　矿山控制爆破

采用一般爆破方法破碎岩石往往出现爆区内破碎不均、爆区外损伤严重的局面，如：使围岩（边坡）原有裂隙扩展或产生新裂隙而降低围岩（边坡）的稳定性；大块率和粉矿率过高，或出现超挖、欠挖；随着爆破规模增大而带来爆破地震效应破坏等。针对上述问题，采取一定的措施合理利用炸药的爆炸能，以达到既满足工程的具体要求，又能将爆破造成的各种损害控制到规定范围，这就是称作控制爆破的一门新技术。

8.2.8.1　微差爆破

微差爆破又称毫秒爆破，它是利用毫秒延时雷管实现几毫秒到几十毫秒间隔延期起爆的一种延期爆破。实施微差爆破可使爆破地震效应和空气冲击波以及飞石作用降低；增大一次爆破量而减少爆破次数；破碎块度均匀，大块率低；爆堆集中，有利于提高生产效率。

微差爆破的作用原理是：先起爆的炮孔相当于单孔漏斗爆破，漏斗形成后，漏斗体内生成很多贯通裂纹，漏斗体外也受应力场作用而有细小裂纹产生；当第二组微差间隔起爆后，已形成的漏斗及漏斗体外裂纹相当于新增加的自由面，所以后续炮孔的最小抵抗线和爆破作用方向发生变化，加强了入射波及反射拉伸波的破岩作用；前后相邻两组爆破应力波相互叠加也增加了应力波作用效果；破碎的岩块在抛掷过程中相互碰撞，利用动能产生补充破碎，并可使爆堆较为集中；由于相邻炮孔先后以毫秒间隔起爆，所产生的地震波能量在时间上和空间上比较分散，主震相位相互错开，减弱了地震效应。

微差间隔时间的确定可根据最小抵抗线（或底盘抵抗线）由经验公式给出：

$$\Delta t = KW \tag{8-6}$$

式中　Δt——微差间隔时间，ms；

　　　K——经验系数，在露天台阶爆破条件下，$K = 2 \sim 5$。

一般矿山爆破工作中实际采用的微差间隔时间为 15~75ms，通常用 15~30ms。排间微差间隔可取长些，以保证破碎质量，改善爆堆挖掘条件以及减少飞石和后冲。

控制微差间隔时间的方法有毫秒电雷管电爆网路、导爆索和继爆管起爆网路、非电导爆管和微差雷管起爆网路等，为了增加起爆段数和控制起爆间隔，有时也用微差起爆器实现孔外微差爆破。

8.2.8.2　挤压爆破

挤压爆破就是在爆区自由面前方人为预留矿石（岩碴），以提高炸药能量利用率和改善破碎质量的控制爆破方法。

挤压爆破的原理是：爆区自由面前方松散矿石的波阻抗大于空气波阻抗，因而反射波能量减小而透射波能量增大；增大的透射波可形成对这些松散矿石的补充破碎；虽然反射波能量小了，但由于自由面前面的松散介质的阻挡作用延长了高压爆炸气体产物膨胀做功的时间，故仍有利于裂隙的发展和充分利用爆炸能量。

地下深孔挤压爆破常用于中厚和厚矿体崩落采矿中。挤压爆破的第一排孔的最小抵抗线比正常排距大些（一般大 20%~40%），以避开前次爆破后裂隙的影响，第一排孔的装药量也要相应增加 25%~30%。一次爆破厚度可适当增加，对于中厚矿体取 10~20m 爆破层厚度，厚矿体取 15~30m。多排微差挤压爆破的单位炸药消耗量比普通微差爆破要高，一般为 0.4~0.5kg/t，时间间隔也比普通爆破长 30%~60%，以便使前排孔爆破的岩石产生位移而形成良好的空隙槽，进而为后排创造补偿空间，发挥挤压作用。挤压爆破的空间补偿系数一般仅需 10%~30%。

露天台阶挤压爆破，也称压碴爆破。其爆破参数取值除与地下挤压爆破存在类似趋势外，自由面前面堆积碎矿石的特性也是一个重要影响因素。压碴的密度直接关系着弹性波在爆堆（压碴）中的传播速度，而压碴密度又与爆破块度、堆积形状和时间以及有无积水有关。通常情况下，爆堆的松散系数大时挤压效果好，炸药能量利用率高。为了获得较好的爆破效果，可适当加大单位炸药消耗量。同样，爆堆的厚度和高度对爆破质量也有一定影响。一般取爆堆厚度为 10~20m，若孔网参数小则压碴厚度取大值。爆堆厚度与台阶高度和铲装设备容积也有关系，在保证爆破效果的条件下应尽量减小压碴厚度。

8.2.8.3　光面爆破

光面爆破是能保证开挖面平整光滑而不受明显破坏的爆破技术。采取光面爆破技术通常可在新形成的岩壁上残留清晰可见的孔迹，使超挖量减少到 4%~6%，从而节省装运、回填、支护等工程量和费用。光面爆破有效地保护了开挖面岩体的稳定性，由于爆破产生的裂隙很少，所以岩体承载能力不会下降。由光面爆破掘进的巷道通风阻力小，还可减少岩爆发生的危害。

光面爆破的机理是：在开挖工程的最终开挖面上布置密集的小直径炮眼，在这些孔中不耦合装药（药卷直径小于炮孔直径）或部分孔不装药，各孔同时起爆以使这些孔的连线破裂成平整的光面。当同时起爆光面孔时，由于不耦合装药，药包爆炸产生的压力经过空气间隙的缓冲后显著降低，已不足以在孔壁周围产生粉碎区，而仅在周边孔的连线方向形成贯通裂纹和需要崩落的岩石一侧产生破碎作用。周边孔之间贯通的裂纹即形成平整的破裂面（光面）。

为了获得良好的光面爆破效果，一般可选用低密度、低爆速、高体积威力的炸药，以减少炸药爆轰波的冲击作用而延长爆炸气体的膨胀作用时间。不同炸药产生的裂缝破坏范围不同，为了获得预期的光面爆破效果，应尽可能用小药卷炸药。药卷与炮孔之间的不耦合系数通常取 1.1~3.0，其中 1.5~2.5 用得较多。光面爆破周边孔间距一般取孔径的 10~20 倍，节理裂隙发育的岩石取小值，整体性完好的岩石取大值。最小抵抗线一般取大于或等于孔距，炮孔密集系数 m 取 0.8~1.0，硬岩取大值，软岩取小值。线装药密度，即单位长度炮眼装药量，软岩取 70~120g/m，中硬岩石取 100~150g/m，硬岩取 150~250g/m。光面爆破时周边眼应尽量考虑齐发起爆，以保证炮眼间裂隙的贯通和抑制其他方向的裂隙发育。周边眼的起爆间隔不宜超过 100ms。除采取周边眼齐发爆破（多打眼少装药）外，还可采取密集空孔爆破和缓冲爆破等方法实现光面爆破，前者利用间隔空孔导向作用实现定向成缝，后者则通过向孔中充填缓冲材料（细砂）来保护孔壁减缓爆炸冲击作用。

8.2.8.4　预裂爆破

预裂爆破是沿着预计开挖边界面人为制造一条裂缝，将需要保留的围岩与爆区分离开，从而有效地保护围岩和降低爆破地震危害的控制爆破方法。

沿着开挖边界钻凿的密集平行炮孔称作预裂孔。在主爆区开挖之间首先起爆预裂孔，由于采用小药卷不耦合装药，故在该孔连线方向会形成平整的预裂缝，裂缝宽度可达 1~2cm。然后再起爆主爆炮孔组，就可降低主爆炮孔组的爆破地震效应，提高保留区岩石壁面的稳定性。

预裂缝形成的原理基本上与光面爆破中沿周边眼中心连线产生贯通裂缝形成破裂面的机理相似，所不同的是预裂孔是在最小抵抗线相当大的情况下提前于主爆孔起爆的。

预裂爆破参数设计简述如下：

（1）炮孔直径。炮孔直径可根据工程性质要求、设备条件等选取。一般孔径愈小，则孔痕率（预裂孔起爆后，残留半边孔痕的炮孔占总预裂孔的比率）愈高，而孔痕率的高低是反映预裂爆破效果的重要标志。国外及水工建筑中一般采用 53~110mm 孔径，在矿山中采用 150~200mm 孔径也获得了满意的效果。另外，也可以通过调整装药参数改善爆破效果。

（2）不耦合系数。不耦合系数，即药卷断面积与炮孔断面积的比例，可取 2~5。在允许的线装药密度下，不耦合系数可随孔距的减少而适当增大。岩石抗压强度大应选用较小的不耦合系数。

（3）孔距。一般取孔径的 10~14 倍，岩石较硬时取大值。

（4）线装药密度。线装药密度关系着能否既贯通邻孔裂缝又不损伤孔壁这个实质问题，与孔径和孔距有关，可参考表 8-4 取值。

表 8-4 预裂孔爆破参数

孔径 /mm	预裂孔距 /m	线装药密度 /kg·m^{-1}	孔径 /mm	预裂孔距 /m	线装药密度 /kg·m^{-1}
40	0.30~0.50	0.12~0.38	100	1.0~1.8	0.7~1.4
60	0.45~0.60	0.12~0.38	125	1.2~2.1	0.9~1.7
80	0.70~1.50	0.4~1.0	150	1.5~2.5	1.1~2.0

本 章 小 结

凿岩机械是在矿岩上钻凿孔眼的主要工具。在矿岩开采中，根据采矿作业的要求，广泛采用浅眼凿岩、中深孔接杆式凿岩和深孔潜孔钻凿岩等方式。

炸药的爆炸性能包括：敏感度、爆速、氧平衡、殉爆、爆力和猛度。

常见的工业炸药有：单质炸药、硝铵炸药、含水炸药。

根据使用的起爆器材的不同，炸药包的起爆方法可分为火雷管起爆法、电雷管起爆法、导爆索起爆法、导爆管起爆法及联合起爆法。装药工艺就是将炸药装入炮孔的过程，可以是人工装药或机械化装药。

浅眼爆破、中深孔爆破、井下爆破应注意的安全问题。

矿山控制爆破新技术：微差爆破、挤压爆破、光面爆破。

思 考 题

8-1 凿岩机械的分类有哪些？

8-2 凿岩方式分为哪几种？

8-3 炸药的爆炸性能包括哪些？

8-4 起爆方法有哪些，每种起爆方法的原理及优缺点是什么？

8-5 简述人工装药与机械化装药的不同。

8-6 爆破工作的一般规定是什么？

8-7 矿山控制爆破新技术有哪些？

8-8 常见的工业炸药有哪些？

9 井巷掘进

矿山井巷工程是矿山维持正常回采作业所需的竖井、斜井（含斜坡道）、溜矿井、天井、隧道、平巷、各种地下硐室工程等的总称。井巷掘进即是上述井巷工程的施工过程，是矿山，特别是地下矿山最重要的生产工序之一。矿床开采、提升运输、供水排水、供气供电、采空区治理等矿山所有与采矿有关的活动，都要由井巷工程提供通路。由于井巷工程施工周期长，费用高，不能向采矿一样直接创造效益，因此在矿山也最容易被忽视，造成掘进落后于采矿，影响矿山正常作业循环。为保证矿山可持续、稳定发展，必须严格贯彻执行"采（矿）掘（进）并举，掘进先行"的采矿方针。

本章主要介绍了水平巷道掘进、竖井掘进、斜井掘进以及天井掘进的相关知识。

9.1 水平巷道掘进

水平巷道的断面形状，主要取决于围岩的稳固程度、支护形式和服务年限。金属矿山的巷道形状一般有矩形、梯形和拱形，其断面尺寸可根据巷道用途、运输设备外形尺寸和安全间隙来决定，同时还要保证风流速度不超过安全规程的规定。例如：服务年限不长的穿脉巷道（巷道长度方向垂直于矿体走向方向），采用木材支护时，断面形状可选用梯形（见图 9-1 (a)），断面尺寸一般为 $(1.8 \sim 2.0)$ m$\times(2.1 \sim 2.3)$ m；围岩不稳固或服务时间很长的主要运输巷道，一般采用混凝土支护或石材支护，其断面形状多为直墙拱形（见图 9-1 (b)），断面尺寸更大。

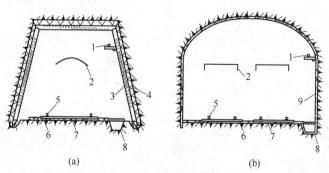

图 9-1　金属矿山水平巷道常用断面形状示意图

(a) 单轨梯形巷道；(b) 双轨拱形巷道

1—管缆；2—电机车架线；3—木支柱；4—片石；5—轨道；6—枕木；7—道砟；8—水沟；9—混凝土支护

水平巷道掘进，目前普遍采用凿岩爆破法。其主要工序包括：凿岩、爆破、岩石装运和支护；辅助工序包括：工作面通风、排水、接管道、照明、铺轨和测量等。主要工序按一定顺序依次进行的作业方式称为单行作业。单行作业各工序互不干扰，组织管理方便，但效率较低。几个主要工序在同一时间内平行进行的作业方式称为平行作业，其优缺点与单行作业恰好相反。从凿岩开始到装岩、铺轨和支护完毕，为一个掘进循环，巷道由此向前掘进了一段距离。

9.1.1 凿岩爆破

巷道掘进中，破碎岩石是一项主要工序，也是掘进施工的第一道主要工序。破碎岩石主要采用凿岩爆破的方法，凿岩爆破约占一个掘进循环时间的 40% ~ 60%。凿岩爆破工作的好坏，对巷道掘进速度、规格质量、支护效果、掘进成本等，都有较大的影响。

金属矿山平巷掘进中，常用的凿岩设备是气腿式风动凿岩机，如 7655、YT-24 等；凿岩工具多采用锥形连接的活头钎杆。为提高凿岩效率，降低工人劳动强度，一些大中型矿山在大断面平巷掘进中采用了凿岩台车。凿岩台车属无轨设备，具有独立行走装置，液压凿岩，凿岩速度大大提高。

9.1.1.1 炮眼布置

巷道掘进的爆破工作是在只有一个自由面的狭小工作面进行的，俗称独头掘进。因此，要达到理想的爆破效果，必须将各种不同作用的炮眼合理地布置在相应位置上，使每个炮眼都能起到应有的爆破效果。

掘进工作面的炮眼，按其用途和位置可分为掏槽眼、辅助眼和周边眼（见图 9-2）。掏槽眼的作用是形成掏槽作为第二自由面，以改善爆破条件，提高炮眼利用率；辅助眼的作用是扩大和延伸掏槽的范围；周边眼的作用是控制井巷断面规格形状。其爆破顺序必须是延期起爆，即先爆掏槽眼，然后起爆辅助眼，最后起爆周边眼。

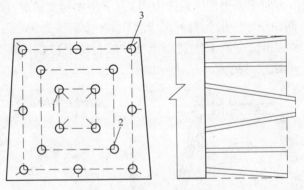

图 9-2 平巷掘进的炮眼布置
1—掏槽眼；2—辅助眼；3—周边眼

9.1.1.2 爆破器材

巷道掘进常用的炸药是铵梯炸药和铵油炸药，采用电雷管、火雷管或导爆管起爆。

9.1.1.3 爆破参数确定

单位炸药消耗量的确定可参考表 9-1，结合工程类比和实际经验确定。确定单位炸药消耗量后，再根据巷道断面面积和每循环进尺就可得到每循环应使用的炸药消耗总量：

$$Q = qSL\eta \tag{9-1}$$

式中 S——井巷掘进断面面积，m^2；

L——平均炮眼深度，m；

η——炮眼利用率，一般为 $80\% \sim 95\%$。

表 9-1 平巷掘进单位炸药消耗量 （kg/m^3）

掘进断面面积/m^2	岩石普氏坚固性系数				
	2~3	4~6	8~10	12~14	15~20
<4	1.23	1.77	2.48	2.96	3.36
4~6	1.05	1.50	2.15	2.64	2.93
6~8	0.89	1.28	1.89	2.33	2.59
8~10	0.78	1.12	1.69	2.04	2.32
10~12	0.72	1.01	1.51	1.90	2.10
12~15	0.66	0.92	1.36	1.78	1.97
15~20	0.64	0.90	1.31	1.67	1.85
>20	0.60	0.86	1.26	1.62	1.80

求得循环总药量后，再根据各炮眼在爆破中所起的作用及条件进行药量分配。其中掏槽眼最重要，而且爆破条件最差，应分配较多的药量，辅助眼药量次之，周边眼药量分配最少。

炮眼数目的确定主要同巷道断面、岩石性质、炸药性能等因素有关。一般是在保证合理的爆破效果的前提下尽可能减少眼数。

炮眼深度与掘进断面面积、掘进机械化程度和爆破技术水平有关。现有条件下单轨平巷的炮眼深度多在 $1.5 \sim 2.5m$ 之间。

9.1.2 工作面通风

工作面通风的目的有二，其一是把爆破产生的炮烟和大量粉尘，在短时间内排出工作面，以利装岩工作进行；其二是正常供给工作面新鲜空气，排出凿岩和装岩产生的粉尘及污浊空气，降低工作面温度，创造较好的工作环境。由于巷道掘进是独头施工，难以形成贯穿风流，因此一般采用局部扇风机通风，爆破后通风时间一般不少于 40min，之后人员才能进入工作面进行装岩工作。

9.1.2.1 通风方式

井巷掘进通风方式可分为压入式、抽出式和混合式 3 种，其中以混合式通风效果最佳。

A 压入式通风

如图 9-3 所示，局部扇风机把新鲜空气经风筒压入工作面，污浊空气沿巷道流出。在通风过程中炮烟逐渐随风流排出，当巷道出口处的炮烟浓度下降到允许浓度时，即认为排烟过程结束，人员可进入工作面。

压入式通风新鲜风流大，通风时间短，效果好，但容易发生污风循环。因此，局扇必须安装在新鲜风流流过的巷道内，并距掘进巷道口的距离不得小于 10m。

B 抽出式通风

如图 9-4 所示，新鲜空气由巷道进入工作面，污浊空气被局扇经风筒抽出，排入回风巷道。抽出式通风的优缺点与压入式相反。风筒的排风口必须设在主要巷道风流方向的下方，距掘进巷道口的距离不得小于 10m。

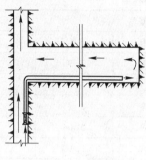

图 9-3　压入式通风

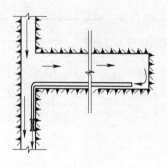

图 9-4　抽出式通风

C　混合式通风

混合式通风是压入式和抽出式通风方式的联合使用，同时具有前两种通风方式的优点，适用于巷道很长条件下的通风。

9.1.2.2　通风设施

金属矿井巷掘进通风设备有局部扇风机（简称局扇）和风筒。

局扇要求体积小，效率高，噪音低，风压、风量可调。

风筒分刚性和柔性两大类。刚性风筒包括铁风筒、玻璃钢风筒等，坚固耐用，适用于各种通风方式，但笨重，接头多，储存、搬运、安装均不方便；常用的柔性风筒包括胶布风筒、软塑料风筒等。由于柔性风筒具有轻便、易安装、阻燃、安全可靠等优点，因而在巷道掘进中得到广泛应用，其缺点是易于划破，只能用于压入式通风。

9.1.3　岩石装运

把掘进工作面爆破下来的岩石装入矿车运出工作面，就是岩石的装运作业，亦称出碴，是一项比较繁重的工作，约占掘进循环时间的 40%~50%。

平巷掘进中使用较多的装载设备是铲斗式装岩机和矿车，如图 9-5 所示。装岩机有以压气作动力的，也有以电为动力的。当装岩机向前运动时，铲斗插入岩堆铲取岩石；铲满后提升铲斗并向后翻转，装入后面的矿车；然后下落铲斗，再次铲装。一辆矿车装满后移出，调入另一辆矿车继续装岩。

由于调车相当麻烦和费时，近年来出现了一些解决平巷掘进调车问题的设备，如斗式装载机、梭式矿车等。前者是利用可以升

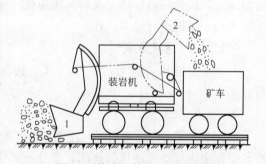

图 9-5　装岩机装岩过程示意图

降的和在矿车上前后运行的斗车，接受装岩机铲斗卸载的岩石，并将其送到预定的矿车上卸载，直至装完一次爆破下来的全部岩石；后者实际上是一部装有运输机的大容积矿车，通过运输机的移动，使矿车逐渐装满。

此外，采用轮胎式自行设备（如铲运机）完成装、卸、运的工作，可大大提高装岩速度和效果。

9.1.4 巷道支护

岩体未开挖时，岩体中的应力处于原始平衡状态，岩石一般不会发生变形和移动。但巷道掘进后，岩体内原始应力平衡遭到破坏，巷道周围的岩石受力情况发生了变化，在受到扰动的应力重新达到新的平衡过程中，巷道周围的岩石会发生变形、破坏乃至冒落。为保证工作安全和生产的正常进行，除了围岩相当稳固不需特殊处理外，在围岩不稳固地段一般要采取一定的措施将巷道支护起来。

支护材料包括木材、金属材料、石材、混凝土、钢筋混凝土、砂浆等。水泥是广泛使用的胶凝材料。过去巷道支护大多是架设棚式支架与砌筑石材（或混凝土）整体式支架，现在喷锚支护在矿山得到了广泛的应用。

喷锚支护，是锚杆与喷射混凝土联合支护的简称，二者又可以单独使用，称为锚杆支护与喷浆支护。喷锚支护还可以与金属网联合进行支护。喷锚支护具有施工速度快、机械化程度高、成本低等优点。

9.1.4.1 锚杆支护

锚杆支护，就是向围岩中钻凿锚杆眼，然后将锚杆安设在锚杆眼内，使破碎岩体连接成一个整体，对围岩予以人工加固，从而维护巷道的稳固。如图9-6所示为钢筋砂浆锚杆支护示意图。

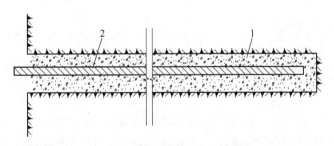

图 9-6　钢筋砂浆锚杆支护示意图
1—砂浆；2—钢筋

9.1.4.2 喷射混凝土支护

喷射混凝土支护是用喷浆机将混凝土混合物喷射在岩面上凝结硬化而成的一种支护形式。当岩体变形小、稳定性较好时，一般只需喷射混凝土，喷厚为50~150mm，不必打锚杆。当岩体变形较大时，混凝土喷层将不能有效地进行支护。实验证明，当喷层厚度超过150mm时，支护能力不再提高，但支护成本明显提高，此时应选用喷锚联合支护。

9.1.5 岩巷掘进机

全断面掘进机是实现连续破岩、装岩、转载、临时支护、喷雾防尘等工序的一种联合机组。岩石全断面掘进机机械化程度高，可连续作业，工序简单，施工速度快，施工巷道质量高，支护简单，工作安全，但构造复杂，成本高，对掘进巷道的岩石性质和长度均有一定要求。

岩巷掘进机一般由移动部分和固定支撑推进两大部分组成，如图9-7所示，其中主要包括破岩装置、行走推进装置、岩碴装运装置、驱动装置、动力供给装置、方向控制装置、除尘装置和锚杆安装装置等。

图9-8为全断面掘进机系统示意图。全断面掘进机已广泛应用于隧道等大断面工程的掘进，在矿山平巷施工中也有应用。

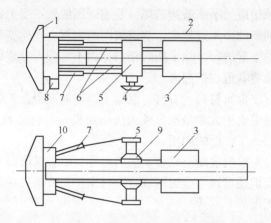

图9-7 岩巷掘进机基本结构

1—工作头；2—输送机；3—操纵室；4—后撑靴；5—水平支撑板；6—上、下大梁；
7—推进油缸；8—前撑靴；9—水平支撑油缸；10—机架

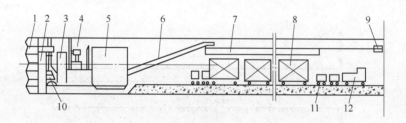

图9-8 全断面掘进机系统示意图

1—刀盘；2—机头架；3—水平支撑板；4—锚杆钻机；5—司机房；6—斜带式输送机；7—转载机；
8—龙门架车；9—激光指向仪；10—环形支架机；11—矿车；12—环形电机车

9.2 竖 井 掘 进

9.2.1 竖井井筒结构

竖井是地表或地下有一个出口的垂直井筒（后者称为盲竖井），是采用竖井开拓的大中型地下矿山最重要的咽喉工程，承担着地表生产系统与井下生产系统或地下不同阶段生产系统之间连通的重任。一般而言，竖井位置一经确定，其他工程的相对位置也基本确定，难以更改。因此，竖井位置选择、施工质量等对矿山整体效益影响巨大。

竖井自上而下可分为井颈、井身和井底3部分，如图9-9所示，根据需要在井筒适当部位还筑有壁座。靠近地表的一段井筒称作井颈，此段内常开有各种孔口。井颈部分由于处在松软表土层或风化岩层内，地压较大，又有地面构筑物和井颈上各种孔洞的影响，其井壁不仅需要加厚，而且通常需要配置钢筋。井颈以下至罐笼进出车水平或箕斗装车水平的井筒部分称作井身，井身是井筒的主要组成部分。井底的深度由提升过卷高度、井底装备要求高度和井底水窝深度决定。

9.2.2　竖井井筒装备

竖井井筒装备是指安设在井筒内的空间结构物，主要包括罐道、罐梁（和托架）、梯子间、管路电缆、防过卷装置以及井口和井底金属支撑结构等，其中罐道和罐梁是井筒装备的主要组成部分，是保证提升容器安全运行的导向设施。井筒装备根据罐道结构的不同分为刚性装备（刚性罐道）和柔性装备（钢丝绳罐道）两种。

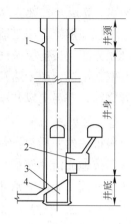

图 9-9　井筒纵断面图
1—壁座；2—箕斗装载硐室；
3—水窝；4—井筒接受仓

9.2.2.1　罐道

罐道是提升容器在井筒内运行的导向装置，必须具有一定的强度和刚度，以减少提升容器的横向摆动。

9.2.2.2　罐梁

竖井装备采用刚性罐道时，井筒内需安设罐梁以固定罐道。罐梁沿井筒全深每隔一定距离布置一层，一般都采用金属材料，如工字钢、型钢等。

罐梁与井壁的固定方式有梁端埋入井壁和树脂锚杆固定两种，前者需要在井壁上预留或现凿梁窝；后者可以用树脂锚杆将梁支座直接固定在井壁上。

9.2.2.3　其他隔间

当竖井作为矿山安全出口时，井筒内必须设置梯子间，梯子间两平台之间的垂直距离不得大于8m，梯子斜度不得大于80°。梯子间除作为安全出口外，还可利用它进行井筒检修和卡罐事故处理。

管路间和电缆间安设有排水管、压风管、供水管和各种电缆。为了安装和检修方便，管路间和电缆间一般布置在靠近梯子间的一侧。

9.2.3　竖井表土施工

对于稳定表土层，竖井表土施工一般采用普通施工法；而对于不稳定表土层，则可采用特殊施工法或普通与特殊相结合的综合施工方法。

9.2.3.1　普通施工法

竖井表土普通施工主要可采用井圈背板普通施工法、吊挂井壁施工法和板桩法。

A　井圈背板普通施工法

井圈背板普通施工法就是采用人工或抓岩机（土硬时可放小炮）出土，下掘一小段（空帮距不超过1.2m），即用井圈、背板进行临时支护，掘进一长段后（一般不超过30m），再由下向上拆除井圈、背板，然后砌筑永久井壁，如此周而复始，直至基岩。这种方法适用于较稳定的土层。

B　吊挂井壁施工法

吊挂井壁施工法是适用于稳定性较差的土层的一种短段（段高一般为 0.5~1.5m）掘砌施工方法。按土层条件，分别采用台阶式或分段小块，并配以超前小井降低水位。为防止井壁在混凝土尚未达到设计强度前失去自承能力，引起井壁拉裂或脱落，必须在井壁内设置钢筋，并与上段井壁吊挂。

C　板桩法

板桩法的实质是：对于厚度不大的不稳定表土层，在开挖前，可先用人工或打桩机在工作面或地面沿井筒荒径（未支护前的井筒施工直径）依次打入一圈板桩，形成一个四周封闭的圆筒，用以支承井壁，并在其保护下进行表土层掘进。

9.2.3.2　特殊施工法

在不稳定土层中施工竖井井筒，必须采取特殊的施工方法，才能顺利掘进，如冻结法、钻井法、沉井法、注浆法和帷幕法等。目前以冻结法和钻井法为主。

A　冻结法

冻结法凿井就是在井筒掘进之前，在井筒周围钻凿冻结孔，用人工制冷的方法将井筒周围的不稳定表土层和风化岩层冻结成一个封闭的冻结圈，以防止水或流砂涌入井筒并抵抗地压，然后在冻结圈的保护下掘砌井筒。待掘砌到预定深度后，停止冻结，进行拔管和充填工作。

B　钻井法

钻井法凿井是利用钻井机将井筒全断面一次成井，或将井筒分次扩孔钻成。钻井法凿井主要工艺过程有井筒钻进、泥浆洗井护壁、下沉预制井壁和壁后注浆固井等。

C　沉井法

沉井法是属于超前支护类的一种特殊施工方法，其实质是在井筒设计位置上，预制好底部附有刃脚的一段井筒，在其掩护下，随着井内的掘进出土，井筒靠其自重克服其外壁与土层间的摩擦阻力和刃脚下部的正面阻力而不断下沉，同时在地面相应接长井壁，如此周而复始，直至沉到设计标高。

9.2.4　竖井基岩施工

竖井基岩施工是指在表土层或风化岩层以下井筒的施工，目前主要以凿岩爆破法施工为主。其主要工序包括凿岩爆破、装岩提升、井筒支护，另外还有通风、排水等辅助工序。竖井掘进系统如图 9-10 所示。

9.2.4.1　凿岩爆破

竖井基岩掘进中，凿岩爆破是一项主要工序，约占整个掘进循环时间的 20%~30%。凿岩爆破效果直接影响其他工序及井筒施工速度、工程成本等，必须予以足够的重视。

9.2.4.2　装岩提升

竖井施工中，装岩提升工作是最费时的工序，约占整个掘进循环时间的 50%~60%，是决定竖井施工速度的关键。

目前竖井施工已普遍采用抓岩机装岩，实现了装岩机械化。抓斗利用变幅机构做径向运动，利用回转机构做圆周运动，利用提升机构做上下运动。

井筒提升工作中，提升容器主要是吊桶，一般有两种，即矸石吊桶和材料吊桶。前者主要用于提矸、升降人员和提放物料，当井筒内涌水量小于 $6m^3/h$ 时，还可用于排水；后者是底卸式，主要用于砌壁时下放混凝土材料。

9.2.4.3　井筒支护

井筒下掘到一定深度后，应及时进行支护，以起到支承地压、固定井筒装备、封堵涌水以及防止岩石风化的作用。井筒支护分临时支护和永久支护两种。临时支护主要目的是保证井筒掘进施工的安全，常用的支护方式是井圈背板或喷锚支护；永久支护方式包括料石砌壁、混凝土筑壁、钢筋混凝土筑壁和喷锚支护等。浇注混凝土井壁时需要安设模板。

9.2.4.4　辅助工作

A　通风

竖井施工的通风由设置在地表的通风机和井筒内的风筒完成。与平巷掘进通风方式一样，分为压入式、抽出式和混合式 3 种。

B　涌水处理

井筒施工中，井筒内一般都有较大涌水，涌水处理方法包括注浆堵水、导水与截水、钻孔泄水和井筒排水等。

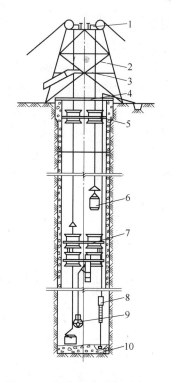

图 9-10　竖井掘进系统示意图

1—天轮平台；2—凿井井架；3—卸矸台；
4—封口盘；5—固定盘；6—吊桶；7—吊盘；
8—吊泵；9—抓岩机；10—掘进工作面

注浆堵水就是用注浆泵将浆液注入含水岩层内，使之充满岩层的裂隙并凝结硬化，堵住地下水流向井筒的通路，达到减少井筒涌水量和避免渗水的目的。

井筒排水分为吊桶排水和吊泵排水两种类型。前者是用风动潜水泵将水排入吊桶内，由提升设备提到地面排出；后者是利用悬吊在井筒内的吊泵将工作面积水直接排到地表或中间泵房内。

C　压风和供水

竖井掘进所需的压风和用水均通过吊挂在井筒内的压风管和供水管提供。

D　其他辅助工作

竖井掘进所需的其他辅助工作包括照明与信号、井筒测量等。另外需布设安全梯，作为紧急事故发生时的逃生通路。

9.3　斜　井　掘　进

9.3.1　一般概念

斜井是地表或地下有一个出口的倾斜井筒（后者称为盲斜井），是采用斜井开拓的大中型地下矿山最重要的咽喉工程,承担着地表生产系统与井下生产系统或地下不同阶段生产系统之间连通的重任。

9.3.1.1　斜井分类

斜井按其用途分为主斜井、副斜井、混合斜井、通风斜井、管道斜井、充填斜井和斜坡道7类;按其提升方式分为箕斗斜井、矿车组斜井、带式输送机斜井、台车斜井和人车斜井5类。各类斜井的用途(或特征)、装备和适用条件分别如表9-2和表9-3所示。

表9-2　斜井按用途分类表

序号	名　称	用　途	装　备	适用条件
1	主斜井	提升矿石、废石	箕斗、矿车组或带式输送机	大型矿山
2	副斜井	提升人员、材料、废石,安设管路及电缆	矿车组、人车、材料车或架设乘人索道	大型矿山
3	混合斜井	具有主、副井性质	矿车组、人车、材料车	小型矿山
4	通风斜井	回风或进风,兼作材料及人行安全井	设有人行梯子,有的设提升设备运送材料	大、中型矿山
5	管道斜井	安装排水管及其他管路,有的兼作通风用	设有排水管线及其他管路和电缆,有时设提升设备运送材料	涌水量大的矿山
6	充填斜井	运送充填材料	设有充填管路及排水管	充填法矿山
7	斜坡道	运行无轨设备	设有照明、电缆,铺设路面,安装路标	大、中型矿山

表9-3　斜井按提升用途分类表

序号	名　称	特　征	适用条件
1	箕斗斜井	箕斗提升矿石、废石	大型矿山
2	矿车组斜井	以矿车组为提升设备的主、副井	大型矿山
3	带式输送机斜井	装有不同类型带式输送机,运送矿石、废石	小型矿山
4	台车斜井	台车提升矿石、废石和材料	大、中型矿山
5	人车斜井	人车运送人员、材料,井内安设各种管线	涌水量大的矿山

9.3.1.2　斜井断面

斜井常用断面一般为半圆形、三心拱形和梯形,在围岩不稳固、侧压和底压大的矿山,为保护斜井安全,也采用圆形、马蹄形、椭圆形等。断面尺寸根据斜井用途、提升运输设备、管线布置、人行道、支护厚度等确定;对于通风井,其断面尺寸根据所需通风量和风速确定。

9.3.1.3　斜井倾角

主斜井(箕斗斜井)倾角为25°~30°;矿车组斜井(包括材料斜井)不得大于25°;带式输送机斜井一般不大于18°。

9.3.2　斜井掘进

斜井掘进方向居于水平和垂直之间,故其掘进的主要工序和组织工作,有许多与平巷和竖井的掘进相同。

　　由于斜井处于倾斜状态，工作面经常积水，装岩工作较平巷掘进困难。目前我国一些斜井掘进仍用人工装岩，劳动强度大、效率低、占循环时间比重大。为实现装岩机械化，一些矿山已采用了耙斗装岩机，如图 9-11 所示。掘进的岩石可以采用矿车或箕斗提升。工作面涌水量小于 $6m^3/h$ 时，积水可用风动潜水泵将水排入提升容器内，与岩石一起提出地表；若涌水量大于 $6m^3/h$ 时，则需要卧式水泵排水。斜井掘进通风与竖井掘进相似。

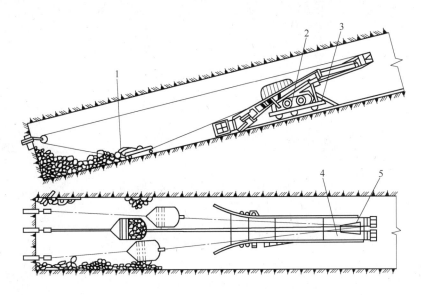

图 9-11　斜井掘进时耙斗装岩机装岩示意图
1—耙斗；2—绞车；3—台车；4—卸料槽；5—卸料口

9.4　天井掘进

　　天井掘进是矿山经常性的掘进工作之一。天井的断面形状和尺寸，主要取决于天井的用途。放矿天井（又称溜井）、人行天井一般采用矩形断面，而充填井、通风井则一般采用圆形断面。

　　天井掘进，一般采用普通掘进法、吊罐掘进法、爬罐掘进法、深孔爆破成井法和牙轮钻机钻进法等。

9.4.1　普通掘进法

　　普通掘进法的主要工序是凿岩爆破、通风、装岩及支护。其特点是从上而下架设梯子和工作台，即在距工作面 1.5~2.0m 的横撑支柱上，铺设厚度为 3~5cm 的木板，供凿岩爆破作业之用，如图 9-12 所示。

9.4.2　吊罐掘进法

　　吊罐掘进法如图 9-13 所示，在天井全高上，先沿中心线钻一个直径为 100~150mm 的

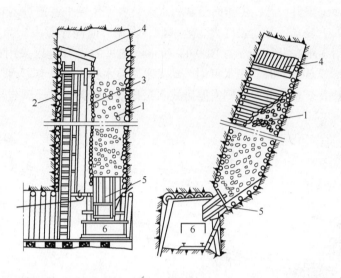

图 9-12　天井普通掘进法示意图

1—放矿格；2—梯子格；3—提升格；4—落矿台；5—溜矿口；6—矿车

钻孔，再在天井上部安装游动绞车 1，通过中央钻孔 2，用钢丝绳 3 沿天井升降吊罐 4。吊罐是凿岩、装药的工作台，也是升降人员、设备的提升容器。爆破前将吊罐下放至下部水平，并躲避在距天井口 4~5m 的安全处。

吊罐掘进法工序与普通掘进法基本相同，其主要差异是：

(1) 由于中央钻孔的存在，改善了通风条件；

(2) 爆破下来的矿岩借助自重落至下部水平巷道底板上，用装岩机配矿车装运；

(3) 无需架设梯子和工作台。

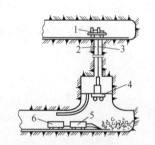

图 9-13　天井吊罐掘进法示意图

1—游动绞车；2—钻孔；3—钢丝绳；
4—吊罐；5—装岩机；6—矿车

9.4.3　爬罐掘进法

爬罐掘进法与吊罐掘进法的差异是前者没有中央深孔，工作用的罐笼不用钢丝绳悬挂，而是沿着天井一壁的轨道升降。工人乘爬罐升到工作面，在钢板保护下凿岩（见图 9-14（a））；装药连线后，爬罐从工作面下降到平巷安全处，即可爆破（见图 9-14（b））；爆破后，用导轨后面的风管喷出风水混合物，清洗工作面进行通风，然后工人乘爬罐上升到工作面撬浮石（见图 9-14（c）），以便进行下一个循环的凿岩；最后在巷道底板上用装岩机配矿车装运崩落下来的矿岩。

9.4.4　深孔爆破成井法

用深孔钻机，按天井断面尺寸，沿天井全高，自下而上或自上而下，钻凿一组 5~9 个直径为 100~150mm 的平行钻孔，然后自下而上分段爆破，形成所需的天井。

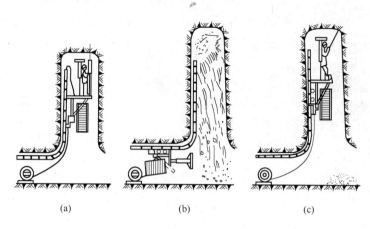

(a)   (b)   (c)

图 9-14　天井爬罐掘进法示意图

9.4.5　牙轮钻机钻进法

为提高天井掘进的机械化水平，克服凿岩爆破掘进法的缺陷，近年来推广应用了牙轮钻机钻进法。其实质是用牙轮钻机先钻凿一个导向孔，然后自下而上扩孔至天井设计断面。这种方法工作安全，劳动条件好，掘进速度快，管理方便，井壁规整光滑。

本 章 小 结

矿山井巷工程是矿山维持正常回采作业所需的竖井、斜井（含斜坡道）、溜矿井、天井、隧道、平巷、各种地下硐室工程等的总称。井巷掘进即是上述井巷工程的施工过程。

水平巷道的断面形状，主要取决于围岩的稳固程度、支护形式和服务年限。水平巷道掘进，目前普遍采用凿岩爆破法。其主要工序包括：凿岩、爆破、岩石装运和支护；辅助工序包括：工作面通风、排水、接管道、照明、铺轨和测量等。

竖井结构自上而下分为井颈、井身和井底三部分。竖井井筒装备是指安设在井筒内的空间结构物，主要包括罐道、罐梁（和托架）、梯子间、管路电缆、防过卷装置以及井口和井底金属支撑结构等。

斜井按其用途分为主斜井、副斜井、混合斜井、通风斜井、管道斜井、充填斜井和斜坡道 7 类；按其提升方式可分为箕斗斜井、矿车组斜井、带式输送机斜井、台车斜井和人车斜井 5 类。斜井掘进方向居于水平和垂直之间，故其掘进的主要工序和组织工作，有许多与平巷和竖井的掘进相同。

天井掘进，一般采用普通掘进法、吊罐掘进法、爬罐掘进法、深孔爆破成井法和牙轮钻机钻进法等。

思 考 题

9-1 简述水平巷道的掘进工序。

9-2 工作面通风的目的是什么?

9-3 井巷掘进的通风方式分为哪几种? 试简要叙述。

9-4　通风设施有哪些?

9-5　简述喷锚支护方式。

9-6　竖井井筒装备包括哪些?

9-7　简述竖井表土施工方法。

9-8　竖井的概念是什么?

9-9　斜井的分类是什么?

9-10　吊罐掘进法工序与普通掘进法的差异是什么?

10 矿床开拓

从地面掘进一系列巷道通达矿体，以便把地下将要开采出来的矿石运至地面，同时把新鲜空气送入地下并把地下污浊空气排出地表，把矿坑水排出地表，把人员、材料和设备等送入地下和运出地面，使之形成提升、通风、排水以及动力供应等完整的系统，统称为矿床开拓。

本章主要介绍了开采单元的划分及开采顺序、开采步骤和三级储量、开拓方法、井底车场等相关知识。

10.1 开采单元划分及开采顺序

10.1.1 开采单元划分

10.1.1.1 矿田和井田

划归一个矿山企业开采的全部或部分矿床的范围，称为矿田。在一个矿山企业中，划归一组矿井或坑口（根据矿山安全开采规程要求，一个矿山至少要有 2 个以上独立的出口，除了负责矿石提升的主井外，还需要有负责人员、材料上下的副井及相应的通风井）开采的全部矿床或其一部分称为井田。矿田有时等于井田，有时也包括几个井田。

10.1.1.2 阶段、矿块和盘区、采区

A 阶段、矿块

阶段、矿块（见图 10-1）是在开采缓倾斜、倾斜和急倾斜矿体时，将井田进一步划分的开采单元。

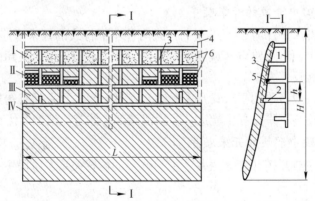

图 10-1 阶段和矿块

Ⅰ—采完阶段；Ⅱ—回采阶段；Ⅲ—采准阶段；Ⅳ—开拓阶段；H—矿体赋存深度；
h—阶段高度；L—矿体走向长度；1—主井；2—石门；3—天井；4—副井；5—阶段平巷；6—矿块（采区）

在井田中，每隔一定的垂直距离，掘进与矿体走向（矿体延展方向）一致的主要运输巷道，将井田在垂直方向上划分为若干矿段，这些矿段称为阶段（或中段）。在阶段中按一定尺寸将阶段划分为若干独立的回采单元，称为矿块。显然，矿块是阶段的一部分。

B　盘区、采区

盘区、采区（见图 10-2）是在开采水平和微缓倾斜矿体时，将井田进一步划分的开采单元。

开采水平和微缓倾斜矿体时，在井田内一般不划分阶段，而是用盘区运输巷道将井田划分为若干个长方形的矿段，称为盘区。

在盘区中按一定尺寸将盘区划分为若干独立的回采单元，称为采区。采区是盘区的一部分，是水平和微缓倾斜矿体最基本的回采单元。

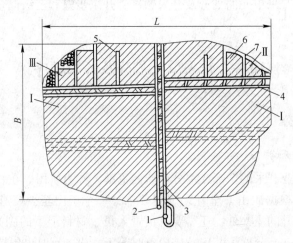

图 10-2　盘区和采区

Ⅰ—开拓盘区；Ⅱ—采准切割盘区；Ⅲ—回采盘区；1—主井；2—副井；
3—主要运输平巷；4—盘区平巷；5—回采平巷；6—矿壁（采区）；7—切割巷道

10.1.2　开采顺序

10.1.2.1　井田中阶段的开采顺序

井田中阶段的开采顺序有下行式和上行式两种。下行式的开采顺序是先采上部阶段，后采下部阶段，由上而下逐阶段（或几个阶段同时开采，但上部阶段超前下部阶段）开采的方式。上行式则相反。

生产实践中，一般多采用下行式开采顺序，因为下行式开采具有初期投资小，基建时间短，投产快，在逐步下采过程中能进一步探清深部矿体避免浪费等优点。

10.1.2.2　阶段中矿块的开采顺序

按回采工作对主要开拓井巷（主井、主平硐）的位置关系，阶段中矿块的开采顺序可分为以下 3 种：

（1）前进式开采。当阶段运输平巷掘进一定距离后，从靠近主要开拓井巷的矿块开始回采，向井田边界依次推进。该开采顺序的优点是基建时间短、投产快；缺点是巷道维护费用高。

（2）后退式开采。在阶段运输平巷掘进到井田边界后，从井田边界的矿块开始，向主要开拓井巷方向依次回采。该开采顺序的优缺点与前进式基本相反。

（3）混合式开采。即初期用前进式开采，待阶段运输平巷掘进到井田边界后，再改用后退式。该开采顺序虽利用了上述两种开采顺序的优点，但生产管理复杂。

在生产实际中，一般采用后退式开采顺序。

10.2 开采步骤和三级储量

10.2.1 开采步骤

井田开采分 3 个步骤进行，即开拓、采准切割和回采。这 3 个步骤反映了井田开采的基本生产过程。

10.2.1.1 开拓

井田开拓是从地表掘进一系列的井巷工程通达矿体，使地面与井下构成一个完整的提升、运输、通风、排水、供水、供电、供气（压气动力）、充填系统（俗称矿山八大系统），以便把人员、材料、设备、充填料、动力和新鲜空气送到井下，以及将井下的矿石、废石、废水和污浊空气等提运和排除到地表。为此目的而掘进的巷道称为开拓巷道或基本巷道，包括主要开拓巷道和辅助开拓巷道。前者是指起主要提升运输（矿石）作用的开拓井（硐），如主井、主平硐、主斜坡道；后者是指起其他辅助提升运输（人员、材料、设备和废石）、通风、排水、充填等作用的开拓井（硐）与其他开拓巷道，如石门（连接井筒和主要运输巷道的平巷）、主充填井、主溜矿井、井底车场、专用硐室和主要运输巷道等。

10.2.1.2 采准切割

在已完成开拓工作的矿体中，掘进必要的井巷工程，划分为回采单元，并解决回采单元的人行、通风、运输、充填等问题的工作称为采准；在完成采准工作的回采单元中，掘进切割天井（两端都有出口的井下垂直或倾斜井筒）和切割巷道，并形成必要的回采空间的工作称为切割。采准切割与所采用的采矿方法密切相关，后面将结合各种采矿方法作详细介绍。

衡量采准切割工作量的大小，常用采准切割比来表示，简称采切比。采切比 K 是指每采出 1000t（或 10000t）矿石所需掘进的采准切割巷道的工程量，又称千吨采切比或万吨采切比，其单位有 m/kt、m^3/kt、m/万吨、m^3/万吨，表达式为：

$$K = \frac{\sum L}{T} \tag{10-1}$$

式中 $\sum L$——回采单元中采准切割巷道的总工程量，m 或 m^3；

        T——回采单元中采出矿石的总量，kt 或万吨。

由于各种巷道断面规格不同，如用采切巷道长度计算采切比时，为便于比较，有时会将各种巷道折算为 2m×2m 标准断面来求出其当量长度，称为标准米长度。相应地，求出的采切比单位为标准米/kt 或标准米/万吨。

10.2.1.3 回采

在完成采切工作的回采单元中，进行大量采矿作业的过程，称为回采，包括凿岩、爆破、通风、矿石运搬、地压管理等工序。采矿方法不同，回采工艺内容也不完全一样。

10.2.2　三级储量

根据对矿床开采的准备程度，矿石储量分为三级，即开拓储量、采准储量和备采储量，称为三级储量。

（1）开拓储量。在井田中已形成的完整开拓系统所圈定的矿量。

（2）采准储量。凡完成了采矿方法所必需的采准工作量的回采单元中的储量，称为采准储量。采准储量是开拓储量的一部分。

（3）备采储量。凡完成了采矿方法所要求的切割工作，可进行正常回采作业的回采单元中的储量，称为备采储量。备采储量是采准储量的一部分。

10.2.3　开采步骤间的关系

开拓、采准切割和回采三者之间的正常关系，应该是以保证矿山持续、均衡生产，避免出现生产停顿、产量下降等现象为原则。矿山在基建时期，上述 3 个步骤是依次进行的；在投产后的正常生产时期，应贯彻"采掘并举、掘进先行"的方针，保证开拓超前于采准切割、采准切割超前于回采，使矿山达到持续、稳定生产的目的。超前的值，一般用保有的三级储量指标来保证。根据我国现有的规定，三级储量的保有量按年产量计为：开拓储量 3 年以上，采准储量 1 年以上，备采储量半年以上。

在实际生产过程中，由于开拓与采准不能像回采作业一样，产生直接产量指标和经济效益，因此容易被忽视。尤其是开拓工作，周期长、投资大，如果不能保持足够的超前量，极易造成进度落后于采矿要求，出现不得不降低产量，甚至无工作面可采的被动局面，从而影响矿山连续而均匀地生产，对此必须引起足够的重视。

10.3　开 拓 方 法

形成井田开拓系统的不同类型和数量的主要开拓巷道的配合与布置方式，称为开拓方法。根据主要开拓巷道可开拓井田的不同范围，开拓方法分为单一开拓法和联合开拓法两大类。前者是指整个井田用一种类型的主要开拓巷道（配以其他必要的辅助开拓巷道）的开拓方法，包括平硐开拓、竖井开拓、斜井开拓和斜坡道开拓；后者是在不同深度分别采用两种及两种以上主要开拓巷道（配以其他必要的辅助开拓巷道）的开拓方法，如上部用平硐开拓，下部用盲竖井（或盲斜井）开拓等。

10.3.1　单一开拓方法

10.3.1.1　平硐开拓法

用平硐开拓井田时，主平硐水平以上各个阶段所采出的矿石，先通过溜井或提升设备下放到主平硐水平，再通过电机车牵引矿车或汽车将矿石运至地面（见图 10-3）。

10.3.1.2　竖井开拓法

用竖井开拓井田时，为提高提升效率，一般设置一个主提升水平，主提升水平以上的各个阶段所采出的矿石，先通过溜井或提升设备下放到主提升水平矿仓，破碎至合格块度后，再通过罐笼或箕斗提升至地表（见图10-4）。

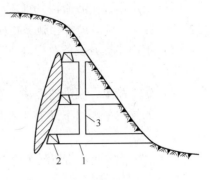

图 10-3　下盘平硐开拓

1—主平硐；2—阶段运输平巷；3—溜矿井

10.3.1.3　斜井开拓法

用斜井开拓井田时，根据斜井倾角不同，可采用不同的提运矿石设备。当斜井的倾角大于30°时，采用箕斗或台车提升矿石；当斜井的倾角为18°~30°时，采用串车提升；当斜井的倾角小于18°时，一般采用皮带运输机运矿。斜井与水平运输巷道之间可以用吊桥、甩车道连接。斜井可以沿矿体倾斜方向布置在脉内或下盘岩石内（见图10-5）。

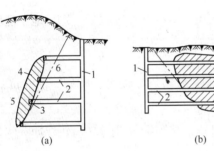

(a)　　　　　　　　　　(b)　　　　　　　　　　(c)

图 10-4　竖井开拓示意图

（a）下盘竖井开拓；（b）侧翼竖井开拓；（c）上盘竖井开拓

1—竖井；2—石门；3—阶段平巷；4—矿体；5—上盘；6—下盘

10.3.1.4　斜坡道开拓法

随着无轨设备（如凿岩台车、铲运机、服务台车、汽车）在地下矿山的大量使用，斜坡道（又称斜巷）在许多大中型矿山成为一种主要的开拓巷道。各种无轨车辆可以通过斜坡道直接从地表驶入地下，或从一个中段驶入另一个中段。利用斜坡道开拓整个井田的开拓方法称为斜坡道开拓法。

10.3.2　主要开拓巷道类型比较

为了掌握各种开拓方法的应用条件，首先必须了解各种主要开拓巷道的特点。

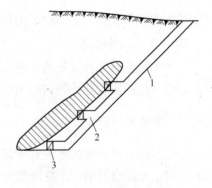

图 10-5　下盘斜井开拓

1—斜井；2—斜井与水平运输巷道连接工程；3—水平运输巷道

10.3.2.1　平硐

与井筒（竖井、斜井）相比，平硐开拓有如下优点：

（1）平硐运输比井筒提升简单、安全、可靠，运输能力大，主平硐以上各阶段的矿石通过溜井下放到主平硐水平，运矿费用低（因矿石结块等原因使用井筒下放矿石的情况除外）。

（2）主平硐以上各阶段的涌水可通过天井或钻孔下放到主平硐水平，经水沟自流排到地表，无需安装排水设备和施工相应的硐室，排水费用低。

（3）不需要提升设备及提升机房或硐室，也不需要搭建井架或井塔，没有复杂的井底车场巷道。

（4）施工简单，掘进速度快，基建时间短。

（5）如果主平硐以下还有工业储量，则从平硐进行深部开拓对上部生产基本上没有干扰。

因此，在条件允许的情况下（如山坡地形便于施工平硐，平硐口有足够工业场地等），应优先考虑采用平硐开拓。

10.3.2.2　斜井与竖井的比较

斜井与竖井相比较，具有以下特点：

（1）斜井容易靠近矿体，所需石门短，可以减少开拓工程量，缩短地下运输距离，减少新水平的准备时间。

（2）斜井施工简单，成井速度快。

（3）斜井提升能力小，提升费用高，提升容器容易掉道、脱钩，提升可靠性差（皮带运输机提升除外）。

（4）开拓深度相同时，斜井长度比竖井大，所需的提升钢丝绳和各种管线长，排水等的经营费用高。

（5）斜井与各水平运输巷道连接形式复杂，管理环节多。

因此，斜井开拓适宜于埋藏浅，厚度、延伸和长度较小的倾斜和缓倾斜矿体。竖井开拓适宜于埋藏浅的大、中型急倾斜矿体；埋藏深度较大的水平或缓倾斜矿体；埋藏深度和厚度较大的倾斜矿体和走向很长的各种厚度的急倾斜矿体。

10.3.2.3　斜坡道

对于大量采用无轨设备的大中型矿山，可以考虑采用斜坡道开拓或斜坡道与其他主要开拓巷道并行的联合开拓方式。

10.3.3　联合开拓法

联合开拓法是上述四种主要开拓巷道（平硐、竖井、斜井、斜坡道）中的任意两种及其两种以上相配合开拓一个井田的开拓方法。如：上部平硐、下部井筒联合开拓法（见图10-6）；上部明井（地表有出口的井筒）、下部盲井（不通地表的井筒）联合开拓法（见图10-7）；平硐或井筒与斜坡道联合开拓法（见图10-8）等。

在下列情况下常采用联合开拓法：

（1）开采深度增大，或者下部矿体倾角发生较大变化，或者深部发现盲矿体等。

（2）在山岭地区，平硐只能开拓地平线以上的矿体，如果矿体仍往地平线以下延伸，则下部矿体必须采用其他开拓方法。

（3）在山岭地区，由于地表地形的限制，即使地平线以上没有矿体，为了减少井筒和石门的长度，也往往采用平硐-盲井联合开拓法。

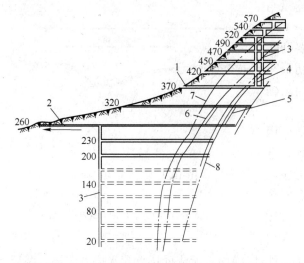

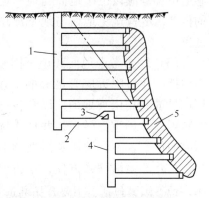

图 10-6　新冶铜矿平硐-盲竖井联合开拓法

1—370 平硐；2—260 平硐；3—盲竖井；4—辅助竖井；5—溜矿井；

6—斜溜井；7—520 号矿体；8—420 号矿体

图 10-7　竖井-盲竖井联合开拓法

1—竖井；2—石门；3—提升机硐室；

4—盲竖井；5—矿体

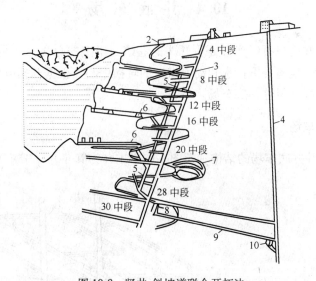

图 10-8　竖井-斜坡道联合开拓法

1—斜坡道；2—斜坡道口；3—通风井；4—箕斗井；5—主溜矿井；6—通行无轨设备的阶段运输巷道；

7—井下车库及修理硐室；8—破碎转运设施；9—皮带运输机；10—计量硐室

10.3.4　主要开拓巷道位置的确定

　　主要开拓巷道是矿山的咽喉工程，其位置一经确定，即不容易更改，因此必须正确确定其位置，以保证其处于良好的地层中，不压矿，具有足够的服务年限，能够降低矿山经营费用。其确定原则是：

　　（1）在安全带以外。地表产生陷落和移动的地带，分别称为陷落带和移动带，如图10-9所示。主要开拓巷道应布置在岩石移动带 10~20m 范围（称为安全带）以外。否则，就要在其下部留一部分矿体作为保安矿柱。

（2）地面与地下运输功最小。运输量与运输距离的乘积称为运输功，单位为 t·km。运输费用与运输功成正比。合理的主要开拓巷道位置，应该位于地面与地下运输功最小的位置，尽量避免地面与地下出现反向运输现象。

（3）综合考虑地面和地下因素。地面因素包括：井口附近应有足够的工业场地；选厂应尽量利用山坡地形，以利各选矿工序间物料可以借助重力转运；井口应选择在安全可靠的位置，不受洪水及滑坡等地质灾害影响；与外部运输联系方便；不占或少占农田

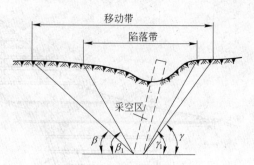

图 10-9　陷落带和移动带

γ—下盘岩石移动角；γ_1—下盘岩石陷落角；

β—上盘岩石移动角；β_1—上盘岩石陷落角

等。地下因素包括：主要开拓巷道穿过的地层应稳固，无流砂层、含水层、溶洞、断层、破碎带等不良地质条件。

10.4　井底车场

井底车场是在井筒与石门连接处所开凿的巷道与硐室的总称。它是转送人员、矿岩、设备、材料的场所，也是井下排水和动力供应的转换中心。根据开拓方法的不同，井底车场分为竖井井底车场和斜井井底车场。

10.4.1　竖井井底车场

图 10-10 为竖井井底车场的结构示意图，图中主井为箕斗井，副井为罐笼井。

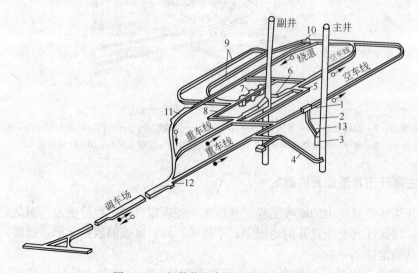

图 10-10　竖井井底车场的结构示意图

1—翻笼硐室；2—主矿石溜井；3—箕斗装载硐室；4—粉矿回收井；5—结核/压舱物储仓；6—马头门；7—水泵房；8—变电所；9—水仓；10—水仓清理绞车硐室；11—机车库及修理硐室；12—调度室；13—矿仓

10.4.1.1 车场线路（巷道）

（1）储车线路。主、副井的重、空车线及停放材料的支线（图 10-10 中未标出）。

（2）行车线路。连接主、副井的空、重车线的绕道、调车场及马头门（井筒与水平巷道相连接的斜顶巷道部分）。

10.4.1.2 硐室

井底车场布置有各种形式的硐室，如翻笼硐室、矿仓、箕斗装载硐室、马头门、水泵房、变电所、水仓、候罐室、调度室、修理硐室等。

10.4.1.3 形式

按矿车运行系统不同，竖井井底车场分为尽头式、折返式和环行式 3 种类型。3 种形式井底车场工程量、投资额、生产能力从大到小依次为环行式、折返式和尽头式。因此，中小型矿山可以采用折返式或尽头式，但大型矿山（含部分中型矿山）一般采用环行式。

10.4.2 斜井井底车场

斜井井底车场按矿车运行系统分为折返式和环行式两种。环行式井底车场一般用于箕斗或胶带提升的大、中型斜井中，其结构特点大致与竖井井底车场相同。金属矿山，特别是中、小型金属矿山的斜井，多用串车提升，其井底车场形式均为折返式，如图 10-11 所示。

串车斜井井筒与车场的连接有 3 种方式：

（1）甩车道。由斜井井筒一侧或两侧开掘甩车道，矿车经甩车道由斜变平后进入车场，如图 10-12 所示。

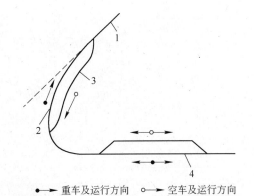

●——重车及运行方向　○——空车及运行方向

图 10-11　斜井井底车场运行线路示意图
1—斜井；2—重车线；3—空车线；4—调车线

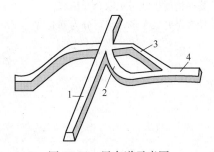

图 10-12　甩车道示意图
1—斜井；2—甩车道；3—绕道；4—平巷

（2）吊桥。矿车经吊桥从斜井顶板进入车场。

（3）平车场。斜井井筒直接过渡到车场，用于斜井井底与最后一个阶段的连接。

本 章 小 结

本章重点阐述了矿床开拓的相关内容。

开采单元划分为矿田和井田，阶段和矿块、盘区和采区。

开采顺序分为井田中阶段的开采顺序阶段中矿块的开采顺序。

井田中阶段的开采顺序有下行式和上行式两种。下行式的开采顺序是先采上部阶段，后采下部阶段，由上而下逐阶段（或几个阶段同时开采，但上部阶段超前下部阶段）开采的方式。上行式则相反。

按回采工作对主要开拓井巷（主井、主平硐）的位置关系，阶段中矿块的开采顺序可分为前进式开采、后退式开采和混合式开采三种。

井田开采分三个步骤进行，即开拓、采准切割和回采。这三个步骤反映了井田开采的基本生产过程。

根据对矿床开采的准备程度，矿石储量分为三级，即开拓储量、采准储量和备采储量，称为三级储量。

开拓方法包括单一开拓方法和联合开拓法。单一开拓方法包括平硐开拓法、竖井开拓法、斜井开拓法和斜坡道开拓法；联合开拓法是上述四种主要开拓巷道（平硐、竖井、斜井、斜坡道）中的任意两种及其两种以上相配合开拓一个井田的开拓方法。

井底车场是在井筒与石门连接处所开凿的巷道与硐室的总称。它是转送人员、矿岩、设备、材料的场所，也是井下排水和动力供应的转换中心。根据开拓方法的不同，井底车场分为竖井井底车场和斜井井底车场。

思 考 题

10-1 矿田和井田的概念及关系是什么？

10-2 井田中阶段的开采顺序是什么？

10-3 简述井田的开采步骤及开采步骤之间的关系。

10-4 简述三级储量的概念。

10-5 井田开拓方法的分类是什么？

10-6 比较主要开拓巷道类型的优缺点。

10-7 哪些情况下常采用联合开拓法？

10-8 什么是井底车场，它可分为哪几种？

11 矿山主要生产系统

本章重点介绍了矿山主要生产系统，包括矿山提升与运输、矿井通风、矿井排水、矿井压气供应以及充填等相关知识。

11.1 提升与运输

矿山提升与运输是矿山生产的重要环节，其主要任务是将采掘工作面采下的矿石运到地表选厂或储矿场，将掘进废石运到地表废石堆场，以及运送材料、设备、人员等。

11.1.1 矿井提升

矿井提升设备包括提升机、提升容器、提升钢丝绳、井架、天轮及装卸设备等。由于矿井提升工作是使提升容器在井筒中以高速度做往复运动，因此要求提升机运行准确、安全可靠。

11.1.1.1 提升机

目前我国金属非金属地下矿山使用的提升机主要有单绳缠绕式矿井提升机（有单筒、双筒两种形式）和多绳摩擦式矿井提升机等。

单绳缠绕式矿井提升机是指每个卷筒缠绕一根钢丝绳通过旋转进行提升或下放的机械设备。其提升高度（竖井提升）或斜坡长度（斜井或斜坡提升）受卷筒上缠绕钢丝绳层数的限制，不可能过大。

多绳摩擦式矿井提升机的钢丝绳不是固定和缠绕在主导轮上，而是搭放在主导轮的摩擦衬垫上，提升容器悬挂在钢丝绳的两端，为使两边的重量不致相差过大，在两个容器的底部用钢丝绳相连（见图 11-1）。

目前常用的多绳摩擦式矿井提升机一般分为 4 绳或 6 绳，由于钢丝绳的数目增多，每根钢丝绳的直径较单绳大大减小，卷筒直径也就相应地减小，并且钢丝绳是搭在卷筒上的，提升高度不受卷筒直径和宽度的限制，故特别适用于深井提升。随开采深度的增加，多绳摩擦式矿井提升机的应用越来越广泛。

摩擦式提升机和缠绕式提升机应装设如下保险装置：

（1）防止过卷装置；

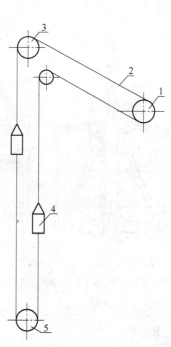

图 11-1 摩擦式提升机结构示意图
1—主导轮；2—钢丝绳；3—天轮；
4—提升容器；5—导向轮

(2) 防过速装置；

(3) 限速装置；

(4) 闸间隙保护装置；

(5) 松绳保护装置（摩擦式无此项要求）；

(6) 满仓保护装置；

(7) 减速功能保护装置；

(8) 深度指示器失效保护装置；

(9) 过负荷和欠压保护装置。

11.1.1.2　提升容器

A　罐笼

罐笼用于竖井内升降人员、提升和下放物料。根据层数不同，罐笼有单层罐笼、双层罐笼和多层罐笼之分。图 11-2 为金属矿常用的单层罐笼，罐笼内可装矿车 1；罐笼顶部有可开启的罐盖 2，以供在罐笼内运送长材料；罐笼在井筒内的运动是靠罐道（钢罐道或钢丝绳罐道）来导向的，因此在罐笼的两侧焊接罐耳 3 与罐道啮合，使罐笼沿罐道运动。为防止断绳时罐笼坠井事故，在罐笼上装有断绳保险器 4，钢丝绳或连接装置一旦断裂时，可使罐笼停在罐道上，以确保安全。

斜井用的罐笼称台车，如图 11-3 所示，由基架 1、两对轮子 2、立柱 3、平台 4、挡柱 5 等组成。

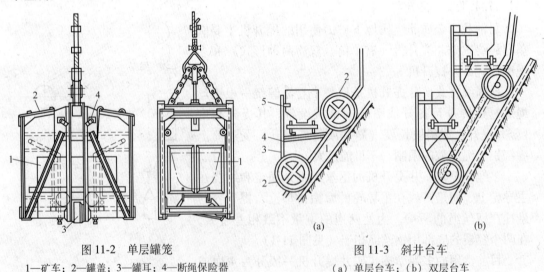

图 11-2　单层罐笼

1—矿车；2—罐盖；3—罐耳；4—断绳保险器

图 11-3　斜井台车

（a）单层台车；（b）双层台车

1—基架；2—轮子；3—立柱；4—平台；5—挡柱

B　箕斗

箕斗只能提升矿石和废石。根据卸矿方式不同，竖井箕斗分为底卸式、侧卸式和翻转式 3 种；斜井箕斗则有翻转式和后壁卸载式之别。

11.1.2　矿山运输

矿山运输方式包括轨道运输、汽车运输、胶带运输机运输和架空索道运输等。

11.1.2.1　轨道运输

轨道运输主要设备是轨道、矿车和电机车。

11.1.2.2　汽车运输

汽车运输主要用于平硐开拓或斜坡道开拓的矿山。其最大优点是不需铺设轨道，移动方便灵活，便于与铲运机等大型无轨采装设备配套。但汽车排出的尾气恶化了井下工作环境，对矿山通风工作提出了更高的要求。受巷道断面影响，地下汽车吨位一般不高。

11.1.2.3　胶带运输机运输

胶带运输机是一种可实现连续运送物料的运输设备，具有很高的生产能力，可以与连续采矿设备与工艺配合，实现连续采矿。胶带运输机种类很多，但均由机头、机尾和机身3部分组成。机头即传动装置，包括电动机、减速箱和带动胶带旋转的主动滚筒；机尾即拉紧装置，由拉紧滚筒和拉紧装置组成；机身包括胶带、托辊和托架。

11.1.2.4　架空索道运输

在一些地处山区、地形复杂的矿山，也有采用架空索道进行地面运输的实例。架空索道就是通过架设在空中的钢丝绳悬挂矿斗，随着牵引钢丝绳的运动，矿斗也随着运动的一种运输方式。

11.2　通　　风

为了降低井下空气中粉尘含量及有害气体浓度，提高含氧量，以达到国家规定的卫生标准，必须进行矿井通风，即不断地将地面新鲜空气送入井下，将井下污浊空气排出地表，并调节井下温度和湿度，创造舒适的劳动条件，保证井下工作人员的健康与安全。（此处仅列出和煤矿通风不同的部分内容，相同部分详见煤矿部分第5章矿井通风，或者参考金属矿通风相关书籍。）

11.2.1　有关规定

根据《冶金矿山安全规程》规定，井下通风要满足以下要求：

（1）井下采掘工作面进风流中的空气成分（按体积计算），φ（O_2）不低于20%，φ（CO_2）不高于0.5%。

（2）井下所有作业地点的空气含尘量不得超过 $2mg/m^3$，入风井巷和采掘工作面的风源含尘量不得超过 $0.5mg/m^3$。

（3）不采用柴油设备的矿井井下作业地点有毒有害气体浓度不得超过表11-1所规定的标准。

（4）使用柴油设备的矿井井下作业地点有毒有害气体浓度应符合以下规定：
φ（CO）<$50×10^{-6}$；φ（CO_2）<$5×10^{-6}$；φ（甲醛）<$5×10^{-6}$；φ（丙烯醛）<$0.12×10^{-6}$。

（5）井下破碎硐室、主溜矿井等处的污风要引入回风道，否则必须经过净化达到第（2）条的要求时，方准进入其他作业地点；井下炸药库和充电硐室空气中的氢含量不得超过0.5%，并且必须有独立的回风道；井下所有机电硐室，都必须供给新鲜风流。

表 11-1　有毒有害气体最大允许浓度

有毒有害气体名称	体积浓度/%	质量浓度	
		mg·L^{-1}	mg·m^{-3}
CO（一氧化碳）	0.0024	0.03	30
NO$_x$（氮氧化物，折算为 NO$_2$）	0.00025	0.005	5
SO$_2$（二氧化硫）	0.0005	0.015	15
H$_2$S（硫化氢）	0.00066	0.01	10

（6）采场、二次破碎巷道和电耙巷道，应利用贯穿风流通风。

（7）矿井所需风量，应按下列要求分别计算，并取其中最大值：

1）按井下同时工作的最多人数计算，每人每分钟供给风量不得小于 4m³。

2）按排尘风速计算风量，硐室型采场最低风速不应小于 0.15m/s，巷道型采场和掘进巷道不应小于 0.25m/s，电耙道和二次破碎巷道不应小于 0.5m/s，箕斗硐室、破碎硐室等作业地点，可根据具体条件，在保证作业地点符合国家规定的卫生标准的前提下，分别采取计算风量的排尘风速值。

3）有柴油设备运行的矿井，所需风量按同时作业机台数每千瓦每分钟风量 4m³ 计算。

除此之外，国家标准对井下空气中放射性物质最大容许浓度也作了具体规定。

11.2.2　矿井通风系统

矿井通风时，风流流动线路一般是：新鲜风流由进风井送入井下，经石门、阶段运输平巷等开拓巷道和天井等采准工程等到达需要通风的工作面，冲洗工作面后的污浊风流经回风井巷排至地表。风流所流经的通风线路及设施（包括通风设备）称为通风系统。根据矿山拥有的独立通风系统的数目，通风系统可分为集中通风和分区通风；按进风井和出（回）风井的相对位置，通风系统分为中央式和对角式。（在此仅介绍集中通风和分区通风，其他和煤矿通风基本相同，详见煤矿部分第 5 章；进、回风井的布置形式见第 5 章第4 节，风流控制设施见第 5 章第 8 节通风构筑物）

11.2.2.1　集中通风

集中通风系统即全矿只有一个通风系统，其主要适用条件是：矿体埋藏较深，走向长度不大，矿量分布集中，且连通地表的老硐、采空区、崩落区等漏风通道较少的矿山。

11.2.2.2　分区通风

分区通风系统即将全矿划分为若干个独立的通风系统，其主要适用条件是：矿体走向较长的矿山；矿床地质条件复杂，矿体分布零乱或矿体被构造破坏，天然划分为几个区段并和老硐、采空区、崩落区与地表连通处较多，漏风较严重，且各采区之间连接的主要运输井巷很少，易于严密隔离的矿山；矿石或围岩具有自燃危险需要分区返风或需要采取分区隔离救灾措施的矿山。

11.2.3　矿井通风方法

矿井内的空气之所以能够流动，是由于进风口与出风口之间存在着压力差。造成这种压力差，促使矿井内空气流动的动力，称为通风动力。按通风动力不同，可将矿井通风方

法分为机械通风和自然通风。（此处和煤矿通风方法基本相同，详见煤矿部分第5章第3节矿井通风动力）

11.2.4　矿井降温与防冻

《冶金矿山安全规程》规定：

（1）采掘工作面的空气干球温度，不得超过27℃；热水型矿井和高硫矿井的空气湿球温度，不得超过27.5℃。空气温度超过上述规定时，应采取降温措施。

（2）冬季进风井巷的空气温度，应保持在2℃以上。禁止用明火加热进入矿井的空气。符合有关风源质量和井下作业地点有害气体浓度的规定时，允许利用采空区预热进入空气。

11.2.4.1　高温矿井降温措施

不仅热水型矿井和高硫矿井井下温度较高，而且一般金属矿山井下温度也会随开采深度的增加而增高，因此高温矿井降温技术将是金属矿山未来不得不面对的一个技术难题。高温矿井降温措施包括：

（1）隔离热源。在所有热害防治措施中，隔离热源是最根本、最重要、最经济的措施。具体措施如及时充填空区，对以热水为主要热源的高温矿井优先考虑疏干方法、降低水位等。

（2）加强通风。加强通风的主要目的是减少单位风量温升或提高局部风速，前者一般通过加大风量，而后者采用空气引射器来实现降温目的。

（3）用冷水或冰水对风流喷雾降温。本方法主要利用水的汽化吸热而达到降温的目的，如向山硫铁矿采用冰块与27℃的水混合，形成10℃左右的冷水，在工作面进风风筒中对风流喷雾，使工作面入风温度平均下降5.5~6.5℃，相对湿度由40%增至50%。

（4）人工制冷降温。人工制冷有固定式制冷站和移动式空调机两类，前者适用于全矿或生产阶段总风流的降温，而后者主要用于少数高温工作面的风流降温。

11.2.4.2　井筒防冻

地处严寒地区的矿山，冬季应采取防止井筒结冰的措施。井筒防冻通常采用如下空气预热方法：

（1）热风炉预热。在远离工业场地的小型风井无集中热源时采用。热风炉的位置应使进入井筒的空气不受污染，且符合防火要求。

（2）空气加热器预热。

（3）空气地温预热。利用矿山废旧巷道或采空区的岩温，将送入井下的冷空气进行预热。这是一种经济可靠的空气预热方法，用于非煤非铀矿井。

（4）其他空气预热方法。如利用空压机等设备产出的热量预热。

11.3　排　　水

地下开采过程中，大量的地下水会涌入工作面，影响矿山正常生产，为此必须采取适当的方法，将地下水排出地表，以保证矿山作业安全。

11.3.1　排水方式及系统

11.3.1.1　排水方式

矿井排水方式有自流式和扬升式两种。自流式排水是使坑内水自行流到地面，是最经济的排水方法，但只适用于平硐开拓的矿山；扬升式排水是借助排水设备，将水扬至地面。采用井筒开拓的矿山，都必须采用这种方法。

图 11-4 为扬升式排水示意图，地下水沿着阶段巷道的水沟，汇集到井底车场附近的水仓中，再由水泵扬到地面。水仓其实也是一种地下坑道，比所在水平的井底车场标高约低 3～4m，在一般情况下要能容纳地下 8h 的涌水量。这样，一方面保证水泵可在较长的时间内正常工作，另一方面当矿井涌水突然增加，或当水泵需要停工检修时，也都有安全保证。

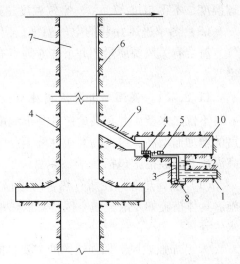

图 11-4　扬升式排水示意图
1—水仓；2—吸水井；3—吸水管；4—水泵；
5—电动机；6—排水管道；7—井筒；
8—吸水罩；9—管子电缆斜道；10—水泵房

11.3.1.2　排水系统

扬升式排水主要有直接排水、接力排水、集中排水 3 种布置系统。

（1）直接排水。各阶段都设置水泵房，分别用各自的排水设备将水直接扬至地面。这种排水系统，各水平的排水工作互不影响，但所需设备多，井筒内敷设的管道多，管理和检查复杂，金属矿很少采用。

（2）接力排水。下部水平的积水，由辅助排水设备排至上水平主排水设备所在水平的水仓内，然后由主排水设备排至地表。这种排水系统适用于深井或上部涌水量大而下部涌水量小的矿井。

（3）集中排水。上部水平的积水，通过下水井、下水钻孔或下水管道引入下部主排水设备所在水平的水仓内，然后由主排水设备集中排至地表。这种排水系统虽然上部水平的积水要流到下部水平，增加了排水电能消耗，但它具有排水系统简单，基建费和管理费少等优点，在金属矿采用较多，特别是下部涌水量大、上部涌水量小时更为有利。

11.3.1.3　排水设备

矿井排水设备主要包括水泵和水管。

A　水泵及水泵房

矿用水泵一般为离心式水泵，如图 11-5 所示。它主要通过离心力的作用，使水不断被吸入和排出。矿用主排水设备，均为多级水泵。

按照规定，水泵房一般布置在副井井底车场附近，并与中央变电所连接在一起，中间设防爆门隔开，要求通风良好，便于设备运搬。主水泵房至少设置两个出口，一个通过斜巷与井筒相通，称为安全出口，它应高出泵房底板标高 7m 以上；另一个出口通井底车场，为人员及设备出口，在此出口的通道内，应设置容易关闭的既能防水又能防火的密闭门。

泵房和水仓的连接通道，应设置可靠的控制闸门，在闸门关闭时，泵房还必须具有独立的通风巷道。

水泵房的地面标高，应比井底车场轨面高出0.5m，且向吸水侧留有1%的坡度。

水泵的排水量小于 $100m^3/h$ 时，两台水泵的吸水管可共用一个吸水井，但其滤水器边缘间的距离，不得小于吸水管直径的 2 倍；排水量 $100m^3/h$ 及其以上的水泵，应设单独吸水井。

B 排水管

排水管一般都敷设在井筒的管道间内。当垂直高度小于200m时，可采用焊接管；如果垂深超过200m，可用无缝钢管。矿井的主排水管至少要敷设两条，当一条发生故障时，另一条必须在20h内排出矿井 24h 的正常涌水量。排水管靠近水泵处，设置闸板阀和逆止阀。闸板阀作为调节排水量及开闭排水管之用；逆止阀是在水泵停车时，防止水管中的水倒流进入水泵中损坏叶轮。

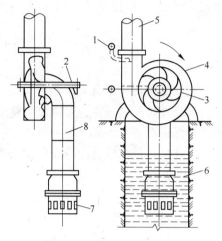

图 11-5 单级离心式水泵

1—注水口；2—水泵轴；3—叶轮；4—机壳；
5—排水管；6—吸水井；7—吸水罩；8—吸水管

11.3.2 排泥

泥沙量大的矿山，需要定期对水仓沉淀物进行清理和排出。常用的清仓排泥方式包括：压气罐清仓串联排泥、压气罐配密闭泥仓高压水排泥、喷射泵清仓泥浆泵排泥和油隔离泵清仓排泥。

11.4 压 气 供 应

用来压缩和压送各种气体的机器称为压缩机（又称压风机或压气机）。各种压缩机都属于动力设备，能将气体压缩，提高气体压力，使之具有一定的动能。

压缩空气是金属矿山主要动力之一，井下的凿岩、装岩、装药、放矿闸门等机械，大多是风动的；其他设备如小绞车、锻钎机、碎石机、喷浆机等，往往也以压气为动力。即使广泛采用无轨设备的地下矿山，也离不开压气。因此，压缩空气供应是地下矿山生产不可或缺的工序之一。

金属矿山压缩空气通常在地面空压站生产，通过管道输送到工作地点。矿山压气系统示意图如图11-6所示，由空压机（含中间冷却器、压力调节器等）、拖动装置（电动

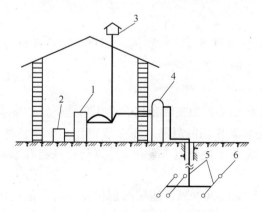

图 11-6 矿山压气系统示意图

1—空压机；2—拖动装置；3—空气过滤器；
4—风包；5—压气管道；6—风动机械

机或内燃机)、辅助设备(包括空气过滤器、风包、冷却装置等)和输气管网组成。

11.5　充　　填

充填是采用充填类采矿法矿山的一个主要生产工序。矿山充填是一个复杂的系统工程，涉及充填材料选择、充填混合料配比优化、充填料浆制备及输送、采场充填工艺、充填质量保证等各个环节，每一个环节出现问题，都会造成严重后果，不仅破坏矿山正常生产，恶化矿山经济效益，造成资源浪费，而且可能产生重大安全事故，影响矿山可持续发展。

11.5.1　充填工艺

根据所采用的充填料和充填料输送方式的不同，充填工艺分为干式充填、水砂充填和胶结充填3大类。

11.5.1.1　干式充填

干式充填是将掘进废石等干充填料利用运输设备运至待充填地点进行充填的工艺，因其效率低、生产能力小和劳动强度大，已不能满足"三强"(强采、强出、强充)采矿生产的需要，因而处于被淘汰的地位。

11.5.1.2　水砂充填

水砂充填是将充填骨料加水制成质量浓度较低的砂浆，利用管道、溜槽、钻孔等自流输送到待充填地点进行充填的工艺。

11.5.1.3　胶结充填

干式充填、水砂充填都属于非胶结充填范畴，由于非胶结充填体无自立能力，故难以满足采矿工艺高回采率和低贫化率的需要。胶结充填是将胶凝材料(一般为水泥)、骨料、水混合形成浓度较高的浆体，通过钻孔或管道，自流或加压输送到待充填地点进行充填的工艺。

11.5.2　充填材料

通过矿山与各研究部门的合作努力，用工业废料做充填材料的应用技术也日渐成熟，因此无污染、低成本的无废开采是未来采矿技术的发展方向。

11.5.2.1　充填骨料

国内外矿山使用的充填骨料品种很多，大多根据矿山实际条件，选用来源广泛、成本低廉、物理化学性质稳定、无毒、无害、具备骨架作用的材料或工业废料作为充填骨料。充填材料应是惰性材料，不含挥发有害气体，含硫不应超过5%～8%，以防止高温和二氧化硫恶化井下大气或酿成井下火灾。

干式充填材料的最大块度直径一般不超过200～300mm；使用抛掷机充填时，最大块度直径小于70～80mm；使用风力输送时，最大粒径要小于管径的三分之一，一般不大于50mm。

水砂充填、胶结充填骨料要求化学性质稳定，颗粒本身有一定的强度，具有较好的渗透性能。

山砂、河砂、棒磨砂以及水淬炉渣等的粒径较尾砂大得多，在输送时最大粒径要小于管径的三分之一，且接近管径三分之一的颗粒不宜超过15%。

A 尾矿

尾矿是金属矿山最常用的充填骨料，有时也称尾砂。它是矿山开采出来的矿石经过选矿工艺的破碎，从磨细的岩石颗粒中选出有用成分后剩下的矿渣，即选矿后以浆体形态排出的排弃物。

B 冶炼炉渣

用冶炼炉渣做充填骨料，主要目的是利用冶炼炉渣经过磨细处理后的胶结性能，一方面代替部分水泥，另一方面解决冶炼炉渣地表堆积而造成的环境污染问题。国内用炉渣做充填骨料的矿山中，大多数是利用没有经过细磨的高炉铁渣和铜、镍冶炼炉渣，如大冶有色金属公司铜绿山铜矿利用铜水淬渣做充填骨料，金川有色金属公司龙首矿在粗骨料充填系统中用镍冶炼闪速炉渣做充填骨料。

C 棒磨砂、风砂及冲击砂

棒磨砂是将戈壁集料等经过破碎、棒磨加工成粒级组成符合矿山充填要求的充填骨料，由于其加工方法较为简单，尽管加工费用高，但依然受到许多矿山的青睐。而风砂是自然采集到的天然细砂，如在沙漠地区，它是一种理想的充填材料，其颗粒呈圆珠状，类似小米，成分90%为石英砂。冲击砂是古河床中形成的细砂，也可作为充填骨料。此外，还有河砂、湖砂、海砂等均可作为充填骨料。

D 废石

大多数矿山对废石（含煤矸石）的应用多是井下就近处理，直接回填于采空区。也有部分国外矿山对废石进行棒磨或破碎处理，一般而言，棒磨废石的最大粒径为5mm，破碎废石依各矿山的不同需要，见于报道的有-25mm、-33mm、-75mm、-100mm、-250mm等。因此，废石是否破碎或破碎到什么程度，要依据矿山对充填材料的具体要求而定。

E 工业固体废料

利用工业固体废料（如磷石膏等）作为充填骨料回填井下，一方面可以解决矿山充填骨料来源问题，同时还可以解决固体废料地面堆放带来的环境污染问题，经济效益、社会效益和环境效益巨大。但固体废料能否用作充填骨料以及作为充填骨料时的充填配比如何，必须通过试验研究加以确认。

11.5.2.2 胶凝材料及替代品

国内外应用最广泛的充填胶凝材料为普通硅酸盐水泥（常用32.5号水泥，即俗称的425水泥），此外还有一些水泥代用材料如炉渣、粉煤灰等。

11.5.3 基本参数

管道输送的水砂充填或胶结充填料浆是典型的固液两相流，影响两相流输送特性和充填质量的基本参数包括充填倍线、充填物料和充填浆体的物理力学性质、充填配比、流动性能等。

11.5.3.1　充填倍线

砂浆的输送多采用自流输送，自流输送所能达到的充填范围常用充填倍线来表示（见图 11-7），即：

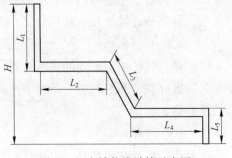

$$N = L/H \qquad (11\text{-}1)$$

式中　N——充填倍线；

　　　H——充填管道起点和终点的高差；

　　　L——包括弯头、接头等管件的换算长度在内的管路总长度，$L = L_1 + L_2 + L_3 + L_4 + L_5$。

图 11-7　充填倍线计算示意图

管道自流输送的充填倍线一般不大于 5~6，如果充填倍线过大，则需降低充填浆体浓度，或采用加压输送方式输送。

11.5.3.2　料浆配合比

料浆配合比是充填体中各种物料的质量比例，包括灰砂比（或灰料比）和水灰比。前者是胶凝材料与骨料的比例，如 1∶5 表示按质量计算，1 份水泥配 5 份骨料；后者是水与混合固料的比值，如水灰比 1.8 表示充填料浆中水与固料之比为 1.8。

水灰比是影响充填料浆输送性能的关键指标之一，也可以用充填料浆浓度表示。浓度有质量浓度和体积浓度之分。体积浓度 m_t 表示充填浆体中固料体积所占的百分比，即：

$$m_t = Q_g/Q_j \qquad (11\text{-}2)$$

式中　Q_g——浆体中固料体积或流量（单位充填时间内流过某一断面固料的体积）；

　　　Q_j——浆体体积或流量（单位充填时间内流过某一断面浆体的体积）。

质量浓度 m_z 表示固料质量在整个充填体（包括固料和水）质量中的百分比，即：

$$m_z = \frac{Q_g \rho_g}{Q_j \rho_j} = \frac{\rho_g}{\rho_j} \frac{Q_g}{Q_j} = \frac{\rho_g}{\rho_j} m_t \qquad (11\text{-}3)$$

式中　ρ_g——固料密度（单位体积固料的质量）；

　　　ρ_j——浆体密度（单位体积浆体的质量）。

很明显，浆体浓度和水灰比有如下关系：

$$m_z = \frac{1}{1 + M_z} \qquad (11\text{-}4)$$

式中　M_z——质量灰砂比。

这是因为：

$$m_z = \frac{Q_g \rho_g}{Q_j \rho_j} = \frac{Q_g \rho_g}{Q_g \rho_g + Q_w \rho_w} = \frac{1}{1 + Q_w \rho_w/(Q_g \rho_g)} = \frac{1}{1 + M_z}$$

11.5.3.3　流量和流速

充填系统生产能力可用浆体流量来表示。流量是指单位时间内充填系统所能输送的浆体的体积，单位是 m³/h。它取决于充填料配比、管道直径、充填倍线等指标。

流速是指充填管道中浆体的流动速度，单位是 m/s。管道输送充填浆体，流速如果太低，固体颗粒容易沉底，造成管道堵塞。为维持充填料浆输送过程中固料处于悬浮状态，避免堵管，流速必须大于一临界值，这个临界值称为临界流速。在临界流速下，管道水力损失最小，固体颗粒能够保持悬浮状态。管道自流输送充填浆体流速一般为 $3\sim4m/s$。

11.5.3.4　水力坡度

浆体在管道中的流动必须克服其与管壁产生的摩擦阻力和产生湍流时的层间阻力，这些阻力统称摩擦阻力损失，也即水力坡度。

充填料浆水力坡度的计算，在水力输送固体物料工程中占据极其重要的地位。在深井充填中，它关系到管道直径的选择、输送速度的确定、降压措施及满管输送措施的选择、耐磨管型的选取等，因此其作用尤为突出。

11.5.4　充填料浆制备与输送系统

充填料浆一般在地面充填制备站制备，然后通过输送系统输送到待充地点进行充填。充填料浆制备与输送系统一般包括充填物料储存与输送系统、充填料浆搅拌系统、充填料浆输送系统和充填过程控制系统 4 部分组成。

11.5.4.1　充填物料储存与输送系统

为解决矿山充填的不均衡性，充填制备站必须备有 2~3d 充填需要的骨料量。

充填骨料一般储存在砂仓中，砂仓又分为卧式砂仓和立式砂仓两大类。

胶结材料水泥和粉煤灰一般都储存在地面建圆形钢筋混凝土仓或圆形钢结构仓内，通过给料设备（星形给料机、板式给料机或圆盘给料机）向输送设备（一般为螺旋输送机）供料，经计量后输送至搅拌桶。

充填用水一般储存在高位水池内，通过管道经过计量（流量计）后输送至搅拌桶。

11.5.4.2　搅拌系统

浆体充填料的制备，是通过专用搅拌设施来完成的。搅拌得越充分，料浆越均匀。如果搅拌不均匀，不仅会降低充填体的强度，而且还会影响充填料浆的顺利输送，甚至造成堵管事故。国内矿山一般采用双叶片式搅拌机（搅拌桶）进行搅拌。

11.5.4.3　充填料浆输送系统

搅拌后的充填料浆，通过钻孔或管道自流输送至待充地点。由于管道通过充填浆体量大且物料不均匀，因此磨损比较严重。充填矿山普遍采用耐磨钢管，管道之间采用快速接头连接（见图 11-8）。

11.5.4.4　充填过程控制系统

充填工艺要求各种充填材料必须按设计要求实现准确给料，以保证充填料浆配合比参数的稳定性。这就要求实现对充填物料的准确计量，这样才能保证充填生产过程的稳定运行。流量计、浓度计、料位计和液位计是矿山充填系统中常用的计量仪表。

A　流量计

（1）电磁流量计：用于水、浆体流量的计量；

（2）冲板式流量计：用于粉状、小颗粒物料（水泥、粉煤灰）的计量；

（3）核子秤：用于颗粒较大物料（砂石、湿尾砂、湿粉煤灰）的计量。

B　浓度计

用于测量浆体的质量浓度。

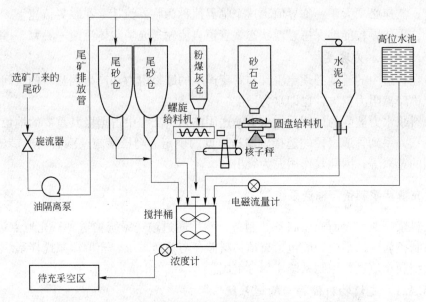

图 11-8　某矿山分级尾砂胶结充填制备与输送系统工艺流程图

C　料位计

（1）超声波料位计：用于监控精度要求较高的料位计量；

（2）重锤式料位计：用于浆体储仓料位的计量，如尾砂浆储仓等；

（3）音叉式料位计：用于颗粒粒度较细的储仓的料位计量，如水泥仓、粉煤灰仓等。

D　液位计

用于检测搅拌桶中液位水平。液位计种类很多，有直读式玻璃液位计、浮力式液位计、压差式液位计、电接触式液位计、电容式液位计、超声波液位计和辐射式液位计等。充填系统中的液位计多以压差式和超声波式为主。

充填过程中，各计量设备的计量数据，汇总到中央控制系统，参照设计要求指标，进行各组成部分的自动控制。

11.5.5　工作面充填工艺

11.5.5.1　充填准备

所有需要充填的采场，充填前的准备工作包括：

（1）延长脱滤水装置；

（2）构筑与采场联络道间的密闭墙；

（3）接通采场充填管路；

（4）检查地表充填制备站与充填采场之间的通讯系统；

（5）检查充填线路。

11.5.5.2　充填工作

所有充填准备工作完成后，即可进行采场充填。采场充填应做到：

（1）根据地表充填料浆制备站充填材料储备情况，确定能连续充填的时间，进而确定每次连续充填的地点与高度；

（2）充填开始时，先下清水进行引流，待采场充填管道出口见到清水后，再开启充填固料输送装置，搅拌形成浆体，进行正式充填；

（3）为提高充填体质量，减少采场泄水量，应尽量提高充填料浆浓度；

（4）充填结束时，在停止固料添加的同时，加大供水量进行洗管，待采场充填管道出口见不到固料颗粒后，停止供水，结束充填工作；

（5）胶结充填时，要待充填体养护一定时间，达到作业要求时，方可进行下一分层的回采作业。

本 章 小 结

本章重点阐述了矿山主要生产系统的相关内容。

矿山提升与运输是矿山生产的重要环节。矿井提升设备包括提升机、提升容器、提升钢丝绳、井架、天轮及装卸设备等。矿山运输方式包括轨道运输、汽车运输、胶带运输机运输和架空索道运输等。

为了降低井下空气中粉尘含量及有害气体浓度，提高含氧量，以达到国家规定的卫生标准，必须进行矿井通风，保证井下工作人员的健康与安全。

矿井内的空气之所以能够流动，是由于进风口与出风口之间存在着压力差。造成这种压力差，促使矿井内空气流动的动力，称为通风动力。按通风动力不同，可将矿井通风方法分为机械通风和自然通风。

矿井排水方式有自流式和扬升式两种。扬升式排水主要有直接排水、接力排水、集中排水3种布置系统。矿井排水设备主要包括水泵和水管。

泥沙量大的矿山，需要定期对水仓沉淀物进行清理和排出。

根据所采用的充填料和充填料输送方式的不同，充填工艺分为干式充填、水砂充填和胶结充填三大类。

思 考 题

11-1 矿山运输方式主要包括哪几种？

11-2 轨道的运输组成是什么？

11-3 胶带运输机的组成是什么？

11-4 根据《冶金矿山安全规程》规定，井下通风应满足什么要求？

11-5 多级机站通风系统与现行的大主扇集中通风系统相比，具有哪些突出优点？

11-6 排水方式及排水系统的分类是什么？

12 采矿方法

采矿方法是指回采单元（矿块、矿壁）内矿石的开采方法，包括回采工艺和采场结构两大方面的内容。

本章主要介绍了空场采矿法、充填采矿法、崩落采矿法的相关知识。

12.1 概　述

采矿方法是指回采单元（矿块、矿壁）内矿石的开采方法，包括回采工艺和采场结构两大方面的内容。回采过程中的地压管理是决定采场能否安全生产、崩矿和出矿能否顺利进行的关键，其规模和显现规律不仅取决于回采工艺，而且与采场结构参数密切相关。因此，地压管理是影响采矿方法选择的不可回避的因素。

12.1.1 采矿方法分类及其特征

目前国内外采矿方法分类很多，学术争议也较大，但比较公认的是按照回采时地压管理方法将地下采矿方法分为3类，即空场法、充填法和崩落法。

12.1.1.1 空场法

空场法的实质是在矿体中形成的采空区主要依靠围岩自身的稳固性和留下的矿柱来支撑顶板岩石，管理地压，采空区不做特别处理。由于该类方法工艺简单，成本低，因而被广泛应用。但其缺点是随开采规模的扩大，采空区量日益增大，存在安全隐患，且由于矿柱回采条件恶化、回收率低，故不利于资源的保护性开采。随着矿产品价格的持续走高，该类采矿方法应用比重有所降低。

12.1.1.2 充填法

充填法的实质是利用充填物料将回采过程中形成的采空区进行充填，以限制顶板岩层移动和地表沉降。由于增加了充填工序，因而生产管理复杂，综合成本较高。但该类采矿方法安全性及资源回收率高，且有利于环境保护，随着矿产品价格的持续走高和对环境问题的日益重视，该类采矿方法应用比重越来越大。

12.1.1.3 崩落法

与空场法和充填法被动管理地压理念不同，崩落法是随着矿石被采出，有计划地崩落矿体的覆盖岩石和上下盘围岩来充填采空区，消除地压发生的原因，主动管理地压。由于覆盖岩石和上下盘围岩的崩落，会引起地表沉陷，所以只有地表允许陷落的地方，才可考虑采用这种采矿方法。另外，由于该方法的出矿工作是在覆盖岩石下进行的，矿石损失率和贫化率较高，因此不适合贵重金属和高品位矿石的回采。

12.1.2 影响采矿方法选择的主要因素

采矿方法的选择受多种因素的影响，主要包括矿床地质条件和一些特殊要求。

12.1.2.1　矿床地质条件

矿床地质条件对采矿方法的选择起控制性作用，影响采矿方法选择的主要地质条件包括：

（1）矿石和围岩的物理力学性质，尤其是矿石和围岩的稳固性。

（2）矿体倾角和厚度。矿体倾角主要影响矿石在采场中的运搬方式；矿体厚度则主要影响落矿方法的选择以及矿块的布置方式等。

（3）矿体形状和矿石与围岩的接触情况，主要影响落矿方法、矿石运搬方式和损失与贫化指标。

（4）矿石的品位和价值。开采品位较高的富矿和贵重、稀有金属时，往往要求采用回收率高、贫化率低的采矿方法，即使这类采矿方法成本较高。这是因为，提高出矿品位和多回收资源所获得的经济效益往往会超过成本的增加额。反之，则应采用成本低、效率高的采矿方法，如崩落法。

（5）矿体埋藏深度。埋藏较深的矿体（如超过 800m）开采时，地压增高，会出现岩爆现象，此时应考虑采用充填法。

12.1.2.2　特殊要求

某些特殊要求可能是采矿方法选择的决定因素，如：

（1）地表是否允许陷落。如果地表有重要工程（公路、铁路、村镇等）、水体（河流、湖泊等）及其他需要保护的因素（风景区、良田、文化遗址、森林），不允许陷落，则在采矿方法选择时应优先考虑能保护地表的采矿方法，如充填法。

（2）加工部门对矿石质量的特殊要求，如贫化率指标、矿石块度等。

（3）矿石中含硫高，会有结块、自燃现象，应避免采下矿石在采场中过久存放；若开采含放射性元素的矿石，则应采用通风效果好的采矿方法。

12.2　空场采矿法

空场采矿法由于主要依靠围岩自身的稳固性和留下的矿柱来管理地压，因此一般适用于矿岩稳固的矿体开采。其基本特点是：

（1）除沿走向布置的薄和极薄矿脉，以及少量房柱法开采的矿脉外，矿块一般分为矿房和矿柱两步骤回采，先采矿房，后采矿柱。

（2）矿房回采过程中留下的空场暂不处理并利用空场进行回采和出矿等作业。

（3）矿房开采结束后，根据开采顺序的要求，在空场下进行矿柱回采。

（4）根据所用采矿方法和矿岩特性，决定空场内是否留矿柱以及矿柱形式。

空场采矿法具体形式很多，但应用较为广泛的是房柱法（全面法）、留矿法、分段凿岩阶段矿房法和阶段凿岩阶段矿房法。

12.2.1　房柱法

房柱法是回采矿岩稳固的水平和缓倾斜中厚以下矿体的常用采矿方法。其特点是在回采单元中划分矿房、矿柱并相互交替排列，回采矿房时留下规则的矿柱（如果仅将夹石或低品位矿体留作矿柱，致使矿柱排列不规则，则称为全面法，其主要回采工艺与房柱法基本相同）维护采空区顶板。所留矿柱可以是连续的或间断的，间断矿柱一般不进行回采。图 12-1 为浅眼房柱法的概念图。

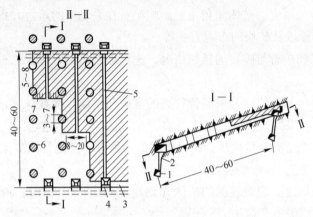

图 12-1　浅眼房柱法概念图
1—阶段运输平巷；2—矿石溜井；3—切割平巷；4—电耙绞车硐室；
5—切割天井（上山）；6—矿柱；7—炮眼

　　房柱法（全面法）的优点是：采准切割工作量小，工作组织简单，通风良好。其主要缺点是：矿柱矿量所占比重大，而且一般不进行回采，因此矿石损失较大。

12.2.2　留矿法

　　留矿法的特点是：将矿块划分为矿房和矿柱，先采矿房，后采矿柱；在矿房中用浅眼自下而上逐层回采，每次采下的矿石暂时只放出 1/3 左右（称局部放矿）；其余的存留于空场中，作为继续上采的工作平台和对围岩起支撑作用，待矿房回采作业全部结束后，再全部放出（称为集中放矿）。

　　由于采下的矿石借助重力放出，因此该方法一般适用于矿岩稳固的急倾斜薄和急薄矿体（脉）；又由于大量矿石积存在采场中，因此要求矿石无氧化性、结块性和自燃性。

　　留矿法的优点是：结构简单，管理方便，采准切割工作量小，生产技术易于掌握。其主要缺点是：矿房内留下约 2/3 的矿石不能及时放出，积压了资金；矿房回采完毕后，留下大量采空区需要处理等；矿柱矿量所占比重大，而且一般不进行回采，因此，矿石损失较大。

12.2.3　分段凿岩阶段矿房法

　　对于矿岩稳固的矿床，水平和缓倾斜中厚以下矿体可采用房柱法回采，急倾斜中厚以下矿体可采用留矿法回采。而对于倾斜至急倾斜中厚以上矿体，则可采用分段凿岩的阶段矿房法，其特点是：在回采单元中划分矿房、矿柱，先采矿房，后采矿柱；矿房回采时，将阶段划分为若干个分段，在每个分段平巷中用中深孔落矿；矿房采完后形成的空场，在回采矿柱的同时进行处理。

　　图 12-2 为急倾斜中厚以上矿体分段凿岩阶段矿房法概念图。

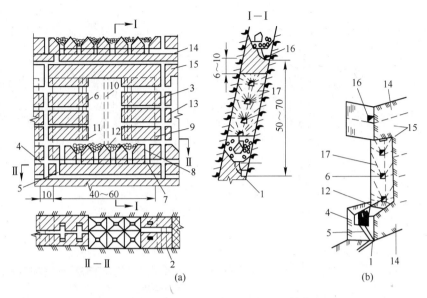

图 12-2 分段凿岩阶段矿房法概念图（单位：m）

（a）投影图；（b）立体图（矿房部分）

1—阶段平巷；2—横巷；3—通风人行天井；4—电耙道；5—矿石溜井；6—分段凿岩巷道；
7—漏斗穿；8—漏斗颈；9—拉底平巷；10—切割天井；11—拉底空间；12—漏斗；13—间柱；
14—底柱；15—顶柱；16—上阶段平巷；17—上向扇形深孔

分段凿岩阶段矿房法是回采矿岩稳固的中厚以上矿体时常用的采矿方法，具有回采强度大，劳动生产率高，采矿成本低，回采作业安全（凿岩、出矿均在专门巷道内进行，人员不进入采场）等优点。但该方法的严重缺点是矿柱矿量所占比重达 35%~60%，回采矿柱时损失与贫化较大，采准工作量较大。

12.2.4 阶段凿岩阶段矿房法

随着深孔钻机的发展和应用，炮孔的有效深度可达 40~60m 以上。在此情况下，可将分段凿岩改为阶段凿岩，形成阶段凿岩阶段矿房法，垂直炮孔的深度就是矿房的回采高度，深孔凿岩工作集中在一个水平上。与分段凿岩阶段矿房法相比，不但采准工作量大大减少，而且钻机架设、移位次数也减少了，生产效率大大提高。

在国内外应用比较广泛的阶段凿岩阶段矿房法方案是垂直漏斗后退式采矿法（vertical crater retreat method，简称 VCR 法）。该方法的实质是：利用地下潜孔钻机，按最优孔网参数，在矿房顶部的凿岩水平层钻凿下向垂直或倾斜深孔至拉底水平层，使用高威力、高密度、高爆速、低感度的炸药（"三高一低炸药"）以球状药包（直径与长度之比不超过 1:6）按自下而上的顺序，向下部拉底空间进行分层爆破，并采用高效率的出矿设备（铲运机）进行矿石装运工作（见图 12-3）。

VCR 法具有如下突出优点：

（1）采准、切割工程量小。

（2）凿岩、爆破、出矿均在专用空间或巷道内进行，人员不进入采场，作业安全。

（3）球状药包爆破能量利用充分，矿石破碎块度均匀，爆破效果好。

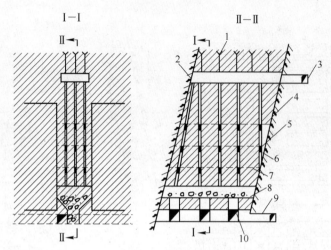

图 12-3　VCR 法示意图

1—支护锚杆；2—凿岩空间；3—运输平巷；4—第 3 爆破层；5—第 2 爆破层；6—球状药包；
7—第 1 爆破层；8—拉底水平层；9—装矿横巷；10—受矿堑沟

（4）生产能力大。

（5）采矿成本低。

其主要缺点是：

（1）凿岩、爆破技术要求严格。

（2）测孔、堵孔、装药、起爆等较为繁琐。

（3）矿体形态变化较大或矿岩不稳固时，损失与贫化较大。

12.3　充填采矿法

在回采过程中，按照回采工艺的要求，用充填料回填采空区的采矿方法称为充填采矿法。根据矿床开采技术条件和所采用的回采方案的不同，充填料可以是分次或一次充入采空区，前者称为分层充填，后者称为嗣后充填或事后充填。

充填的目的是：

（1）支护岩层，控制采场地压活动。

（2）防止地表沉陷，保护地表地物。

（3）提供继续向上回采的工作平台（类似于留矿法功能）。

（4）改善矿柱受力状态（由单轴受压变为三轴受压），保证最大限度地回收矿产资源。

（5）保证安全回采有内因火灾危险的高硫矿床。

（6）控制深井开采岩爆，降低深部地温。

（7）保证露天、地下联合开采时生产的安全。

（8）处理固体废料，保护环境。

由于充填采矿法能够最大限度地回收矿产资源，保护地下、地表环境，特别是近些年来，随着充填材料、充填工艺、管道输送装备和技术的不断进步，其在有色金属矿山和贵重金属矿山得到了广泛应用。随着充填成本的不断降低和矿产品价格的持续走高，充填法因其无可替代的优势，在煤矿、铁矿等传统上不宜采用充填法的矿山，应用比重也越来越大。

根据采用的充填料和输送方式以及矿体回采方向和充填方式不同，充填采矿法分为上向分层（或进路）充填法、下向分层（或进路）充填法和嗣后充填采矿法。

12.3.1　上向分层（或进路）充填法

上向水平分层充填法是国内外应用最广泛的充填采矿法之一，其特征是：将矿块划分为矿房、矿柱，先采矿房，后采矿柱。矿房自下而上分层（水平分层或倾斜分层）回采，每回采一个或若干个分层后，及时进行充填以维护上下盘围岩，并创造不断上采的作业条件；矿柱按合理的回采顺序用充填法或其他合适的方法开采。

该方法具有采切、回采工程布置灵活，适应性强等特点，在经济合理的前提下，适用于任何倾角、任何厚度的顶板及围岩稳固的矿体。如果矿岩稳固性稍差，可以将分层开采、充填改为分层进路开采、充填（称为上向进路充填法）。

图 12-4 为新桥硫铁矿缓倾斜中厚矿体（平均倾角 12°，真厚度 23m）机械化上向水平分层充填法示意图。

上向水平分层充填法是最常用的充填法，其突出优点是矿石损失率与贫化率低，有利于地压管理，安全性好，采场布置灵活，可以实现不同矿种分采；其缺点是由于增加了充填工序，使回采作业管理复杂，成本提高。但其缺点可以由提高资源回收率所带来的效益增加所补偿，因此，该方法使用比重越来越大。

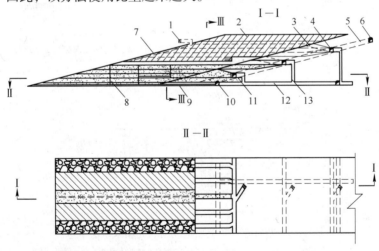

图 12-4　新桥硫铁矿机械化上向水平分层充填法示意图
1—上盘回风充填平巷；2—上阶段底柱；3—采场联络道；4—分段平巷；
5—斜坡道；6—上阶段运输平巷；7—回风充填上山；8—泄水管；
9—穿脉平巷；10—底盘运输巷道；11—卸矿横巷；12—装矿横巷；13—溜矿井

12.3.2　下向进路充填法

对于矿石价值特高、但矿岩均不稳固的金属矿床，上向水平分层充填法不能保证回采作业安全时，可以考虑采用下向进路充填法。其主要特征是：在阶段内，自上而下在分层人工假顶保护下顺序分层进路（巷道）回采、进路充填。该方法由于生产环节多，人工假顶要求强度高、整体性好，因此生产成本较高。

下向进路胶结充填法是成本最高、技术要求最严格的采矿方法之一，只有在矿石价值高、品位富，而矿石和顶板岩石极不稳固不能采用上向水平分层充填法的情况下，才考虑采用。

12.3.3　嗣后充填采矿法

分层充填采矿法虽然具有回收率高、贫化率低等突出优点，但由于充填次数较多，不仅工艺复杂，而且每次充填后都需要一定的养护时间，才能进入下一个回采作业循环，致使成本增加，生产能力受到影响。在矿岩稳固性较好的条件下，可以采用嗣后（事后）充填法，其主要特征是：在阶段内，将矿体交替划分为矿房和矿柱，先用空场法回采矿柱，待整个矿块回采完毕后，进行一次胶结充填，形成人工矿柱，胶结体达到养护时间后，在人工矿柱保护下，用同样的方法回采矿房，矿房回采完毕后，进行一次非胶结充填。由于充填工作是在矿块的整个阶段内一次完成，因此该方法亦称为阶段充填法。

图 12-5 为新桥硫铁矿两步骤回采的分段空场嗣后充填采矿法示意图。

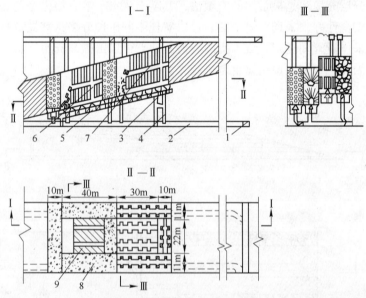

图 12-5　新桥硫铁矿分段空场嗣后充填采矿法示意图

1—上盘运输平巷；2—穿脉巷道；3—电耙道；4—溜矿井；5—底盘漏斗；
6—切割天井（兼作充填井）；7—分段凿岩巷道；8—矿柱；9—矿房

嗣后充填法的主要优点是：

（1）兼有空场法生产能力大和充填法回收率高及保护地表的优点，克服了分层充填繁杂作业循环的缺点。

（2）多使用中深孔穿爆，生产能力大。

（3）一次充填量大，有利于提高充填体质量，降低充填成本。

（4）回采与充填工作互不干扰。

其主要缺点是：

（1）充填采场砌筑密闭滤水设施工作量大。

（2）贫损指标较分层充填法差。

12.3.4 充填采矿法矿柱回采

一般为了回采高价值的矿石，矿房才用胶结充填。在矿柱回采过程中，充填体能起人工矿柱的作用，因而扩大了矿柱采矿方法的选择范围，为选用和矿房回采效率与工艺基本相同的矿柱采矿方法提供了有利条件。

充填法矿柱可以采用空场法和充填法进行回采，其回采工艺与矿房回采基本相同。

12.4 崩落采矿法

与空场法和充填法利用围岩本身稳固性和矿柱或充填体支撑顶板岩层、被动管理地压不同，崩落法是通过有计划地强制或自然崩落围岩，消除地压存在和产生的根源，主动管理地压。其主要特点是：随采矿工作面的推进，有计划地强制崩落或借助自然应力崩落采场顶板或两帮围岩，充填采空区，以控制和管理采场地压。

崩落采矿法能实现单步骤回采矿块，消除回采矿柱时安全条件差、损失与贫化大的弊端。但其首要使用前提条件是地表允许陷落，而且由于放矿是在覆盖岩石下进行的，损失与贫化率较高，因此一般适应于价值不高的矿体或低品位矿体的回采。随着环保问题的日益重视，该类采矿方法使用比重有越来越小的趋势。

国内外常见的崩落法回采方案包括有底柱分段崩落法、无底柱分段崩落法和自然崩落法3类。

12.4.1 有底柱分段崩落法

有底柱分段崩落法的主要特征是：矿体自上而下将阶段划分为分段，沿矿体走向按一定顺序强制崩矿或利用地压与矿石自重落矿，实现单步骤连续回采；崩落矿石在覆盖岩石的直接接触下，借助矿石的自重和振动力的作用，经底部结构放出；随着矿石的放出，覆盖岩石随之下降，充满采空区，实现地压管理。

12.4.2 无底柱分段崩落法

有底柱分段崩落法由于留设了一定量的底柱，底柱矿量虽然可以通过专门的回采设计进行回收，但因回采条件恶化，回收率较低，造成资源的浪费。为解决有底柱分段崩落法底柱矿量较多的弊端，国内外推广应用了无底柱分段崩落法。其主要特征是：以分段巷道将阶段划分为分段，自上而下分段进路回采；回采时，在进路中钻凿上向扇形中深孔，以很小的崩矿步距向充满废石的崩落区挤压崩矿；崩落的矿石自回采进路端部放出，用出矿设备装运至溜矿井；随着矿石的放出，覆盖岩石随之下降，充满采空区，实现地压管理。

按矿块装运设备的不同，无底柱分段崩落法有无轨运输方案和有轨运输方案两种。前者的出矿设备是铲运机，后者的是装岩机和矿车。

12.4.3　自然崩落法

自然崩落法采矿是将待采矿体划分成一定规模的矿块，以矿块作为开采对象，通过对矿块的拉底、切槽等采矿工程，矿岩体内产生拉、压、剪等集中应力，迫使矿体在诱导的集中应力作用下产生破坏而崩落，从而减少采矿工程，降低开采成本。一般情况下，自然崩落法适用于矿体节理裂隙发育、稳定性差、矿体厚大且围岩稳定性较好的急倾斜矿体。

自然崩落法由于落矿时间和落矿量难以精确控制，放矿技术要求较严，因此仅在部分矿山，如铜矿峪矿、丰山铜矿等进行了试验研究。

───────────── **本 章 小 结** ─────────────

本章重点阐述了采矿方法的相关内容。

采矿方法是指回采单元（矿块、矿壁）内矿石的开采方法，包括回采工艺和采场结构两大方面的内容。

目前国内外采矿方法分类很多，学术争议也较大，但比较公认的是按照回采时地压管理方法将地下采矿方法分为 3 类，即空场法、充填法和崩落法。采矿方法的选择受多种因素的影响，主要包括矿床地质条件和一些特殊要求。

思 考 题

12-1　地下采矿方法分为哪几类？

12-2　影响采矿方法选择的主要因素是什么？

12-3　空场采矿法的基本特点是什么？

12-4　房柱法的特点是什么，它的优点是什么？

12-5　留矿法的特点是什么，它的优点是什么？

12-6　分段凿岩阶段矿房法的特点是什么，它的优点是什么？

12-7　充填采矿法的目的是什么？

12-8　崩落采矿法的分类及特点是什么？

13　固体矿床露天开采基本概念

与地下开采相比，露天开采更易于应用大型生产设备，从而可扩大企业的生产能力，提高劳动生产率，降低工人劳动强度，保证回采作业安全，缩短基建时间，降低开采成本，提高经济效益。因此，在开采技术条件允许的情况下，应优先考虑采用露天开采。

本章主要介绍了露天开采的相关名词术语、露天开采的一般程序等知识。

13.1　概　　述

露天开采是从地表直接采出有用矿物的矿床开采方式，有水力开采和机械开采两种。水力开采主要用于松散的砂矿床开采，借水枪喷出的高压水流冲采砂矿，通过砂泵输送砂浆，或用采沙船直接采掘；机械开采是用一定的采掘运输设备，在敞开的空间里从事的开采作业。图 13-1 为露天矿矿场全貌。

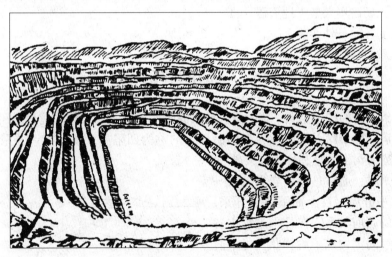

图 13-1　露天矿矿场全貌

露天开采是历史悠久的古老采矿方法，自 20 世纪以后，随着机械制造业的飞速发展，各种高效率的采掘设备和运输设备等不断问世，露天开采矿山技术面貌发生了根本变化。同时，由于冶金工业发展迅速，冶金原料的需求急剧增长，不得不要求大量开采低品位矿石，以解决原料供需间的矛盾。从技术经济角度考虑，露天开采最适合担此重任，因此露天开采获得了空前迅速的发展。露天开采鼎盛时期，70%~90% 的黑色金属、50% 以上的有色金属，70% 以上的化工原料均采用露天开采，而建筑材料几乎全部采用露天开采。

在条件允许的情况下，优先选用露天开采，这是因为与地下开采相比，其具有如下突出的优点：

（1）受开采空间限制较小，可采用大型机械化设备，有利于实现自动化，从而可大大提高开采强度和矿石产量。如国外大型露天矿基本都采用了牙轮钻机进行穿孔作业，孔径一般为 250~380mm，最大达 559mm，我国牙轮钻机直径也达 250~310mm，台年穿孔效率最高超过 50000m；我国南芬铁矿、大孤山铁矿、德兴铜矿和水厂铁矿使用的挖掘机斗容已分别达到 11.5m³、12m³、13m³ 和 16.8m³；载重量 135~154t 的电动轮汽车已广泛应用于露天矿运输，最大电动轮汽车载重量甚至超过 300t，我国一些大型露天矿采用了 108t 和 154t 的电动轮汽车。大型设备的广泛使用，使露天矿生产能力大幅度提高，年产量超过千万吨的露天矿山已为数不少。

（2）劳动生产率高。露天开采的劳动生产率是地下开采的 5~10 倍以上。

（3）开采成本低，因而有利于大规模开采低品位矿石。

（4）矿石损失贫化小，可充分回收宝贵的矿产资源。

（5）基建时间短，基建投资少。

（6）劳动条件好，工作安全。

但是，露天开采也带来了一系列问题：

（1）在开采过程中，穿孔、爆破、采装、运输、卸载及排土时粉尘较大，汽车运输时排入大气中的有毒有害气体多，排土场的有害成分流入江河湖泊和农田等，对大气、水和土壤造成污染，而且露天坑破坏了地表地貌。

（2）排土场占用大量土地资源。

（3）易受气候条件影响。

13.2　常用名词术语

采用露天开采的矿山企业，称为露天矿。露天矿场位于露天开采境界封闭圈以上的称为山坡露天矿；位于露天开采境界封闭圈以下的称为凹陷露天矿。露天开采所形成的采坑、台阶和露天沟道的总和称为露天矿场。

露天开采时，通常是把矿岩划分成一定厚度的水平分层，自上而下逐层开采，并保持一定的超前关系。在开采过程中各工作水平在空间上构成了阶梯状，每个阶梯就是一个台阶，或称为阶段。台阶是露天矿场的基本构成要素之一，是进行独立剥离岩石和采矿作业的单元体。台阶构成要素如图 13-2 所示。

台阶的上部平盘和下部平盘是相对的，一个台阶的上部平盘同时又是其上一台阶的下部平盘。台阶的命名，通常是以该台阶的下部平盘的标高（如 +248m）表示，故常把台阶称作某某水平（如 +248 水平），如图 13-3 所示。开采时，将工作

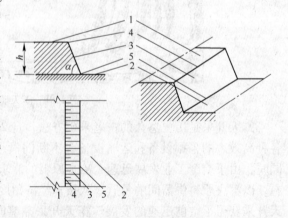

图 13-2　台阶构成要素

1—台阶上部平盘；2—台阶下部平盘；3—台阶坡面；
4—台阶坡顶线；5—台阶坡底线；
h—台阶高度；α—台阶坡面角

台阶划分成若干个条带逐条顺次开采，这些条带称为采掘带。

　　由结束开采工作的台阶平台、坡面和出入沟底组成的露天矿场的四周表面称为露天矿场的非工作帮或最终边帮（见图13-4中的AC、BF）。位于矿体下盘一侧的边帮称为底帮，位于矿体上盘一侧的边帮称为顶帮，位于矿体走向两端的边帮称为端帮。

　　正在进行开采和将要进行开采的台阶所组成的边帮称为露天矿场的工作帮（见图13-4中的DF）。工作帮的位置是不固定的，随开采工作的进行而不断改变。

　　通过非工作帮最上一个台阶的坡顶线和最下一个台阶的坡底线所作的假想斜面，称为露天矿场的非工作帮坡面或最终帮坡面（见图13-4中的AG、BH）。最终帮坡面与水平面的夹角称为最终帮坡角或最终边坡角（见图13-4中的β、γ）。

　　最终帮坡面与地表的交线，为露天矿场的上部最终境界线（见图13-4中的A、B）。最终帮坡面与露天矿场底平面的交线，为露天矿场的下部最终境界线（见图13-4中的G、H）。上部最终境界线所在水平与下部最终境界线所在水平的垂直距离，为露天矿场的最终深度。

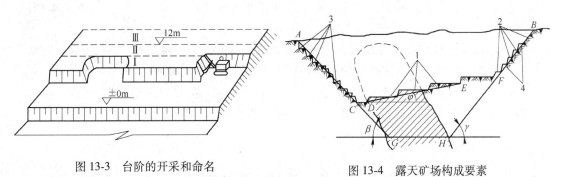

图13-3　台阶的开采和命名　　　　　图13-4　露天矿场构成要素

1—工作平盘；2—安全平台；3—运输平台；4—清扫平台

　　通过工作帮最上一个台阶的坡顶线和最下一个台阶的坡底线所作的假想斜面，称为工作帮坡面（见图13-4中的DE）。工作帮坡面与水平面的夹角称为工作帮坡角（见图13-4中的φ）。工作帮的水平部分称为工作平盘（见图13-4中的1），即工作台阶要素中的上部平盘和下部平盘，穿爆、采装和运输工作都在工作平盘上进行。

　　非工作帮上的平台，按其用途可分为安全平台、运输平台和清扫平台。

　　安全平台（见图13-4中的2）是缓冲和阻截滑落岩石，减缓边坡角以保证最终边坡稳定和下部水平工作安全的非工作平台。

　　运输平台（见图13-4中的3）是作为工作台阶与出入沟之间运输联系的通路，其宽度依所采用的运输方式和线路数目来确定。

　　清扫平台（见图13-4中的4）是用于阻截滑落岩石并用清扫设备进行清理的非工作平台，它同时也起到安全平台的作用。

　　在露天矿，为了采出矿石，一般需要剥离一定数量的岩石，剥离岩石量与采出矿石量之比，即每采出单位矿石所需剥离的岩石量，称为剥采比，单位可采用m^3/m^3、m^3/t或t/t。

13.3　露天开采的一般程序

露天开采一般需要经过准备阶段、基本建设阶段、正常生产阶段、地表恢复阶段。

（1）准备阶段。金属矿床经过地质勘探部门确定储量后，对其首先要进行开采的可行性研究。可行性研究要基本确定此矿床有没有利用价值，能否达到工业化开采要求。对露天矿开采要进行初步设计，确定露天开采境界，验证露天矿生产能力，确定其开拓方法等。

（2）基本建设阶段。基本建设阶段，首先必须排除开采范围内的建筑物、障碍物，砍伐树木，改道河流，疏干湖泊，道路改线，对于地下水大的矿山要预先排除开采范围内的地下水，处理地表水，防止其流入露天采场。这些准备工作完成后便可进行矿山的前期建设，铺设运输线路、建设排土场、购置必要的生产和生活设施以及修建工业厂房和水电等设施。这些都是露天矿投产前为保证生产所必需的建设工程。

（3）正常生产阶段。正常生产阶段是投入人力、物力和财力进行矿石回采工作的过程，包括掘沟、剥离和采矿三个露天矿生产中最重要的工程，其主要工艺过程基本相同，一般都包括穿孔、爆破、采装、运输、排土等工序。

（4）地表恢复阶段。随着社会对环境问题的日益重视和土地资源的日益短缺，将露天开采占用的土地或造成的生态环境破坏，在生产结束时或生产期间，为了保护环境，促进生态平衡，有计划地进行恢复利用或生态重建，是露天开采企业应尽的社会义务。地表恢复途径包括：覆土造田、水产养殖、田塘相间、牧业草场、绿化造林、水土保持植被、水上旅游、建筑用地、水库建设、综合开发等。

13.4　露天矿床开拓

13.4.1　公路运输开拓

公路运输开拓是露天矿床最常见的开拓方式，特别是有色金属露天矿均以这种开拓方式为主。

任意地形条件的露天矿，如果修建铁路不经济，只要参数不超过下述极限值，都可采用公路开拓：

（1）露天坑深度：普通自卸汽车，150m；电动轮汽车，250m。

（2）运输距离：普通自卸汽车，2~3km；电动轮汽车，4~5km。

（3）坡度：8%，特殊情况下短距离可达12%。

（4）曲线半径：小吨位汽车，15m；大吨位汽车，30m。

根据矿床埋藏条件和露天空间参数等因素，汽车运输开拓坑线（即出入沟）的布置形式分为回返式、螺旋式和联合式。此外，还有露天矿地下斜坡道开拓。

13.4.1.1　回返坑线开拓

回返坑线开拓如图13-5所示，汽车在坑线上运行时，需要经过一定曲率半径的回头曲线改变运行方向，才能到达相应的工作水平。

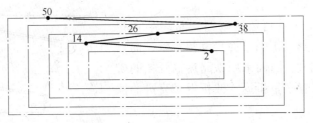

图 13-5　回返式坑线开拓

13.4.1.2　螺旋坑线开拓

螺旋坑线开拓是将运输沟道沿露天矿场四周边帮盘旋布置，如图 13-6 所示。汽车在坑线上直进行驶，不需经常改变运行速度。螺旋坑线的转弯半径大，司机的视野好，线路通过能力大。

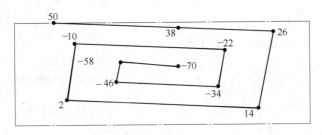

图 13-6　螺旋坑线开拓

13.4.1.3　联合坑线开拓

采场上部用回返坑线开拓，随着开采深度的下降，采场平面尺寸减小，当汽车不能回返运行时，改用螺旋坑线开拓，如图 13-7 所示。

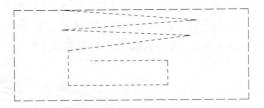

图 13-7　回返坑线与螺旋坑线联合布置

13.4.1.4　地下斜坡道开拓

地下斜坡道开拓方法如图 13-8 所示，在露天开采境界外设置地下斜坡道，并在相应标高处设有出入口通往各开采水平，汽车自采矿场经出入口、斜坡道至地表。

13.4.2　铁路运输开拓

铁路运输开拓是露天矿床开拓的主要方法之一。近几十年来，由于其他开拓方式的发展，铁路开拓法在露天矿的应用已经大大减少。

采用铁路运输开拓时，开拓坑道是一些铺设铁路干线的露天沟道。这些沟道在平面上的布线形式有直进式、折返式和螺旋式三种。直进式干线是沟道设置在采矿场的一帮或一翼，列车在干线上运行时不必改变运行方向；折返式干线也是把沟道设置在采矿场的一帮，但列车在干线上运行时，需经折返站停车换向才能开至各工作水平；螺旋式干线则是围绕着采矿场四周边帮布置开拓沟道，呈空间螺旋状。上述三种布线形式的采用，主要取决于线路纵断面的限制坡度、地形、露天采矿场的平面尺寸和采矿场相对于工业场地的布置。

由于铁路干线的限制坡度较缓，曲线半径很大，而大多数金属露天矿的平面尺寸都有限，而且地形较陡、高差较大，因而采用铁路运输开拓的矿山，铁路干线的布置多呈折返式或折返、直进的联合方式。

13.4.3　联合开拓

当单一开拓系统不能满足露天开采需要时，可考虑采用联合开拓系统，常见的联合开拓方式包括：铁路-公路联合运输开拓、公路-破碎站-带式输送机联合运输开拓、斜坡箕斗提升联合开拓、公路（铁路）-平硐溜井开拓等。

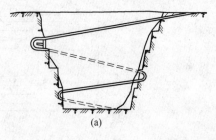
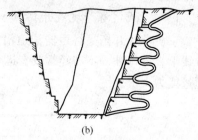

图 13-8　地下斜坡道开拓
（a）螺旋式斜坡道开拓；（b）回返式斜坡道开拓

13.4.3.1　铁路-公路联合运输开拓

当露天矿场开采深度超过单一铁路运输经济合理开采深度时，可以采用铁路-公路联合运输开拓，即上部采用铁路运输开拓，下部采用公路运输开拓，中间设置倒装站。

13.4.3.2　公路-破碎站-带式输送机联合运输开拓

铁路运输开拓及其生产工艺所固有的缺点，使其合理的开采深度比较小；汽车运输虽然机动灵活、爬坡能力大，但受合理运距的限制，而且随开采深度的下降，运输效率降低，运营费增加。此时，可以采用公路-破碎站-带式输送机联合运输开拓方式。

公路-破碎站-带式输送机联合运输开拓方式如图 13-9 所示，深部矿岩通过汽车运输卸入破碎站，破碎后向带式输送机供料，由带式输送机提升至地表。

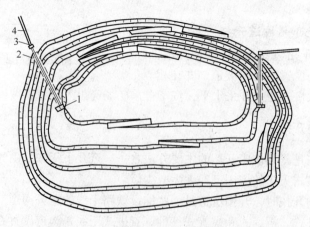

图 13-9　公路-破碎站-带式输送机联合运输开拓
1—破碎站；2—边帮带式输送机；3—带式输送机转载点；4—地面带式输送机

13.4.3.3　斜坡箕斗提升联合开拓

该开拓方法以箕斗为运输容器，由装载站、斜坡沟道、地面卸载站和提升机装置 4 个基本部分组成（见图13-10）。采场内部需用汽车或铁路与之建立运输联系，形成以箕斗斜坡沟道为开拓中心环节，包括采场内部运输（多用汽车）、地面运输与转载等多环节的联合开拓系统。

13.4.3.4　公路（铁路）-平硐溜井开拓

与山下地面垂直高度较大的山坡露天矿，如果矿石不具有黏结性，为缩短运距，可以考虑采用公路（铁路）-平硐溜井开拓，即采场矿岩通过汽车（或列车、铲运机）卸入采场溜井，通过溜井底部的放矿设施，向地面运输设备装载，如图13-11所示。

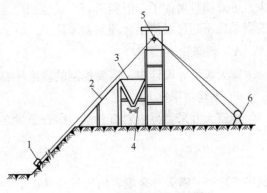

图13-10　斜坡箕斗提升系统

1—箕斗；2—栈桥；3—矿仓；
4—带式输送机；5—天轮；6—提升绞车

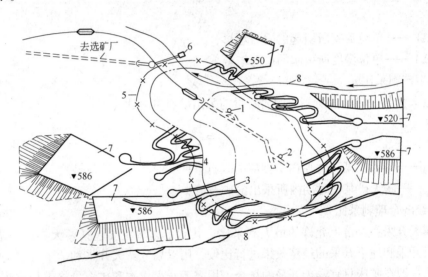

图13-11　南芬铁矿平硐溜井开拓系统示意图

1—北部溜井；2—南部溜井；3—190m 水平开采境界；4—20m 水平开采境界；
5—爆破安全界线；6—粗碎站；7—排土场；8—小河

13.4.4　露天开采境界确定

在矿床开采设计中，根据矿床的自然因素和矿产品价格，可能遇到如下3种情况：

（1）矿床全部宜用地下开采。

（2）矿床上部宜用露天开采，而下部只能用地下开采。

（3）矿床全部宜用露天开采，或上部用露天开采而剩余部分暂不宜开采。

对于后两种情况，需要确定露天开采境界，包括确定合理的开采深度、露天采场底部平面周界及露天矿最终边坡角。

13.4.4.1　露天开采境界确定原则

露天开采境界的确定，实际上是剥采比的控制。因为随着露天开采境界的延伸和扩大，可采储量增加了，但剥离岩石量也相应地增大。合理的露天开采境界，就是指所控制的剥采比不超过经济上合理的剥采比。

A　剥采比 n

露天矿境界设计中，需要控制的剥采比有平均剥采比、境界剥采比和生产剥采比。

a　平均剥采比 n_a

指露天开采境界内岩石总量与矿石总量之比，即：

$$n_a = \frac{V_a}{A_a} \qquad (13\text{-}1)$$

式中　V_a——露天开采境界内岩石总量；

A_a——露天开采境界内矿石总量。

b　境界剥采比 n_b

指露天开采境界内每增加一个单位深度所引起的岩石增量与矿石增量之比，即：

$$n_b = \frac{\Delta V}{\Delta A} \qquad (13\text{-}2)$$

式中　ΔV——单位深度所引起的岩石增量；

ΔA——单位深度所引起的矿石增量。

c　生产剥采比 n_p

指露天矿某一时期内所剥离的岩石量与采出矿石量之比，即：

$$n_p = \frac{V_p}{A_p} \qquad (13\text{-}3)$$

式中　V_p——露天矿某一时期内所剥离的岩石量；

A_p——露天矿某一时期内所采出的矿石量。

d　经济合理剥采比 n_e

指露天开采在经济上允许的最大剥采比。其确定方法主要包括两大类：一是比较法，即以露天开采和地下开采的经济效果进行比较，用以划分露天开采和地下开采的界线；二是价格法，即在矿床只宜露天开采的场合，用露天开采成本和矿石价格进行比较，以划分露天开采部分和暂不宜开采部分的界线。

在生产实际过程中，经济合理剥采比 n_e 常按露天开采矿石总成本不大于地下开采矿石成本的原则来确定。因为

$$n = \frac{C_o - a}{b}$$

当 $C_o = C_u$ 时，则

$$n = \frac{C_u - a}{b} \qquad (13\text{-}4)$$

式中　C_o——露天开采矿石总成本；

C_u——地下开采矿石成本；

a——露天开采单位矿石成本；

b——剥离单位岩石成本。

B 露天开采境界确定原则

（1）平均剥采比不大于经济合理剥采比，这一原则的实质是使露天开采境界内全部储量用露天开采的总费用小于或等于地下开采该部分储量的总费用。

（2）境界剥采比不大于经济合理剥采比，这一原则的实质是在开采境界内边界层矿石的露天开采费用不超过地下开采费用，使整个矿床用露天和地下联合开采的总费用最小或总利润最大。

（3）生产剥采比不大于经济合理剥采比，这一原则的实质是露天矿任一生产时期按正常作业的工作帮边坡角进行生产时，使生产剥采比不超过经济合理剥采比。

13.4.4.2 露天开采境界确定方法

A 采场最小底宽及位置

露天采场底部宽度不应小于开段沟宽度，其最小宽度应根据采装、运输设备规格及线路布置方式来计算。视矿体水平厚度不同，露天采场底宽及位置可能有 3 种情况：

（1）如果矿体水平厚度小于计算得出的采场最小底宽时，露天矿底平面按最小底宽绘制。

（2）如果矿体水平厚度等于或略大于计算得出的采场最小底宽时，露天矿底平面按矿体厚度绘制。

（3）如果矿体水平厚度远大于计算得出的采场最小底宽时，露天矿底平面按最小底宽绘制，其位置应能满足可采矿石量最多、剥离岩石量最少、采出矿石质量最好、经济效益最大的原则。

B 采场最终边坡角

随开采深度的增加和边坡角的减缓，剥岩量将急剧增加，为获得最佳的经济效果，边坡角应尽可能加大；然而陡边坡虽可带来较好的经济效益，但边坡稳定性较差，易发生滑坡等地质灾害，从安全角度出发，应尽可能减缓边坡角。因此，综合考虑经济与安全因素，是合理选取边坡角的基本原则。

选择采场最终边坡角时，应充分考虑组成边坡岩石的物理力学性质、地质构造和水文地质等因素。表 13-1 为按边坡稳定性进行的岩石分类和露天采场边坡角概略值。

表 13-1　按边坡稳定性进行的岩石分类和露天采场边坡角概略值

岩石类别	岩　石　特　点	确定边坡稳定性的基本要素和岩石稳定性指标	地　质　条　件	边坡角度 /(°)
I	坚硬岩石（基岩）	火山岩和变质岩，石英砂岩，石灰岩和硅质砾岩；抗压强度大于 78.48MPa	弱面（断层破坏、层理、长度很大的节理等）的方向不利	具有弱裂缝的硬岩，没有方向不利的弱面，弱面对开挖面的倾角为急倾斜（>60°）或缓倾斜（<15°）； 地质条件同上，但岩石具有裂缝； 具有弱裂缝或节理的硬岩，弱面对开挖面的倾角为 35°~55°； 具有弱裂缝的硬岩，弱面对开挖面的倾角为 20°~30°	<55 40~45 30~45 20~30

岩石类别	岩石特点	确定边坡稳定性的基本要素和岩石稳定性指标	地质条件	边坡角度/(°)
Ⅱ	中硬岩石	风化程度不同的火山岩与变质岩、黏土质页岩、砂质-黏土质页岩、黏土质砂岩、泥板岩、粉砂岩、泥灰岩等； 抗压强度 7.85~78.48MPa	样品岩石的强度、弱面的方向不利，岩石有风化趋势	边坡岩石相对稳固，没有方向不利的弱面，或有对开挖面呈急倾斜（>60°）或缓倾斜（<15°）的弱面；	<40
				地质条件同上，有对开挖面呈 35°~55°角的弱面；	30~40
				边坡岩石强烈风化，容易碎散和剥落的岩石，以及弱面对开挖面呈 20°~30°角的所有岩类	20~30
Ⅲ	软岩	黏土质与砂质-黏土质岩石； 抗压强度小于 7.85MPa	对于黏结性（黏土质）岩石：样品强度、弱面方向不利； 对于非黏结岩石：力学特性、动水压力、渗透速度	没有塑性黏土、古老滑面、层间软弱接触面和其他弱面；	20~30
				在边坡中部或下部有弱面	15~20

C　开采深度

采场外观可因矿体赋存条件（特别是沿走向长度）的不同而分为长采场和短采场。采场的长宽比大于 4∶1 的称长采场，其端帮矿岩量占总矿岩量的比例相对较小，设计中手工计算时可以不单独考虑端帮矿岩量；采场的长宽比小于 4∶1 的称短采场，其端帮矿岩量占总矿岩量的 15%~20% 以上，设计时必须考虑这部分矿岩量。

采场合理开采深度的确定，通常在地质横剖面图上用方案分析法和图解法进行。

方案分析法确定合理开采深度的步骤为（见图 13-12）：

（1）在地质横剖面图上确定若干个境界深度方案。

（2）对每个深度方案确定采场底部宽度及位置，根据选取的最终边坡角，绘制顶底帮最终边坡线。

（3）计算各方案的境界剥采比。

（4）绘制境界剥采比（n_b）及经济合理剥采比（n_e）与深度（H）的关系曲线，如图 13-13 所示，两曲线的交点所对应的横坐标 H_j 即为露天开采的合理深度。

目前，国内外已有许多专门应用软件，应用计算机技术来确定露天开采境界，并获得了较好的效果。

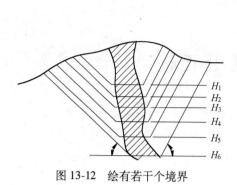

图 13-12   绘有若干个境界
深度方案的横剖面图

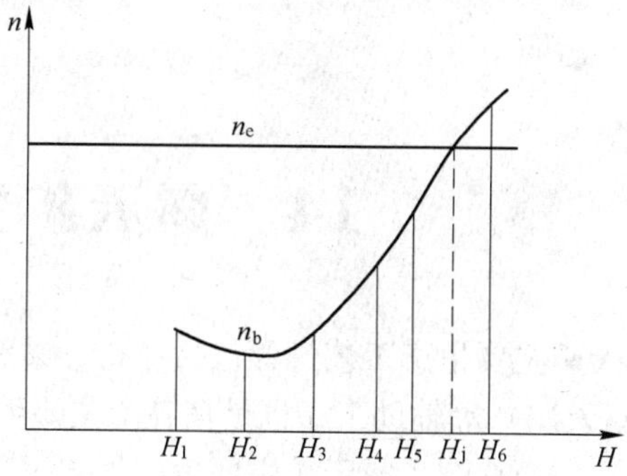

图 13-13   境界剥采比（n_b）及经济合理剥采比（n_e）与
深度（H）的关系曲线

本 章 小 结

本章重点阐述了固体矿床露天开采以及露天矿床开拓的基本概念。

露天开采是从地表直接采出有用矿物的矿床开采方式，有水力开采和机械开采两种。在条件允许的情况下，优先选用露天开采，这是因为与地下开采相比，其具有突出的优点。但是，露天开采也会带来一系列问题。

露天开采一般需要经过准备阶段、基本建设阶段、正常生产阶段、地表恢复阶段。

露天矿床开拓就是按照一定的方式和程序，建立地面与采矿场各工作水平之间的运输通道，以保证露天矿场正常生产的运输联系，并借助这些通道，及时准备出新的生产水平。

露天矿床的开拓方式与矿岩运输方式密切相关，按运输方式不同可分为公路运输开拓、铁路运输开拓和联合开拓三大类。

思 考 题

13-1 什么是露天开采？

13-2 露天开采与地下开采相比有哪些优点？

13-3 露天开采的一般程序是什么？

13-4 露天矿床开拓方式按运输方式不同可分为哪几类？

13-5 露天开采境界确定原则是什么？

13-6 露天开采境界确定方法是什么？

14 露天矿生产工艺过程

露天矿主要生产工艺过程包括穿孔、爆破、采装、运输、排土等工序。防排水、通风（深部露天矿）等辅助工序也是在各个主要生产工艺过程中需要考虑的问题。

本章主要介绍了露天矿主要生产工艺过程的相关知识。

14.1 穿孔爆破

14.1.1 穿孔工作

穿孔工作是固体矿床开采的第一道工序，其目的是为随后的爆破工作提供装放炸药的空穴。穿孔速度和炮孔质量对爆破、采装以及破碎等各项作业都有影响。露天矿穿孔设备包括牙轮钻机、潜孔钻机、火钻、凿岩台车、钢绳冲击钻机等，当前大中型露天矿山最常用的穿孔设备是牙轮钻机和潜孔钻机。

14.1.1.1 牙轮钻机

牙轮钻机（见图14-1）是20世纪50年代中期兴起的一种新型穿孔设备，随着牙轮钻机和钻头的日益完善，它已成为露天矿，尤其是大中型露天矿应用最广泛的穿孔设备，加拿大、美国等采矿技术发达国家的大型露天矿，牙钻轮机占比已达80%以上。

牙轮钻机是一种高效率的穿孔设备，按穿孔进尺计算，其穿孔速度一般为4000~6000m/月，最高达10000m/月；若按年穿爆量计算，一般是400~600万吨，最高可达1200~1400万吨，这样的效率是钢绳冲击钻机的4~5倍。

图 14-1 I-R 公司的 351 牙轮钻机

在现用的炮孔直径范围内，直径越大，装药量就越大。孔网尺寸增大了，每米炮孔的爆破量就增加了，钻头消耗减少了，钻孔成本也明显下降。近20年来，一些大型矿山把炮孔直径从250mm增大到310mm、380mm、445mm，近期问世的P&H120A型牙轮钻机的最大钻孔直径达到559mm，这一发展趋势也反映了大孔径可以获得较好的经济指标。

牙轮钻机实际上也属于回转式钻机，它借助镶齿的钻头（见图14-2），在数十吨重的压力下快速回转，使钻头上的轮齿压入孔底岩石中，并在钻具回转扭矩和牙轮滚动作用下，挤压、切削岩石进行钻孔。由于钻机轴压大，而钻头的支持面积很小，因此对岩石单位面积的压力就很大。通过钻头3个轮齿密布的牙轮进行连续切削，便能获得相当高的钻孔速度。

牙轮钻机按其钻孔工艺，必须完成钻具回转、钻具加压和提升、用压缩空气吹排孔底岩屑、收集和捕捉由孔底排出的烟尘、接卸钻杆、移车和稳车等工序和操作。为此，牙轮钻机相应地设有钻具回转机构、加压提升机构、压风机、捕尘器、接卸钻杆机构、稳车液压千斤顶、行走机构和控制系统。

选用牙轮钻机要考虑的主要参数有钻孔直径、轴压和钻头转速。

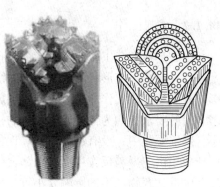

图 14-2　牙轮钻头

（1）钻孔直径。孔径大，孔网参数也大，钻头消耗和穿孔成本会明显下降；但崩落矿岩块度也相应增大，影响后续铲装、运输效率。此外，超大孔径爆破的地震效应也会很强，可能危及边坡稳定。因此，选择孔径要综合考虑各项因素。

（2）轴压。轴压是钻头轮齿压入岩石形成破碎坑的动力源。一般情况是轴压越大，钻进速度也越快。但当三牙轮钻头的轮齿完全沉入岩石中时，钻进速度不会随轴压的增大而进一步增加，相反会增大扭矩的需求和增大轮齿的磨损速度。

（3）钻头转速。实践表明，牙轮钻机的穿孔速度与钻头转速和轴压成正比关系，但与轴压一样，穿孔速度与钻头转速的正比关系也不是无极限。当钻头转速超过极限值后，由于轮齿与孔底岩石的作用时间太短（小于 $0.02 \sim 0.03\mathrm{s}$），未能充分发挥轮齿对岩石的压碎作用，因此穿孔速度反而降低。实际生产中，对于软岩常选用 $70 \sim 120\mathrm{r/min}$ 的转速，而对中硬岩石和硬岩转速则分别为 $60 \sim 100\mathrm{r/min}$ 和 $40 \sim 70\mathrm{r/min}$。

14.1.1.2　潜孔钻机

潜孔钻机也是 20 世纪 50 年代兴起的一种新型穿孔设备，在 60 年代率先取代了笨重的钢绳冲击钻机而居首位。以后，由于牙轮钻机的发展而退居次席。总的来说，潜孔钻机不如牙轮钻机，但其也有一些独特的优点，如：

图 14-3　潜孔钻机

（1）孔径小（直径 $150 \sim 200\mathrm{mm}$），能钻凿斜孔，爆破矿岩块度小，便于采用小型挖掘机采装；

（2）设备简单，易于制造；

（3）设备较稳定，穿孔效率较高，台月进尺约 $2000\mathrm{m}$，台年穿爆矿岩量约 60 万~150 万吨。

基于上述优点，潜孔钻机特别适用于中小型露天矿山，在我国应用广泛。

潜孔钻机是一种回转冲击钻机，由钻具组、回转机构、推进提升机构、压风和除尘系统、电气系统、钻架及起落机构、钻具的存放和接卸机构、行走机构、司机室和操作控制系统等部分组成（见图 14-3）。钻孔时，气动冲击器潜入孔底，破坏孔底岩石，完成钻孔过程。

14.1.2　爆破工作

爆破是在穿孔工作完成后，往钻孔内装填炸药，通过爆破作业，将整体矿岩进行破碎及松动，形成一定形状的爆堆，为后续的采装作业提供工作条件。爆破质量的好坏，直接影响着后续采装工作的进行，并间接影响露天矿其他生产环节。因此，对爆破工作提出了多方面的要求，如为保证采掘设备的持续生产，要有足够的爆破储备量；爆破矿岩块度要小、爆堆要集中；没有超爆、欠爆现象，不允许出现根底、岩伞等凹凸不平现象，并要尽可能防止由于爆破反作用而对上部台阶造成龟裂（称为后冲作用），如图 14-4 所示；对边坡及附近建筑物产生的影响要小等。

14.1.2.1　爆破参数

为了获得良好的爆破效果，应合理地确定爆破参数，包括孔径、底盘抵抗线、孔距、排距、钻孔超深、填塞长度及单位炸药消耗量等（见图 14-5）。

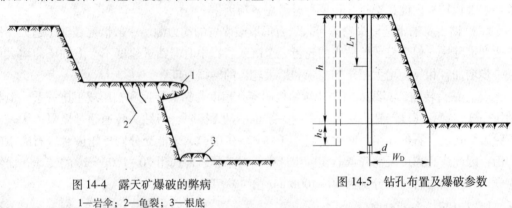

图 14-4　露天矿爆破的弊病　　　　　　　图 14-5　钻孔布置及爆破参数
1—岩伞；2—龟裂；3—根底

A　孔径

炮孔的直径（d）愈大，单位炮孔长度所装填的药量就愈大，钻凿的炮孔数随之减少。在生产实际中，炮孔的直径主要由凿岩设备而定。采用露天简易潜孔钻凿岩时，孔径 90～100mm，潜孔钻时孔径 150～200mm，牙轮钻多取 250～310mm。

B　底盘抵抗线

底盘抵抗线（W_D）是指钻孔中心到台阶坡底线的水平距离。垂直钻孔，底盘抵抗线较大，爆破时底部岩体阻力大，残留根底的可能性较大；倾斜孔则相反。底盘抵抗线可根据单孔装药量计算选取，也可根据安全距离按下式计算：

$$W_D \geqslant h\cot\alpha + B \tag{14-1}$$

式中　h——台阶高度，m；

　　　α——台阶坡面角，一般为 $60°\sim75°$；

　　　B——从深孔中心到坡顶线的安全距离，$B \geqslant 2.5$m。

C　孔距和排距

孔距（a）是每排钻孔内相邻两钻孔中心线之间的距离；排距（b）是多排孔爆破时，钻孔排间距离。孔距等于炮孔密集系数 m 与底盘抵抗线 W_D 的乘积，一般认为炮孔密集系数 m 应在 0.8～1.4 之间。近年来的宽孔距爆破试验证明，减小底盘抵抗线和加大孔距

（小抵抗线宽孔距爆破），尽管每个炮孔负担面积保持不变，却可显著地改善岩石的爆破质量。排距取值等于底盘抵抗线。

D 钻孔超深

钻孔超深（h_c）是钻孔超出台阶高度的那一段深度。其作用是降低装药中心，克服底盘岩体的阻力，减少根底的产生。超深可根据底盘抵抗线 W_D 来确定：

$$h_c = (0.15 \sim 0.35)W_D \tag{14-2}$$

当岩石松软、层理发育时取小值，反之取大值。

E 填塞长度

填塞长度（L_T）是钻孔上段填塞物（俗称炮泥）的长度。其作用是为了较充分地利用炸药的爆炸能，使矿岩得到良好的破碎效果。一般取孔径的 12~30 倍。

F 单位炸药消耗量

单位炸药消耗量（q）是每破碎单位矿岩所需要的炸药量，单位是 kg/t 或 kg/m³。单位炸药消耗量是重要的技术经济指标，它不仅反映爆破参数选择的优劣，而且直接影响爆破成本。

G 单孔装药量

单孔装药量（Q）可按下式计算：

$$Q = qahW_D \tag{14-3}$$

当台阶坡面角小于 55°时，可将式（14-3）的底盘抵抗线换成最小抵抗线。在多排爆破时，后排孔的单孔药量取为第一排孔的 1.1~1.3 倍，微差爆破取小值，齐发爆破取大值。

14.1.2.2 爆破技术

露天爆破可采用齐发爆破，也可采用微差爆破、挤压爆破、光面爆破和预裂爆破等控制爆破技术。

14.1.2.3 布孔及起爆形式

布孔可分为垂直深孔和倾斜深孔两种，从台阶爆破效果和作业安全来看，倾斜孔优于垂直孔。炮孔排列形式有三角形、正方形和矩形三种形式。按不同起爆顺序及爆破效果和环境限制等，炮孔的起爆形式可有多种（见图 14-6）。最简单的起爆形式是逐排起爆，其特点是要求雷管段数少，但每排同段药量过大，容易造成爆破地震灾害；斜线起爆形式向自由面抛掷作用较小，有利于横向挤压，在雷管段数允许或非电起爆无级延时的条件下，有利于实现大孔距小抵抗线爆破；V 形起爆、梯形起爆以及波浪形起爆，是综合斜线起爆和逐排起爆的特点，取长补短的结果。

14.2 采 装

现代化露天矿山的采装工作，是指用采掘设备将矿岩从整体母岩或松散爆堆中采集出来，并装入运输容器或直接卸到一定地点的工作。采装工作是露天矿开采全部生产过程的中心环节。采装工艺及其生产能力在很大程度上决定着露天矿开采方式、技术面貌、矿床

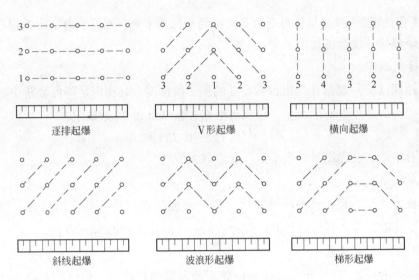

图 14-6　台阶爆破的起爆形式

的开采强度和最终的经济效果。

采装工作的主要设备是各种挖掘机和土方工程机械。挖掘机分单斗和多斗两大类，目前国内外的金属露天矿最广泛应用的是单斗挖掘机，并以电铲为主。

14.2.1　单斗挖掘机

单斗挖掘机是使用一个铲斗进行周期性作业的挖掘机械。铲斗以挖掘、回转、卸料、返回为一个周期循环挖掘物料。单斗挖掘机主要用于挖掘基坑、疏浚河道、剥离表土和采掘矿石等作业。机器工作时不走动，在停机处将所能挖到的物料挖完后才移动一段距离，并在新的位置重新挖掘（见图 14-7）。

图 14-7　单斗挖掘机（电铲）向汽车装载

单斗挖掘机是露天矿山最主要的挖掘机械，类型很多。按其工作装置的连接方式分为正铲、反铲、刨铲、拉铲和抓铲 5 种；按行走方式分为履带式和轮胎式两类；按传动方式有机械传动（机械铲）和液压传动（液压铲）两种；按动力装置分为电动机驱动（电铲）、柴油机驱动（柴油铲）和蒸汽机驱动（蒸汽铲）3 类。目前露天矿山大多采用电动机驱动、机械传动的正向铲，简称电铲。

14.2.1.1　电铲工作原理

电铲主要组成部分包括工作装置、回转装置、行走装置、动力设备及机房等。其中，工作装置包括铲斗、斗柄、开斗底装置、悬臂、悬挂悬臂的钢丝绳、双脚架及提升钢丝绳等；铲斗和斗柄刚性连接，当斗柄由推压机构的作用把铲斗伸出的同时，提升钢丝绳在提升机构作用下把铲斗提起，通过伸出铲斗和提升铲斗的密切配合，即可把矿岩装入铲斗内。

电铲一般用履带行走。

14.2.1.2　电铲主要工作参数

电铲主要工作参数包括挖掘半径、挖掘高度、卸载半径、卸载高度和下挖深度（见图14-8）。

（1）挖掘半径（R_W）：挖掘时由挖掘机回转中心至铲斗齿尖的水平距离。铲斗最大水平伸出时的挖掘半径称为最大挖掘半径（$R_{W,max}$）；铲斗平放在站立水平面的挖掘半径称为站立水平挖掘半径（$R_{W,z}$）。

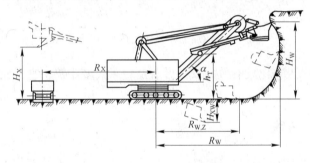

图 14-8　电铲主要工作参数

（2）挖掘高度（H_W）：挖掘时铲斗齿尖距站立水平的垂直距离。铲杆最大伸出并提到最高位置时的垂直距离称为最大挖掘高度（$H_{W,max}$）。

（3）卸载半径（R_X）：卸载时由挖掘机回转中心至铲斗中心的水平距离。铲杆最大水平伸出时的卸载半径称为最大卸载半径（$R_{X,max}$）。

（4）卸载高度（H_X）：铲斗斗门打开后，斗门的下缘距站立水平的垂直距离。铲杆最大伸出并提到最高位置，当斗门打开后，斗门的下缘距站立水平的垂直距离称为最大卸载高度（$H_{X,max}$）。

（5）下挖深度（H_{XW}）：铲斗下挖时由站立水平至铲斗齿尖的垂直距离。

14.2.1.3　液压挖掘机

大型液压挖掘机发展迅速，许多新老矿山都已普遍采用（见图14-9）。挖掘机上应用的液压传动系统主要有先导控制液压系统、回转液压系统、行走液压系统、工作装置液压系统等，它具有结构紧凑、动作灵活、运行平稳、操作方便等优点。

图 14-9　R996 液压挖掘机装载作业

14.2.2　大型轮式装载机和轮斗式挖掘机

　　轮式装载机，又称前端式装载机，是一种新型的露天矿采装运设备（见图14-10）。它由柴油发动机驱动和液压传动，一机多能，轻便灵活，即可以向运输容器装载，又可以自装自运，还可以用来牵引货载及清理工作面。

图 14-10　Cat 994 装载机给大型汽车装载

　　露天矿连续开采工艺比较有效的采掘设备是轮斗式多斗铲，它与胶带运输机配合，可实现连续开采。

14.2.3　采掘工作面参数

　　露天矿工作面参数主要包括台阶高度、采区长度、采掘带宽度和工作平盘宽度。工作面参数合理与否，不仅影响挖掘机的采装工作，而且也影响露天矿其他生产工艺过程的顺利进行。

14.2.3.1　台阶高度

　　台阶高度大小受各方面因素的限制，如挖掘机工作参数、矿岩性质和埋藏条件、穿孔爆破工作要求、矿床开采强度及运输条件等。台阶高度大，台阶数目减少，有利于降低成本，但露天边坡稳定性降低。因此，必须综合考虑经济、技术和安全因素，确定合理的台阶高度。

　　A　平装车时的台阶高度

　　平装车即运输设备与挖掘机在同一水平工作。从保证安全的角度出发，挖掘不需要预先破碎的松散软岩时，台阶高度不应大于挖掘机的最大挖掘高度；挖掘坚硬矿岩的爆堆时，台阶高度应能使爆破后的爆堆高度不大于挖掘机的最大挖掘高度；为提高挖掘机的满斗程度，松软矿岩的台阶高度和坚硬矿岩的爆堆高度，不应低于挖掘机推压轴高度的2/3。

　　B　上装车时的台阶高度

　　上装车即运输设备位于挖掘机所在台阶的上部平盘。为使矿岩装入上平盘的运输设备，台阶高度应根据挖掘机最大卸载高度和最大卸载半径来确定。

14.2.3.2　采区长度

　　采区长度又称挖掘机工作线长度，是指把工作台阶划归一台挖掘机采掘的那部分长度。采区最小长度应至少保证挖掘机有 5~10d 以上的采装爆破量。实践证明，汽车运输采区长度不应小于 150~200m；铁路运输采区长度不应小于列车长度的 2~3 倍（约 400m）。

14.2.3.3 采掘带宽度

采掘带宽度即挖掘机一次挖掘的宽度。采掘带过窄，挖掘机移动频繁，作业时间减少，生产能力减低，同时增加了履带磨损；采掘带过宽，挖掘机挖掘条件恶化，采掘带边缘满斗程度降低，残留矿岩增多，清理工作量增大，也会降低挖掘机生产能力。

14.2.3.4 工作平盘宽度

工作平盘是进行采掘运输作业的场地。保持一定的工作平盘宽度，是保证上下台阶各采区之间正常进行采剥工作的必要条件。

工作平盘宽度取决于爆堆宽度、运输设备规格、设备和动力管线的配置方式以及所需的回采矿量。仅按布置采掘运输设备和正常作业所必须的宽度，称为最小工作平盘宽度。其组成要素如下：

（1）汽车运输时最小工作平盘宽度（见图 14-11）。汽车运输时最小工作平盘宽度（B_{min}）按下式计算：

$$B_{min} = b + c + d + e + f + g \tag{14-4}$$

式中　b——爆堆宽度；

　　　c——爆堆坡底线至汽车边缘的距离；

　　　d——车辆运行宽度（与调车方式有关）；

　　　e——线路外侧至动力电杆的距离；

　　　f——动力电杆至台阶稳定边界线的距离，一般 3~4m；

　　　g——安全宽度。

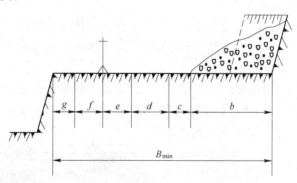

图 14-11　汽车运输最小工作平盘宽度

（2）铁路运输时最小工作平盘宽度（见图 14-12）。铁路运输时最小工作平盘宽度（B_{min}）按下式计算：

$$B_{min} = b + c_1 + d_1 + e_1 + f + g \tag{14-5}$$

式中　c_1——爆堆坡底线至铁路内侧线路中心线间距，通常 2~3m；

　　　d_1——铁路线路中心线间距，同向架线大于 6.5m，背向架线大于 8.5m；

　　　e_1——外侧线路中心至动力电杆的距离；

f——动力电杆至台阶稳定边界线的距离，一般 3m；

其他符号意义同式（14-4）。

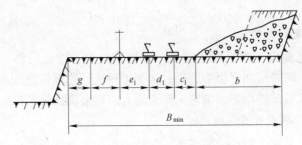

图 14-12　铁路运输最小工作平盘宽度

14.3　运　　输

露天矿运输是露天开采主要生产工序之一，其基本任务是将露天矿场采出的矿石运送到选矿厂、破碎站或储矿场，把剥离的岩土（即废石）运送到排土场，并将生产过程所需的人员、设备和材料运送到工作地点。完成上述任务的运输网络便构成露天矿运输系统。

大中型露天矿场采用的运输方式包括：自卸汽车运输、铁路运输、胶带运输机运输、斜坡箕斗提升运输和联合运输。其中自卸汽车运输在国内外获得广泛的应用，并有逐渐取代其他运输方式的趋势。

14.3.1　自卸汽车运输

14.3.1.1　矿用自卸汽车

汽车运输机动灵活，特别适合需要均衡配矿和多点作业的矿山。汽车还具有爬坡能力大、转弯半径小的优点，这就使得汽车运输取代铁路运输，成为现代露天矿山的主要运输方式。

为适应露天矿向大型化发展的需要，矿用汽车的有效载重也在不断提高，先后出现有效载重为 108t、154t、218t 和 275t 等大型矿用自卸汽车。

我国矿用汽车制造企业的水平和能力虽然发展较快，但与国际先进水平相比还有较大的差距。目前我国批量生产矿用汽车的企业主要有南方通用集团公司电动车辆厂（主要生产 108t 和 154t 电动轮矿用汽车）、北京重型汽车制造厂、北方重型汽车有限责任公司和本溪重型汽车制造（集团）有限公司等，主要通过引进技术或技贸合作生产 108t、154t 电动轮和 20～85t 机械传动矿用汽车。

电动轮自卸汽车（见图 14-13）采用

图 14-13　电动轮自卸汽车（T282 矿用汽车）

柴油发电机组发电，再通过电动轮驱动车辆前进。它与普通自卸汽车的区别主要是采用电传动，因而不需要一般汽车那一套机械传动的离合器、液力变扭箱、变速箱、传动轴、差速器等部件，结构简单，容易制造和修理。电动轮自卸汽车的牵引性能好，爬坡能力强，运输效率高。由于是无级变速，因此操作简单，运行平稳，行车比较安全。

14.3.1.2 装运设备的配套

汽车是同挖掘机配合在一起采掘运输矿岩的，因此汽车载重量与挖掘机斗容之间，客观上存在着一定的匹配关系。如果挖掘机斗容过小、汽车载重量过大，则汽车装车和等待装车时间大大增加，汽车效率得不到发挥；反之，如果挖掘机斗容过大、汽车载重量过小，则会出现铲等车的现象，挖掘机效率得不到发挥。只有两者合理匹配的情况下，才能最大限度地发挥挖掘机和汽车的综合效率，获得采装运输最佳的技术经济指标。

一般认为，当运距在 1.0~1.5km 时，自卸汽车容积与挖掘机斗容的最优比例为（4~6）：1，如 3m³ 斗容挖掘机配有效载重量 25t 的自卸汽车比较合适；如果挖掘机斗容为 4~6m³，则应选用有效载重量 60~65t 的自卸汽车；若采用 9.2~11.5m³ 斗容挖掘机，就应配100~120t 的自卸汽车。

14.3.1.3 矿用公路

露天矿自卸汽车运输的经济效果，在很大程度上取决于矿山运输线路的合理布置及路面质量和状况。

与一般的交通公路相比，矿用公路通常具有断面形状复杂、线路坡度大、弯道多、运量大、相对服务年限短、行驶车辆载重量大等特点。因此，要求公路结构简单，在一定服务年限内保持相当的坚固性和耐磨性。

矿用公路按用途分为生产公路和辅助公路，前者主要是开采过程中矿岩的运输通道，后者属于一般公路。

露天矿生产公路按其性质和所处位置的不同，分为 3 类：

（1）运输干线：从露天矿出入沟通往卸载点（如破碎站）和排土场的公路；

（2）运输支线：各开采水平与采矿场运输干线相连接的道路和各排土水平与排土场运输干线相连接的道路；

（3）辅助线路：通往分散布置的辅助性设施（如炸药库、变电站、水源地等），行驶一般载重汽车的道路。

露天矿生产公路按服务年限又可分为：

（1）固定公路：服务年限 3 年以上的采场出入沟及地表永久公路；

（2）半固定公路：通往采矿场工作面和排土场作业线的道路，其服务年限为 1~3 年；

（3）临时性公路：采掘工作面和排土工作线的道路，它随采掘工作面和排土工作线的推进而不断移动，所以又称为移动公路。这种线路一般不修筑路面，只需适当整平、压实即可。

公路的主要结构是路基和路面。路基材料一般就地取材，常用整体或碎块岩石来修筑路基。路面则是在路基上用坚硬材料铺成的结构层，常见的有混凝土路面、沥青路面、碎石路面和石材路面。

14.3.2 铁路运输

铁路运输适用于储量大、面积广、运距长（超过 5~6km）的露天矿。其优点是：

（1）运输能力大；

（2）可与国有铁路直接办理行车业务，简化装、卸工作；

（3）设备和线路坚固，备件供应可靠；

（4）运输成本低。

其主要缺点是：

（1）基建投资大，基建时间长，爬坡能力小，线路工程和辅助工作量大；

（2）受矿体埋藏条件和地形条件影响大，对线路坡度、平曲线半径要求严格，灵活性差；

（3）线路系统和运输组织工作复杂；

（4）随开采深度的增加，运输效率显著下降。

铁路运输在20世纪40~50年代曾经是露天矿骨干运输方式，但进入60年代后，随着采矿技术的发展和重型自卸汽车、电动轮自卸汽车等运输设备的发展，铁路运输逐渐让位于公路运输，所占比重明显减少。

我国采用铁路运输的大中型露天矿山，其轨距基本上都是1435mm的标准轨道，只有一些小型矿山才采用各种规格的窄轨运输。

我国大型露天矿所采用的牵引机车，主要是电机车，黏着重量有80t、100t和150t等，车辆普遍采用60t和100t的自卸翻斗车。

14.3.3 胶带运输机运输

由于胶带运输机的爬坡能力大，能够实现连续或半连续作业，自动化水平高，运输生产能力大，运输费用低，所以在国内外深露天矿的应用日益广泛。

胶带运输机在露天矿的应用，大致有以下几种类型：轮斗式挖掘机-胶带运输机系统；推土机-格筛-胶带运输机系统；前端式装载机-移动式破碎机-胶带运输机系统；挖掘机-汽车-破碎机-胶带运输机系统等。

14.4 排 土

露天开采的一个重要特点是要剥离大量覆盖在矿体上部的表土和周围岩石，并将其运往专门设置的场地排弃。接受排弃岩土的场地称为排土场；在排土场按一定方式进行堆放岩土的作业称为排土工作。

排土工程包括：选择排土场位置、排土工艺技术、排土场稳定性及其病害治理和排土场占用土地、环境污染及其复垦等内容。

露天排土技术与排土场治理方面的发展趋势是：

（1）采用高效率的排土工艺，提高排土强度；

（2）增加单位面积的排土容量，提高堆置高度，减少排土场占地；

（3）排土场复垦，减少环境污染。

14.4.1 排土场位置选择

按排土场与采场的相对位置，排土场可分为内部排土场和外部排土场。内部排土场是把剥离的岩土直接排弃到露天采场的采空区，这是一种最经济而又不占用农田的排土方案，在有条件的矿山应尽量采用。但只有开采水平或缓倾斜矿体和在一个采场内有两个不同标高底平面的矿山以及分区开采的矿山才适用内部排土。绝大多数金属和非金属露天矿都不具备内部排土条件，而需要外部排土场。

排土场的选择应遵循如下原则：

（1）排土场应靠近采场，尽可能利用荒山、沟谷及贫瘠荒地，不占或尽量少占农田；就近排土可减少运输距离，但要避免在远期开采境界内将来进行二次倒运废石；

（2）避免上坡运输，充分利用空间，扩大排土场容积；

（3）应充分勘察基底岩层的工程地质和水文地质条件，保证排土场基底的稳定性；

（4）排土场不宜设在汇水面积大、沟谷纵坡陡、出口又不宜拦截的山谷中，也不宜设在工业厂房和其他构筑物及交通干线的上游方向，以避免发生泥石流和滑坡，危害生命财产安全，污染环境；

（5）排土场应设在居民点的下风向地区，防止粉尘污染居民区；应防止排土场有害物质的流失，污染江河湖泊和农田；

（6）应考虑排弃废料的综合利用和二次回收的方便，如对暂不能利用的有用矿物或贫矿、氧化矿、优质建筑石材，应分别堆置保存；

（7）排土场的建设和排土规划应结合排土结束或排土期间的复垦计划统一安排。

14.4.2　排土工艺

按运输排土方法，排土工艺可分为：汽车-推土机、铁路-电铲（排土犁、推土机、前装机、铲运机等）、带式输送机-推土机以及水力运输排土等。

14.4.2.1　汽车-推土机排土工艺

我国多数露天矿（包括部分以铁路运输为主的矿山）采用汽车-推土机排土工艺，如图 14-14 所示。该工艺适合任何地形条件，可堆置山坡型和平原型排土场。汽车-推土机排土时，推土机用于推排岩土、平整场地、堆置安全车挡，其工作效率主要决定于平台上的岩土残留量。当汽车直接向边坡翻卸时，80%以上的岩土借助自重滑移到坡下，剩余的由推土机平场并将部分残留矿岩堆成安全车挡；当排弃的是松软岩土，台阶高度大，或因雨水影响排土场变形严重，汽车直接向边坡翻卸不安全时，可以在距坡顶线 5~7m 处卸载，全部岩土由推土机排至坡下，这样就大大增加了推土机的工作量，增加了排土费用。

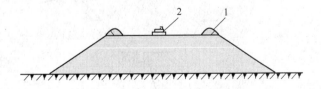

图 14-14　汽车-推土机排土工艺

1—岩石安全车挡；2—推土机

14.4.2.2　铁路运输排土

铁路运输排土主要应用其他移动式设备进行转排工作，如挖掘机（电铲）、排土犁、推土机、前装机、铲运机、索斗铲等。目前国内铁路运输排土的矿山，主要采用挖掘机转排，排土犁次之。

列车进入排土工作线后依次将岩土卸入受土坑，受土坑的长度不小于一列翻斗车的长度，标高比挖掘机作业平台低 1.0~1.5m。

排土台阶分上下两个分台阶，挖掘机站在下部分台阶平台从受土坑铲取岩土，向前方、侧方和后方堆置。向前方和侧方堆置是使挖掘机推进而形成下部分台阶；向后方堆置上部分台阶是为新排土线修路基。如此作业直到排满规定的台阶总高度。

排土犁是一种行走在轨道上的排土设备，它自身没有行走动力，由机车牵引，工作时利用气缸压气将犁板张开一定角度，并将堆置在排土线外侧的岩土向下推排，小犁板主要起挡土作用。

14.5　排　水

露天坑实际是一个大的汇水坑，大气降水及岩层含水是其主要的水源。为保证露采工作的顺利进行，必须将露天坑内的积水及时排出。露天矿山排水系统主要有自流排水和机械排水两种方式。

14.5.1　自流排水

利用露天采场与地形的自然高差，不用水泵等动力设备，仅依靠排水沟等简单工程将积水自流排出采场的排水系统，称为自流排水。该排水系统投资少、成本低，对生产的影响较小，被大多数山坡露天矿所采用。

14.5.2　机械排水

利用水仓汇水，通过水泵等动力设备，将积水排出地表的排水系统，称为机械排水。机械排水有采场底部集中排水、采场分段接力排水和地下井巷排水 3 种形式。

14.5.2.1　采场底部集中排水

采场底部集中排水系统的实质是：在露天采场底部设置临时水仓和水泵，使进入采场的水全部汇集到采场底部水仓，再由水泵经排水管道排至地表，如图 14-15 所示。

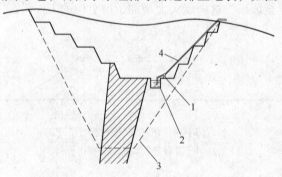

图 14-15　露天采场底部集中排水系统

1—水泵；2—水仓；3—露天开采境界；4—排水管

水仓随着露天矿新水平的延伸而下降，新水平的水仓一经形成，上部原有水仓即被放弃，所以在整个生产期间，水仓和水泵是不断向下移动的。

水仓、排水设备和水泵房的总称是泵站，逐水平向下移动的泵站称为移动式泵站，隔几个水平向下移动一次的泵站称为半固定式泵站。

该排水系统泵站结构简单、投资少，移动式泵站不受采场淹没高度的限制，但泵站与管线移动频繁，开拓延伸工程受影响，坑底泵站易被淹没。因此，该系统一般适用于汇水面积和水量小的中小型露天矿山，或者开采深度小、下降速度慢、少水的大型矿山。

14.5.2.2　采场分段接力排水

采场分段接力排水系统的实质是：在露天采场的边帮上设置几个固定泵站，分段拦截并排出涌水，各固定泵站可以将水直接排至地表，也可以采取接力方式通过上水平的主泵站将水排至地表，如图 14-16 所示。

该排水系统采场底部积水少，掘沟和扩帮作业条件好，但基建工程量较大，一般适用于汇水面积和水量大的露天矿山，或开采深度大、下降速度快的矿山。

14.5.2.3　地下井巷排水

地下井巷排水系统的实质是：通过垂直泄水井或钻孔，或者在边坡上开凿水平泄水巷道，将降雨和地下涌水排泄到井下水仓内，由井下排水设施排出地表，如图 14-17 所示。

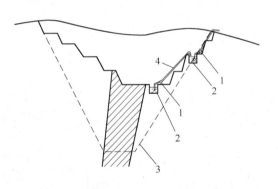　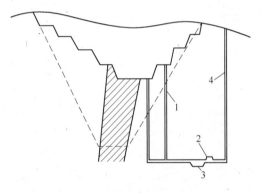

图 14-16　露天采场分段接力排水系统　　图 14-17　露天采场地下井巷排水系统
1—水泵；2—水仓；3—露天开采境界；4—排水管　　1—泄水井或钻孔；2—地下水泵房；3—地下水仓；4—井筒

本 章 小 结

本章重点阐述了露天矿生产工艺过程的有关内容。

露天矿主要生产工艺过程包括穿孔、爆破、采装、运输、排土等工序。防排水、通风（深部露天矿）等辅助工序也是在各个主要生产工艺过程中需要考虑的问题。

现代化露天矿山的采装工作，是指用采掘设备将矿岩从整体母岩或松散爆堆中采集出来，并装入运输容器或直接卸到一定地点的工作。采装工作的主要设备是各种挖掘机和土方工程机械。

大中型露天矿场采用的运输方式包括自卸汽车运输、铁路运输、胶带运输机运输、斜坡箕斗提升运输和联合运输。其中自卸汽车运输在国内外获得广泛的应用，并有逐渐取代其他运输方式的趋势。

接受排弃岩土的场地称为排土场；在排土场按一定方式进行堆放岩土的作业称为排土工作。排土工程包括：选择排土场位置、排土工艺技术、排土场稳定性及其病害治理和排土场占用土地、环境污染及其复垦等内容。

露天矿山排水系统主要有自流排水和机械排水两种方式。

思 考 题

14-1　露天矿穿孔设备主要包括什么，当前大中型露天矿山最常用的穿孔设备是什么？

14-2　爆破参数有哪些？

14-3　炮孔的起爆形式有哪几种？

14-4　现代化露天矿山的采装工作的含义是什么，采装工作的主要设备是什么？

14-5　采掘工作面参数包括哪些？

14-6　露天矿运输的基本任务是什么？

14-7　大中型露天矿场采用的运输方式包括哪些？

14-8　排土工程包括什么？

14-9　露天矿山排水系统主要有哪几种方式？

15 饰面石材开采

饰面石材是建筑装饰用天然岩石材料的总称，分为大理岩和花岗岩两大类。大理石指的是变质或沉积的碳酸盐岩类的岩石，其主要化学成分是碳酸钙，约占50%以上，还有碳酸镁、氧化钙、氧化锰及二氧化硅等，属于中硬石材；天然花岗石是以铝硅酸盐为主要成分的岩浆岩，其主要化学成分是氧化铝和氧化硅，还有少量的氧化钙、氧化镁等，所以是一种酸性结晶岩石，属于硬石材。我国饰面石材资源丰富，花色品种众多，其生产矿山都是露天开采。

本章主要介绍了饰面开采的基本特点及矿床评价、矿床开拓、采石方法等相关知识。

15.1 开采基本特点及矿床评价

饰面石材开采的基本特点是，从矿（岩）体中最大限度的采出具有一定规格和技术要求，能加工饰面板材或工艺美术造型，完整无缺的长方体、正方体和其他形状的大块石（称为荒料）。

荒料是石材矿山的商品产品，也是石材加工厂的原料，其最大规格取决于加工设备允许的最大尺寸，最小规格应满足锯切稳定性的要求。

饰面石材开采，是以采出大块荒料为目的的，因此评价石材矿床应侧重于以下几方面：

（1）矿石质量。用于装饰的石材，常常以其装饰性能（即石材表面的颜色花纹、光泽度和外观质量等）来作为选材的要求，但评价石材质量时除考虑装饰性能外，还应考虑其他质量指标，如抗压强度、抗折强度、耐久性、抗冻性、耐磨性、硬度等。只有这些理化性能指标优良的石材，在使用过程中才能很好地抵抗各种外界因素的影响，保证石材装饰面的装饰效果和使用寿命。与此相反，质次的石材理化性能较差，不能保证石材装饰面的使用耐久性。总之，评价石材质量优劣时，不能仅局限于某一方面的性能，应从总体上去评价，既考虑其装饰性能，还应考虑其使用性能。

1）装饰性能。装饰性能由矿石磨光面的颜色、花纹和光泽度表征。饰面石材要求具有良好的装饰性能，即颜色和花纹协调、一致、稳定，光泽度在80度以上。装饰性能是划分石材品种和评价其价值大小的依据，如表15-1所示。

表 15-1 饰面石材等级（参考）

等级	大理石类饰面石材	花岗石类饰面石材
特级	汉白玉、松香黄、丹东绿	芦山红
一级	雪花白、桂林黑、红奶油、水桃红、杭灰	贵妃红、石棉红、济南青（A）、塔尔红、水芙蓉
二级	芝麻白、东北红、秋景、桃红、灵寿绿、莱阳黑	崂山红、济南青（B）、平邑红
三级	灰螺纹、条灰、紫豆瓣、莱阳绿、云灰	雪花白、灰白点、粉红、砉石、五莲花

2）物理技术性能。饰面石材要求具有良好的加工性能，有一定的机械强度，在锯切、研磨、抛光和搬运及安装过程中，不宜自然破损。一般要求的机械强度为：抗压强度 70~110MPa，抗折强度 6~16MPa。

3）化学稳定性。饰面石材应耐风化、抗腐蚀。

4）无毒害。饰面石材应不含有毒有害化学成分，放射性元素含量不超过工业卫生标准。

（2）荒料块度。荒料按块度（A）分为 3 级：一级，$A \geqslant 3m^3$；二级，$1m^3 \leqslant A < 3m^3$；三级，$0.5m^3 \leqslant A < 1m^3$。

（3）经济合理剥采比。石材矿山的平均剥采比，不应超过经济合理剥采比。

（4）综合利用。饰面石材从矿山到加工厂的整个生产过程中，产生的碎石（称为废料或废石）往往占到开采与加工原料的 80% 左右，能否综合利用这些废料，严重影响着石材企业的经济效益。因此，评价石材矿床时，应结合综合利用可行性，进行综合评价。

（5）节理裂隙发育程度。矿体中节理、裂隙、层理、色斑、脉线，以及包裹体、析离体的发育程度和特点，是决定荒料块度和荒料率（一定开采范围内采出的各级荒料总量与采出矿石总量之比）的地质因素，决定着矿床是否具有开采价值及价值大小的问题，在调查研究和评价石材矿床时，对此应予以特别重视。

（6）矿石储量及开采技术条件。矿石储量应满足拟建矿山规模及服务年限的要求。矿山开采技术条件包括矿区地形、矿体和夹石的产状/形态/厚度、岩溶数量和分布规模以及外部建设条件等。

15.2 矿床开拓

15.2.1 石材矿山采石程序特点

石材矿山的采石程序与其他矿产露天矿山类似，但也具有自己的特点。

15.2.1.1 工作面布置及推进方向

石材矿山的工作线，通常沿矿体主节理裂隙系的走向方向布置，并垂直走向方向由上盘向下盘推进，以利提高荒料规格和荒料率。

15.2.1.2 工作面参数

石材矿山通常采用组合分台阶开采，其工作面参数如下（见图 15-1）。

（1）台阶及分台阶高度。台阶高度主要根据起重设备类型及规格确定；分台阶高度根据荒料最大规格、采石设备类型和最优凿岩深度确定。

（2）最终台阶及分台阶坡面角。一般为 90°，只有当最终边坡的倾向与岩层层理或节理裂隙系的倾角一致时，才予以适当调整。

（3）工作面长度。主要取决于采石方法及其设备。

（4）台阶及分台阶最小工作平盘宽度。台阶最小工作平盘宽度根据起重、运输和采石正常作业条件确定，一般 20~25m；分台阶最小工作平盘宽度根据采石正常作业条件确定，一般 5~8m。

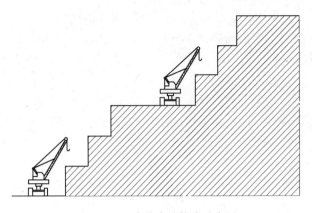

图 15-1　组合分台阶构成示意图

15.2.2　开拓方法

石材矿山常用的开拓方式有公路运输开拓、起重机运输开拓、斜坡提升台车运输开拓和联合开拓等。

（1）公路运输开拓。公路运输开拓是国内外石材矿山最常用的一种开拓方式。石材矿山采场平面尺寸较小，荒料规格大，运输量小，要求中途不转载。

（2）起重机运输开拓。起重机运输开拓是在采场适当位置配置起重设备，采用无沟开拓，可将其站立水平之上或之下一定范围内工作台阶采出的荒料和废石，起吊到装运水平装入运输容器运出。常用的开拓起重设备，主要有桅杆式起重机和缆索起重机两种。前者适用于急倾斜矿体；后者适用于地形复杂的陡坡矿山。

（3）斜坡提升台车运输开拓。斜坡提升台车运输开拓适用于急倾斜矿体、深度大、地形复杂不适用大型起重机和汽车运输开拓的矿山。其优点是开拓工程量较小，开拓时间较短；缺点是货载需要多次转载，增加生产环节和起重设备，生产管理复杂，荒料成本较高且易造成荒料破坏。

（4）联合开拓。石材矿山常用的联合开拓方式是汽车运输和桅杆式起重机联合开拓。

15.3　开　采　方　法

15.3.1　采石工艺

饰面石材主要为露天开采，其采石工艺分为分离、顶翻、切割、整形、拖曳或推移、吊装与运输、清碴 7 个工序。

（1）分离。分离是将长条块石采用适当的采石方法，使之脱离原岩体的工序。

（2）顶翻。对于高度大、宽度小的长条块石，为了下一工序切割的方便，要将其反转 90°，平卧在工作平台上，该工序称为顶翻。

（3）切割。又名分割、分切或解体，即按规定的荒料尺寸，将长条块石分割成若干荒料坯。切割采用劈裂法和锯切法。前者适用于花岗岩、大理石；后者仅用于大理石。

（4）整形。按国家对荒料的验收标准或供需双方商定的荒料验收标准，将荒料坯超过标准规定的凹凸部分，采用劈裂法或专用整形机予以切除。

（5）拖曳或推移。对于采用固定式吊装设备的矿山，限于吊装设备的工作范围，必须将其吊装范围以外的荒料，采用牵引绞车拖曳或采用推土机、前装机推移至吊装范围内，以便起吊。

（6）吊装与运输。将采下的石材，吊装至运输容器运出采场。

（7）清碴。将择取荒料后留在采场工作平台上的块石、碎石加以清除并排弃。

15.3.2 采石方法

采石方法根据分离工艺，即长条块石脱离原岩体所形成的切缝或沟槽的方法，分为凿岩劈裂法、凿岩爆裂法、机械锯切法、射流切割法和联合开采法。

15.3.2.1 凿岩劈裂法

凿岩劈裂法是在凿成的孔眼中，借助不同的劈裂工具使孔壁产生法向挤压力，进而使岩石沿孔眼排列的方向裂开而达到分离岩石的目的。凿岩劈裂法有人工劈裂法和液压劈裂法两种。

（1）人工劈裂法。人工或凿岩机钻凿楔孔，楔孔中插入钢楔，依次捶击，直至岩石裂开为止。

（2）液压劈裂法。此法与人工劈裂法的区别在于以液压劈裂器代替人工捶击楔子。

15.3.2.2 凿岩爆裂法

凿岩爆裂法是严格的控制爆破。此法应用广泛，花岗岩矿山应用更为普遍。其特点是炮孔间距小、直径小、装药量少。装药量以不破坏原岩及长条块石本身的完整性为原则。

（1）导爆索爆裂法。将规格不同的特制导爆索按一般矿山的导爆索起爆网络连接，即每孔插入导爆索，且深入孔底，然后与母线捆扎，母线采用电雷管或火雷管起爆。孔内不装药，只靠导爆索本身威力，使岩石产生炮震裂缝并贯通每个炮孔，达到爆裂的目的。

（2）黑火药爆裂法。利用低威力黑火药爆破产生炮震裂缝并贯通每个炮孔，达到爆裂的目的。

（3）燃烧剂爆裂法。燃烧剂爆裂法又称近人爆裂法。燃烧剂即为铝热剂。该方法将金属氧化剂（二氧化锰）和金属还原剂（铝粉）按一定比例混合，用点火头（电阻丝）点燃使其发生化学反应，产生大量的热和膨胀气体，对孔壁产生瞬时推挤力，使岩石产生裂缝，达到脱离原岩的目的。

（4）静态爆破法。静态爆破法是将静态爆破剂（又称膨胀剂或无声爆破剂，是膨胀水泥与添加剂的混合物）用水拌匀充满炮孔，用塞子或其他材料堵塞，12～24h 内产生膨胀力，将岩石胀裂。

静态爆破剂虽然单位售价较低，但与黑火药、导爆索、燃烧剂相比，用量要大得多，因此爆裂成本较高。另外其所需爆裂时间长，所以不适于大规模开采。

15.3.2.3 机械锯切法

机械锯切法广泛用于大理石矿。由于该方法矿石破损少，可大大提高荒料率；机械化程度高，劳动强度小，劳动生产率高；锯切面平整、光滑，可大大减少整形工作量，因此在条件适宜的情况下，应提倡采用锯切法。

15.3.2.4　射流切割法

对于射流切割法，目前在世界上广泛采用的生产工具仅火焰切割机一种，另一种高压水枪，在石材工业中尚处于试验阶段。火焰切割机的工作原理是：雾化的燃油（柴油或煤油）点燃后，靠压缩空气喷射出高温（800~1600℃）和高速（1300m/s）火柱，切割二氧化硅含量在40%以上的火成岩类岩石（花岗岩）。由于火成岩中的两种主要成分——石英和长石的热膨胀率及受热后的膨胀速度不同，使得膨胀率大和膨胀速度快的石英先期崩裂而脱离原岩被射流冲走，以此达到切割的目的。

15.3.2.5　联合开采法

联合开采法是上述4种采石方法的不同组合，由于即使同一个矿山岩石性质也相差较大，因此几乎所有石材矿山都采用联合开采法，也就是说，长条块石的分离都是采用几种采石方法联合完成的。

本 章 小 结

本章重点阐述了饰面石材开采的有关内容。

饰面石材是建筑装饰用天然岩石材料的总称，分为大理岩和花岗岩两大类。饰面石材开采的基本特点是，从矿（岩）体中最大限度的采出具有一定规格和技术要求，能加工饰面板材或工艺美术造型，完整无缺的长方体、正方体和其他形状的大块石（称为荒料）。

饰面石材开采，是以采出大块荒料为目的的，因此评价石材矿床应侧重于矿石质量、荒料块度、经济合理剥采比、综合利用、节理裂隙发育程度、矿石储量及开采技术条件等几个方面。

石材矿山的采石程序与其他矿产露天矿山类似，但在工作面布置及推进方向和工作面参数方面有自己的特点。

石材矿山常用的开拓方式有公路运输开拓、起重机运输开拓、斜坡提升台车运输开拓和联合开拓等。

饰面石材主要为露天开采，其采石工艺分为分离、顶翻、切割、整形、拖曳或推移、吊装与运输、清碴7个工序。

采石方法根据分离工艺分为凿岩劈裂法、凿岩爆裂法、机械锯切法、射流切割法和联合开采法。

思 考 题

15-1　饰面石材开采的基本特点是什么？

15-2　应从哪些方面评价石材矿床？

15-3　石材矿山的采石程序与其他矿产露天矿山有哪些不同点？

15-4　饰面石材的采石工艺包括哪些工序？

15-5　采石方法有哪些？

16 特殊采矿法

露天开采和地下开采是固体矿床最基本的开采方式，但随着易采、易选矿产资源的不断减少，矿山基建费用和生产成本在不断上涨，同时采矿、加工过程中的环境问题也日益引起人们的关注。如果一律沿用常规方法开采某些特定条件下的矿床，如低品位矿石、海洋矿床，不仅技术难度很大，安全生产和环境保护受到威胁，而且会造成资源的巨大浪费，为此必须研究针对这些非常规矿床的特殊采矿方法。

本章主要介绍了溶浸采矿法和海洋采矿法两种特殊的采矿方法。

16.1 溶浸采矿

溶浸采矿是根据某些矿物的物理化学特性，将工作剂注入矿层（堆），通过化学浸出、质量传递、热力和水动力等作用，将地下矿床或地表矿石中某些有用矿物，从固态转化为液态或气态，然后回收，从而达到以低成本开采矿床的目的。

溶浸采矿方法包括地表堆浸法、原地浸出法和细菌化学采矿法等。

溶浸采矿彻底改革了传统的采矿工艺，特别是地下溶浸采矿，少需或无需传统的采矿工程（如开拓、剥离、采掘、搬运等），使复杂的选冶工艺更趋简单。溶浸采矿可处理的金属矿物有铜、铀、金、银、离子型稀土、锰、铂、铅、锌、镍、铬、钴、铁、汞、砷、铱等20多种。但应用较多的是铜、铀、金、银、离子型稀土。

16.1.1 地表堆浸法

堆浸法是指将溶浸液喷淋在矿石或边界品位以下的含矿岩石（废石）堆上，在其渗滤过程中，有选择的溶解和浸出矿石或废石堆中的有用成分，使之转入产品溶液（也称浸出富液）中，以便进一步提取或回收的一种方法。

按浸出地点和方式的不同，堆浸可分为露天堆浸和地下堆浸两类，前者用于处理已采至地面的低品位矿石、废石和其他废料；后者用于处理地下残留矿石或矿体，如果这些矿体或矿柱未采动，为提高堆浸效果，需预先进行松动爆破。

16.1.1.1 适用范围

堆浸法的适用范围是：

（1）处于工业品位或边界品位以下，但其所含金属量仍有回收价值的贫矿与废石。根据国内外堆浸经验，含铜0.12%以上的贫铜矿石（或废石）、含金0.7g/t以上的贫金矿石（或废石）、含铀0.05%以上的贫铀矿石（或废石），可以采用堆浸法处理。

（2）边界品位以上但氧化程度较深的难处理矿石。

（3）化学成分复杂并含有有害伴生矿物的低品位金属矿和非金属矿。

（4）被遗弃在地下暂时无法开采的采空区矿柱、充填区或崩落区的残矿，露天矿坑底或边坡下的分枝矿段及其他孤立的小矿体。

（5）金属含量仍有利用价值的选厂尾矿、冶炼加工过程中的残渣与其他废料。

16.1.1.2 地表堆浸工艺

A 破碎矿石（废石）堆的设置

（1）地表堆浸矿石的粒度要求。被浸矿石的粒度对金属的浸出率及浸出周期的影响很大，一般来说矿石粒度越小，金属的浸出速度越快。例如，用粒级 25~50mm 与 −5mm 的金属矿石浸出 12d，其浸出率分别为 29.575% 和 97.88%。但矿石粒度又不宜太细，否则将影响溶浸液的渗透速度。国内堆浸金矿石的粒度一般控制在 −50mm 以内，并要求粉矿不超过 20%；国外许多堆浸矿石的粒度控制在 −19mm，浸出效果良好。

（2）堆场选择与处理。矿石堆场应尽量选择靠近矿山、靠近水源、地基稳固、有适合的自然坡度、供电与交通便利且有尾矿库的地方。堆场选好后，先将堆场地面进行清理，再在其表面铺设衬垫，以防止浸出液的流失。衬垫的材料有热轧沥青、黏土、混凝土、PVC 薄板等。在堆场渗液方向的下方要设置集液沟和集液池，在堆场的周边需修筑防护堤，在堤外挖掘排水、排洪沟。

（3）矿石筑堆。矿堆高度对浸出周期及衬垫面积的利用率有直接的影响。高度大，浸出周期长，衬垫面积利用率就会得到提高。但从提高浸出效率、缩短浸出周期、保证矿堆有较好的渗透性来综合考虑，矿堆高度以 2~4m 为宜。

B 浸出作业控制

（1）配制溶浸液。根据浸出元素的不同，配制合适的溶浸液，如堆浸提金普遍采用氰化物。

（2）矿堆布液。矿堆布液方法有喷淋法、垂直管法及灌溉法。前者主要适合于矿石堆浸，后两者主要适合于废石堆浸。喷淋法是指用多孔出流管、金属或塑料喷头等各种不同的喷淋方式，将溶浸液喷到矿堆表面的方法；灌溉法是在废石堆表面挖掘沟、槽、池，然后用灌溉的方法将溶浸液灌入其中；垂直管法适合高废石堆布液，其作法是在废石堆内根据一定的网络距离，插入多孔出流管，将溶浸液注入管内，并分散注入废石堆的内部。

（3）浸出过程控制。浸出过程控制的主要因素包括温度、酸碱度、杂质矿物等。

C 浸出液处理与金属回收

浸出液中含有需要提取的有用元素，可采取适当的方法将其中的有用元素置换出来。如从堆浸中所得的含金、银浸出液（富液）里回收贵金属的方法有锌粉置换法、活性炭吸附法等传统工艺，以及离子交换树脂法和溶剂萃取法等新工艺。

16.1.2 原地浸出法

原地浸出法，又称地下浸出法，包括地下就地破碎浸出和地下原地钻孔浸出。

16.1.2.1 地下就地破碎浸出

地下就地破碎浸出法开采金属矿床，是利用爆破法就地将矿体中的矿石破碎到预定的合理块度，使之就地产生微细裂隙发育、块度均匀、级配合理、渗透性能良好的矿堆，然后从矿堆上部布洒溶浸液，有选择性地浸出矿石中的有价金属，浸出的溶液收集后转输地面加工回收金属。浸后尾矿留采场就地封存处置。

溶浸矿山比常规矿山基建投资少，建设周期短，生产成本低，有利于实现矿山机械化与自动化，有利于矿区环境保护，因此该法很有应用发展前景，目前在国外已得到广泛应用，我国也在铀、铜等金属矿床试验研究或推广应用，取得了良好效果。

16.1.2.2　地下原地钻孔浸出

地下原地钻孔浸出法特征是，矿石处于天然赋存状态下，未经任何位移，通过钻孔工程往矿层注入溶浸液，使之与非均质矿石中的有用成分接触，进行化学反应；反应生成的可溶性化合物通过扩散和对流作用离开化学反应区，进入沿矿层渗透的液流，汇集成含有一定浓度的有用成分的浸出液（母液），并向一定方向运动，再经抽液钻孔将其抽至地面水冶车间加工处理，提取浸出金属。

地下原地钻孔浸出法适用条件苛刻，一般要求同时满足：

（1）矿体具有天然渗透性能，产状平缓，连续稳定，并具有一定的规模。

（2）矿体赋存于含水层中，且矿层厚度与含水层厚度之比不小于1∶10，其底板或顶、底板围岩不透水，或顶、底板围岩的渗透性能大大低于矿体的渗透性能。在溶浸矿物范围之内应无导水断层、地下溶洞、暗河等。

（3）目的金属矿物易溶于溶浸药剂而围岩矿物不能溶于溶浸药剂，例如，氧化铜矿石与次生六价铀易溶于稀硫酸，而其围岩矿物石英、硅酸盐矿物不溶于稀硫酸，则该两种矿物有利于浸出。

由于适用条件苛刻，目前国内外仅在疏松砂岩铀矿床中应用地下原地钻孔浸出法开采。这种疏松砂岩铀矿床通常赋存于中新生代各种地质背景的自流盆地的层间含水层中，含矿岩性为砂岩，矿石结构疏松，且次生六价铀较易被酸、碱浸出，适合地下原地钻孔浸出法开采。

16.1.3　细菌化学采矿法

某些微生物及其代谢产物，能对金属矿物产生氧化、还原、溶解、吸附、吸收等作用，使矿石中的不溶性金属矿物变为可溶性盐类转入水溶液中，从而为进一步提取这些金属创造条件。利用微生物的这一生物化学特性进行溶浸采矿，是近几十年迅速发展起来的一种新的采矿方法。目前世界各国微生物浸矿已成功地应用于工业化生产的主要是铀、铜和金、银等金属矿物，且正在向锰、钴、镍、钒、镓、钼、锌、铝、钛、铊和钪等金属矿物发展。浸出方式也由池（槽）浸、地表堆浸逐步扩展到地下就地破碎浸出，并有向地下原地钻孔浸出发展的趋势。一般说来，微生物浸矿主要是针对贫矿、含矿废石、复杂难选金属矿石。

可用于浸矿的微生物细菌有几十种，按它们生长的最佳温度可以分为3类，即中温菌（mesophile），中等嗜热菌（moderate thermophile）与高温菌（thermophile）。硫化矿浸出常涉及的细菌如图16-1所示。

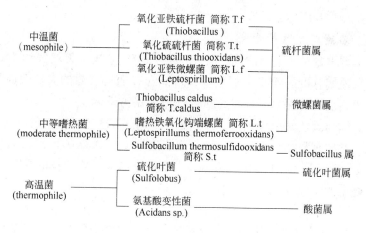

图 16-1　可用于浸矿的微生物细菌种类

16.2　海洋采矿

　　在浩瀚辽阔的海洋中蕴藏着极其丰富的海洋生物资源，取之不尽用之不竭的海洋动力资源，以及储量巨大、可重复再生的矿产资源和种类繁多、数量惊人的海水化学资源。海洋资源依据可再生性分为海洋可再生资源与不可再生资源，如图 16-2 所示。显然，海底资源均属于不可再生资源。依据不同的海水深度，海底资源可分为大陆架资源、大陆坡大陆裙底资源与深海底资源。

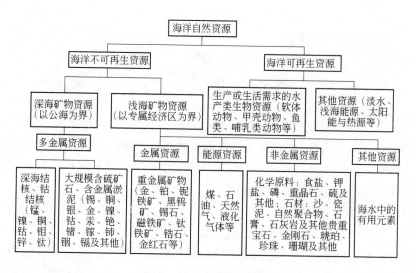

图 16-2　海洋资源分类图

16.2.1　浅海底资源开采

　　浅海底资源包括海水深度 0~2000m 内的大陆架、大陆坡、大陆裙中的海底资源，主要有石油与天然气、金刚石、磁铁矿、金红石、独居石、锡石等砂矿床，以及海底基岩中煤、铁、硫黄、石膏等矿床。

16.2.1.1 石油与天然气开采

海底中储藏着丰富的石油和天然气，石油约 1350 亿吨，天然气约 140 万亿立方米，约占世界可开采油气总量的 45%。据估计，可能含有油气资源的大陆架面积约 2000 万平方千米，可能找到油气的深海面积有 5000~8000 万平方千米。

我国海洋石油与天然气十分丰富，经过近 30 年的勘察与研究，我国海域共发现了 16 个中新生代沉积盆地有石油与天然气，油气面积达到 130 万平方千米，海洋石油储量达到 450 亿吨，天然气储量达到 14 万亿立方米，分别占全国油气资源量的 57% 和 33%。

海上油气开采的主要设施与方法有：

（1）人工岛法：多用于近岸浅水中，较经济。

（2）固定式油气平台法：其形式有桩式平台、拉索塔平台、重力式平台。

（3）浮式油气平台法：其形式分为可迁移平台法与不可迁移式平台法，可迁移式平台包括座底式平台、自升式平台、半潜式平台和船式平台等；不可迁移式平台包括张力式平台、铰接式平台等。

（4）海底采油装置法：采用钻潜水井的办法，将井口安装在海底，开采出的油气用管线直接送往陆地或输入海底集油气设施。

16.2.1.2 砂矿开采

海滨砂矿开采的矿物种类多达 20 多种，主要有金刚石、砂金矿、砂铂、铬砂、铑砂、铁砂矿、锡石、钛铁矿、锆石、金红石、重晶石、海绿石、独居石、磷钙石、石榴石等。

我国海滨砂矿床，除绝大部分用于建筑材料外，还有许多具有工业开采价值的矿床，比较有名并具开采潜力的矿带有海南岛东岸带、广东海滨、山东半岛南部海滨、辽东半岛海滨及我国台湾西南海滨一带。

对于海滨砂矿，大多是采用采砂船进行开采。采矿船舶通常是用大型退役油轮、军舰加以改装。目前有效的开采方法仍然是一种集采矿、提升、选矿和定位为一体的采矿船开采法。

海滨砂矿开采的发展方向是大型化和多功能化，即研制大功率多功能的链斗式采矿船，使链斗斗容接近或超过 $1m^3$，开采深度接近或超过 100m。此外，建立全自动具有采选功能的海底机器人也是海滨砂矿开采的发展方向之一。海滨砂矿机械人开采系统具有采选一体化，生产效率高，环境破坏少等优点。

16.2.1.3 岩基矿床开采

浅海岩基固体矿床资源有煤、铁、硫、盐、石膏等。

海底岩基矿床有两类：一类是陆成矿床，即在陆地时形成，陆海交替变更沉入海底的矿床；另一类是海成矿床，它是由海底岩浆运动与火山爆发生成的矿床，这类矿床多为多金属热液矿床。海底岩基矿床在世界许多地方都可以找到，特别是在沿海大陆架位置，许多陆成矿床清晰可见，日本、英国的煤矿及我国的三山岛金矿都属于陆成矿床。

海底岩基矿床的开采方法与陆地金属或非金属矿床的开采方式基本相同，对于海底出露矿床，同样可采用海底露天矿的方法进行开采；对于有一定覆盖层的深埋矿床，为满足与陆地开采相同的技术要求，其开拓方法有海岸立井开拓法、人工岛竖井开拓法、密闭井筒-海底隧道开拓法等。这类海底岩基矿床开采的关键技术是以最低的成本设置满足工业开采与安全要求的行人、通风、运输通道，以及防止海水渗入矿床内部及采空区，淹没井筒与井下设施。

对于海底露天矿，可供选择的方法有潜水单斗挖掘机-管道提升开采法、潜水斗轮铲-管道提升开采法与核爆破-化学开采法等。其开采工艺与地表露天矿的开采方法基本相同，但所有设备均在水下不同深度的海底进行，需要有可靠的定位系统、监控系统、机械自行与遥控系统、防水防腐系统等。此外，还需要有能替代人操作的机器人。

对于海底陆成基岩矿的采矿方法有空场法与充填法，其中最为可靠的是胶结充填采矿法，它能有效控制岩层变形与位移，防止海水渗入采空区与井巷。我国三山岛金矿采用的就是上向分层充填法。

对于海底岩基矿床的开采，其发展方向是密封空间内的核爆破-化学法开采，即对海底矿床预先密闭，然后采用核爆方法进行破碎，再采用化学浸出，提取有用金属。

16.2.2 深海底资源开采

16.2.2.1 深海底资源赋存特征

深海底矿藏大致上可分为三大类：锰团块、热液矿床、钴壳。

A 锰团块

锰团块又称锰结核、锰矿球，是以锰为主的多金属结核。它广泛分布在世界各大洋水深 2000~6000m 处的洋底表层，以太平洋蕴藏量最多，估计为 1.7 万亿吨，占全世界蕴藏量（约 3 万亿吨）的一半多。结核形态千变万化，多为球状、椭圆状、扁平状及各种连生体。结核大小不一，绝大部分为 30~70mm，平均直径为 80mm，最大的可达 1000mm。锰结核一般赋存于 0~5° 的洋底平原中。

B 热液矿床

热液矿床含有丰富的金、银、铜、锡、铁、铅、锌等，由于它是火山性的金属硫化物，故又被称为"重金属泥"。它的形成是由于海水沿海底地壳裂缝渗到地层深处，把岩浆中的盐类和金属溶解，变成含矿溶液，然后受地层深处高温高压作用而喷到海底，从而使得深海处泥土含有丰富的多种金属。通常深海处温度较低，但由于岩浆的高温，使得这些地方温度达到 50℃，故称为热液矿床。热液矿床和锰团块不一样，它堆积在 2000~3000m 中等深度的海底，所以开采比较容易。

C 钴壳

钴壳是覆盖在海岭中部厚几厘米的一层壳，钴壳中含钴约为 1.0%，为锰团块中的几倍。它分布在 1000~2000m 水深处，因此更加容易开采。据调查，仅在夏威夷各岛的经济水域内，便蕴藏着近 1000 万吨的钴壳。钴壳中除含钴外，还有约 0.5% 的镍、0.06% 的铜和 24.7% 的锰，另外还含有大量的铁，其经济价值约为锰团块的 3 倍多。

16.2.2.2 深海锰结核开采方法

传统的水底采矿法已经不能适应水深超过 1000m 海底锰结核的开采。深海锰结核的采矿方法按结核提升方式不同分为连续式采矿法和间断式采矿法；按集矿头与运输母体船的联系方式不同分为有绳式采矿法与无绳式采矿法。具体开采方式众多，如图 16-3 所示。

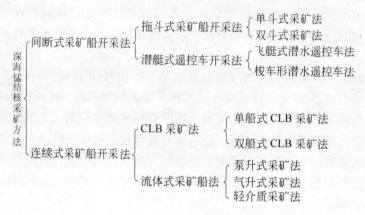

图 16-3　深海锰结核开采方法

A　单斗式采矿法

单斗式采矿法如图 16-4 所示。由于锰结核矿层很薄，只需从洋底刮起薄层锰结核就可以，因此可采用拖斗采集并储运结核。

B　双斗式采矿法

由于单斗式采矿法仅采用一只拖斗，拖斗工作周期长，从生产效率与作业成本考虑均不利于深海锰结核的开采，为此提出采用双拖斗取代单拖斗开采。双拖斗采矿法其采矿系统构成与单拖斗系统基本相同，由采矿船、拖缆和两只拖斗构成。

C　飞艇式潜水遥控车采矿法

这种采矿车是利用廉价的压舱物，借助自重沉入海底采集锰结核，装满结核后抛弃压舱物浮出海面（见图 16-5）。采矿车上附着有两个浮力罐，车体下装有储矿舱，利用操纵视窗可直接观察到海底锰结核赋存与采集情况，待储矿舱装满结核后，利用浮力罐内的压缩空气的膨胀排出舱内压舱物而产生浮力，使采矿车浮出水面。

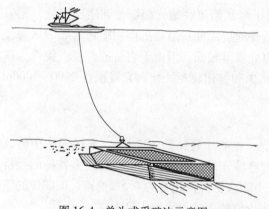

图 16-4　单斗式采矿法示意图

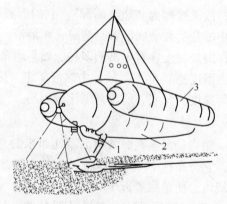

图 16-5　飞艇式潜水遥控采矿车示意图
1—浮力罐；2—操纵视窗；3—储矿舱

D　梭车形潜水遥控车采矿法

该车靠自重下沉，靠蓄电池作动力。压舱物储存在结核舱内，当采矿车快到达海底时，放出一部分压舱物以便采矿车徐徐降落，减小落地时的振动。采矿车借助阿基米德螺旋推进器在海底行走，一边采集锰结核，一边排出等效的压舱物。因采矿车由浮性材料制成，所以采矿车在水中的视在重量接近零。当所有压舱物排出时，结核舱装满，在阿基米德螺旋推进器作用下返回海面。采矿车在锰结核采集过程中均采用遥控和程序进行控制，可潜深度在 6000m 以上，并可以从海上平台遥控多台采矿车工作（见图 16-6）。

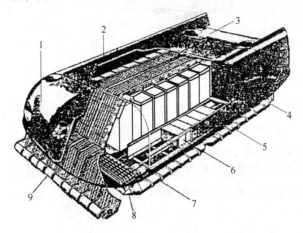

图 16-6　梭车形潜水遥控车示意图

1—前端复合泡沫材料；2—右侧复合泡沫材料；3—上/下行推进器；4—左侧复合泡沫材料；

5—结核/压舱物储舱；6—蓄电池；7—阿基米德螺旋推进器；8—集矿机构；9—前端采集器

E　单船式 CLB 采矿法

CLB 采矿法，又称连续绳斗采矿船法，是日本益田善雄于 1967 年提出的。

单船式 CLB 采矿系统如图 16-7 所示，由采矿船、无极绳斗、绞车、万向支架及牵引机组成。采矿船及其船上装置与拖斗式采矿法中的采矿船相同，但绳索则为一条首尾相接

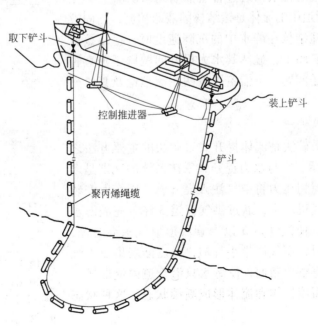

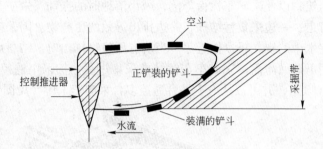

图 16-7 单船式 CLB 采矿系统示意图

的无极绳缆，在绳索上每隔一定距离固结着一系列类同于拖斗的铲斗；无极绳斗是锰结核收集和提升的装置；万向架是绳索与铲斗的联结器，能有效防止铲斗与绳索的缠绕；牵引机是提升无极绳斗的驱动机械。

开采锰结核时，采矿船前行，置于大海中的无极绳斗在牵引机的拖动下做下行、采集、上行运动，无极绳缆的循环运动使铲斗不断达到船体，从而实现锰结核矿的连续采集。

F　双船式 CLB 采矿法

双船式 CLB 采矿系统构成与单船基本相同。双船作业时，绳索间距由两船的相对位置确定，因而绳斗间距不受影响，不管多大的绳斗间距均可以通过调节船体的相对位置来确定。

G　泵升式采矿法

水泵提升式采矿法是深海锰结核开采中较具发展前景的采矿方法，该方法用各类水泵（目前比较成功的是砂泵）将海底集矿机采集的锰结核通过管道抽取到采矿船上（见图 16-8）。提升管道中的流体是锰结核固液两相流，当固液两相流流速大于锰结核在静水中的沉降速度时，锰结核就可能达到海面采矿船上，显然其水力提升问题属于垂直管道的固料水力输送问题，可借鉴固液两相流理论及其研究成果。

H　气升式采矿法

压气提升式采矿法是流体提升式采矿法的主要方法之一。如图 16-9 所示，它与水力提升式采矿系统的区别是多设一条注气管道，用压力将空气注入提升管。压气由安装在船上的压缩空气机产生，通过供气管道 3 注入充满海水的提升管道 1 中，使注气口 5 以上管段形成气水混合流，当空气量比较少时，压气产生小气泡，再逐渐聚集成大气泡，最终充满管道整个断面，使海水只沿管道内壁形成一圈环状薄膜，从而使气体和流体形成断续状态，这种状态称为活塞流。

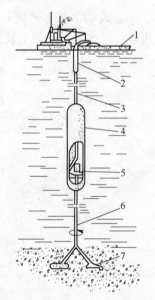

图 16-8　砂泵提升系统示意图
1—采矿船；2—稳浮标；3—提升管；
4—主浮筒；5—砂泵及电动机；
6—吸矿管；7—吸头（或集矿机）

由于气水混合流的密度小于管外海水密度，从而使管内外存在静压差，该静压差随空气注入量的增加而加大，当压力差大到足以克服提升管道阻力时，管中海水便会向上流动并排出海面。若继续增大注气量，则管内海水流速增加，当流速大于锰结核沉降速度时，就可将集矿机所采集的锰结核提升到采矿船上。

由于气升法是依赖管道内三相流实现锰结核提运的，因此也可以称为三相流提升法。

I 轻介质采矿法

轻介质采矿法的提升原理与气升法的完全相同，不过是用煤油等密度低于海水的轻介质取代了压缩空气。在可用的密度低于海水密度的提升媒介中有煤油、塑料小球、氮气等，该类采矿船上具有轻介质与海水、锰结核的分离能力，船下有轻介质压送管及垂直运输管道，以及注入轻介质的混合管。海底集矿头利用铰链接头与管道相连，能随海底起伏进行作业。

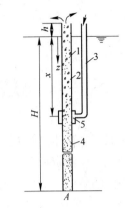

图 16-9 压气提升系统原理图
1—提升管道；2—三相流体；
3—供气管道；4—两相流体；
5—注气口

本 章 小 结

本章重点阐述了几种特殊的采矿方法。

溶浸采矿是根据某些矿物的物理化学特性，将工作剂注入矿层（堆），通过化学浸出、质量传递、热力和水动力等作用，将地下矿床或地表矿石中某些有用矿物，从固态转化为液态或气态，然后回收，从而达到以低成本开采矿床的目的。溶浸采矿方法包括地表堆浸法、原地浸出法和细菌化学采矿法等。

海洋资源依据可再生性分为海洋可再生资源与不可再生资源，海底资源均属于不可再生资源。依据不同的海水深度，海底资源可分为大陆架资源、大陆坡大陆裙底资源与深海底资源。

浅海底资源主要有石油与天然气、金刚石、磁铁矿、金红石、独居石、锡石等砂矿床，以及海底基岩中煤、铁、硫黄、石膏等矿床。

深海底资源开采，其矿藏大致上可分为锰团块、热液矿床、钴壳三类。

思 考 题

16-1 溶浸采矿包括哪些方法？
16-2 海洋采矿包括哪些方法？
16-3 简述深海锰结核开采方法。

17 矿山安全与环境保护

为保证采矿生产过程中不受危害安全的因素影响，在设计、生产中应采取严格的安全技术措施。矿产资源开发过程每时每刻都在破坏着生态平衡，给人类和自然界带来长期的、潜在的威胁。为此，必须把矿山环境保护作为一项十分重要的内容来考虑，力求在开采过程中，将对生态平衡的破坏减小到最低限度，并采取积极措施，进行环境再造，以实现人类社会的可持续发展。

本章主要介绍了矿山安全技术、矿山环境保护的相关知识。

17.1 矿山安全技术

矿产资源开采是典型的高危行业，存在各种不安全因素，如有些矿山存在着地压、地下水、地热等危害；含放射性矿物的矿山，有氡及其子体的辐射；矿岩中含自燃性矿物的矿山，存在内因火灾的危险；地震和泥石流区域内，有抗震和防泥石流的要求。为保证采矿生产过程中不受以上危害安全的因素影响，在设计、生产中应采取严格的安全技术措施。安全技术措施主要是防止自然灾害的发生，以及阻止工艺过程中即将发生的事故。

17.1.1 防灾变设施与措施

17.1.1.1 防灾变设施

矿山防灾变设施包括：

（1）每个矿井至少有 2 个以上直通地表的安全出口，各阶段、采区和采场都应有 2 个通往安全出口的通路。

（2）矿山的各种安全出口，应满足工人在一定时间内从任何地点撤出的可能性。

（3）矿山应设置避难硐室，以安置未能及时撤出的部分人员。硐室内应有足够的新鲜空气和水，有可能时设置管道用以输送危机发生时避难人员所需的物品和空气等。硐室应设隔离门。

（4）井口和井下各阶段井底车场、各硐室、各主要工作地点需设置相应的消防器材等。

（5）井下各安全线路应设置照明设施，各分道口应有明显的路标。

（6）各采空区、废弃巷道应设置禁止人员进入的隔离设施。

（7）根据《冶金矿山安全规程》规定，矿山主扇应有使矿井风流在 10min 内反向的措施。

17.1.1.2 防灭火措施

井下火灾来源于内因火灾和外因火灾。内因火灾是具有自热特性的矿岩堆积在坑道、采场内，与空气中的氧气接触，从低温氧化发展到高温氧化，释放越来越多的热量，增多的热量又促进了氧化速度的加快，适当的水分更会加速其反应速度，当矿岩温度升高到一定程度达到自燃物质的燃点时，就会出现矿石自燃现象，恶化井下环境，造成矿石损失。外因火灾是由明火器材和电气设备使用不当引起的火灾。

外因火灾防灭火措施与普通工业防灭火措施相同。

内因火灾预防措施包括技术措施和综合措施两方面，前者如灌注泥浆、喷洒阻化剂、加强通风、充填采空区、密闭采空区等；后者要求在采矿设计、生产管理等方面加以注意，如选择合理的开拓系统，设计高效、安全的采矿方法和合理的回采工艺及参数，推行强采、强出、强充的"三强"回采，减少矿石损失，加强监测，强化生产管理等。

内因火灾灭火措施可分为积极方法、消极方法和联合方法。

（1）积极方法：用液体、惰性物质等直接覆盖于或作用于发火矿石上，或直接挖除自燃的矿石等。这种方法是根治火灾的有效途径，但它一般适合于小范围火区且人员能接近的情况下采用。

（2）消极方法：在有空气可能进入火区的通道上修筑隔墙，减少或完全截断空气进入火区参与矿石的氧化自燃，使矿石因缺氧而不能继续燃烧，最后自行冷却窒息。采用此方法要求火区易密闭，且密闭墙质量要很好。

（3）联合方法：联合方法是通过清除零碎发火矿石，并对高温矿石采用灌浆、浇水、喷洒含阻化剂溶液、充填采空区、通风排热等综合性技术措施以降低矿石温度和减小其氧化速度，最终达到消灭矿石自燃火灾的目的。由于此类方法的适用范围可大可小，实施起来比较灵活多变，因此对于各种不同情况的火区都是适用的。

17.1.1.3 防水措施

矿山突然发生涌水，能淹没整个矿井，甚至会引起地面大范围的陷落。涌水事故是水文地质条件复杂矿山面临的主要安全隐患之一。一般水灾由地表水或地下水引起。地表水包括降雨降雪及河、湖、塘、沟渠、水库中的水；地下水包括含水层、溶洞、老采区、旧巷道、断层、破碎带中的水。

水灾形成的条件是：

（1）汇水区内或露天坑内的地表水通过矿区塌陷区渗入矿井内；

（2）地表贮水通过裂隙、断层、溶洞灌入矿井内；

（3）地下贮水通过裂隙、断层、溶洞灌入矿井内；

（4）采掘过程中打通地下贮水，涌入工作面，造成涌水事故。

矿井防水一般从地面和井下两个层次进行。

A 地面防水措施

（1）井（硐）口及工业广场应高于历年最高洪水位，否则需修筑堤坝、沟渠来疏通水源或采取其他有效保护措施；

（2）大面积的塌陷区或露天坑内无足够的隔水层时，应根据汇水和径流情况，修筑疏水沟渠和围堤，必要时配备水泵，以便拦水和排水；

（3）将流经矿山塌陷区的河流、沟渠进行河床加固、河流改道或采取其他更有效的办法，消除地表水体对井下的安全隐患；

（4）废旧钻孔、井筒进行充填、封闭，防止成为透水通道；

（5）帷幕注浆，隔断水体与井下回采区域的水力联系。

B 井下防水措施

（1）建立完善的排水系统，配备足够的排水设备；

（2）临近井底车场处设置防水闸门；

（3）超前建立足够容积的水仓和水泵房，并考虑紧急时期的储水巷道；

（4）及时处理采空区；

（5）进行矿床疏干，降低地下水位；

（6）留设防水矿柱隔断水源；

（7）施工超前探水钻孔；

（8）修筑隔水闸门，隔断水体。

17.1.2 滑坡与泥石流防治

滑坡与泥石流均属于地质灾害。滑坡是斜坡上的岩体或土体，在重力的作用下，沿一定的滑动面整体下滑的现象；泥石流是山区常见的一种自然现象，是一种含有大量泥沙石块等固体物质、突然爆发、历时短暂、来势凶猛、具有强大破坏力的特殊固液两相流。

我国矿山大多数位于山区，在矿产资源开发和建设中，常受到滑坡、泥石流的严重危害，不仅直接影响了矿山的开采和建设，而且严重影响了矿山周围的农业建设和人民生活环境。造成灾害的原因：一是矿山、矿区位于老滑坡体和泥石流堆积扇上；二是矿山的不合理开采，引起的崩塌、滑坡和泥石流。例如，露天采矿场剥离的废弃土石的不合理堆放；坑采的开拓、生产探矿等工程的掘排水；坑采常用崩落法，往往进行大规模爆破，采空区围岩因受震动而失稳；以及采空区不均匀沉陷引起斜坡变形而发生滑坡、崩塌。此外，矿山建设中普遍加陡边坡、抬高河床、废石堵塞沟床等都是促进滑坡与泥石流活动的因素。

17.1.2.1 滑坡发生的原因

滑坡发生的原因主要有：

（1）存在有利于滑坡发生的地形地貌特征。

（2）存在有利于滑坡发生的气象、水文地质条件。例如，充沛的降雨冲刷岩体张裂隙，使裂隙扩张，岩层软化为易滑动的软弱结构面；地下水位的变化、裂隙水压的变化也是滑坡发生的诱发因素。

（3）地震等自然灾害活动的影响。

（4）人类工程活动的影响。如采矿活动、大爆破、各种机械振动等，均会加剧边坡的失稳而产生滑坡。

17.1.2.2 滑坡灾害的防治

地质地貌、水文气象条件是滑坡发生的自然因素；不合理的人类活动则是滑坡产生的重要触发条件。对于成灾的自然因素，目前尚难控制，但成灾的范围、频率和灾情轻重却与人类活动息息相关。因此，在制定滑坡灾害的防御对策时，必须把滑坡发生的人类诱发因素放在重要的位置；根据"以防为主，防治结合"的综合治理原则，采用工程治理、生态防治和社会防御相结合的综合治理对策。

针对矿山实际，矿山滑坡的防治措施主要有：

（1）限制无证开采；处治抢占山头、山坡矿点；禁止不开工作台阶，不剥离或边剥边采的露天小矿掠夺式违法开采；严禁破坏山坡植被。

（2）严格禁止随沟就坡任意抛弃废石，保护河流、排洪沟经常畅行无阻。

（3）露天矿边缘必须设置疏导水的防洪设施。

（4）对边坡进行机械加固，设锚杆、锚桩等。

17.1.2.3 泥石流的形成条件

通常地，泥石流的形成一定要满足三个条件：

（1）要有充足的固体碎屑物质。固体碎屑物质是泥石流发育的基础之一，通常决定于地质构造、岩性、地震、新构造运动和不良的物理地质现象。在地质构造复杂、断裂皱褶发育、新构运动强烈和地震烈度高的地区，岩体破裂严重，稳定性差，极易风化、剥蚀，为泥石流提供了固体物质。在泥岩、页岩、粉砂岩分布区，岩石容易分散和滑动；岩浆岩等坚硬岩分布区，会风化成巨砾，成为稀性泥石流的物质来源。在新构造运动活动和地震强烈区，构造运动和地震不仅破坏山岩完整性、稳定性，形成碎屑物质，还有激发泥石流的作用。不良的物理地质作用，包括崩坍（冰崩、雪崩、岩崩、土崩）、滑坡、坍方、岩屑流、面石堆等，是固体碎屑物质的直接来源，也可直接转变为泥石流。

（2）要有充足的水源。水体对松散碎屑物质具有片蚀作用，或者能使松散碎屑物质沿河床产生运移和移动。松散碎屑物质一旦与水体相结合，并在河床内产生移动，则水体就搬运有松散碎屑物质，即确保了松散碎屑物质做常规流那样的运动。要是没有相当数量的水体，就只能产生一般的坡地重力现象（岩堆、崩塌和滑坡等），而不是泥石流。

（3）要有切割强烈的山地地形。山地地形一旦遭强烈切割，地形坡度、坡地坡度和河床纵坡就会很陡峻，即确保了水土质浆体做快速同步运动，因而山地地形决定着泥石流现象的规模与动力状态。为此，泥石流现象在山区最为典型。

如上所述，泥石流的形成主要取决于地质因素、水文气象因素和地貌因素。然而，除这三个因素外，还有许多因素对泥石流现象的形成也有一定的影响，有时甚至起到决定性的作用。这些因素包括：植物因素、土壤土体因素、水文地质因素和人为因素（人类的经济活动）。比如，人类不合理的社会经济活动，如开矿弃渣、修路切坡、砍伐森林、陡坡开垦和过度放牧等，都能促使泥石流的形成与发展。

17.1.2.4 泥石流的防治

矿山泥石流的预防措施主要有：

（1）保护露天矿附近山坡的植被；

（2）严禁乱采滥挖，严禁任意丢弃废石与尾砂，对严重违法而又屡禁不止的要绳之以法；

（3）在露天矿周围或有山洪暴发危险的坑口周围设置排水沟、挡土墙栅栏、阻泥不阻水的防泥石流坝；

（4）加强露天矿的防水、防洪预报工作及周围山体覆土或风化平时位移的观察工作；

（5）泥石流流失区内的井（硐）口必须采取加固措施和防护措施。

17.1.3 尾矿库病害防治

金属矿床开采后,一般都要经过选矿工艺,提取有用的金属元素,而排弃大量的尾矿,因此金属矿山都要修造足够容量的尾矿库,以容纳选矿后排弃的尾矿。尾矿库是矿山主要危险源之一。据统计,在世界上的各种重大灾害中,尾矿库灾害仅次于地震、霍乱、洪水和氢弹爆炸等灾害,位列第18位。

17.1.3.1 尾矿库病害类型

尾矿库的病害类型,概括起来有以下几种类型:

(1) 库区的渗漏、坍岸和泥石流;

(2) 坝基、坝肩的稳定和渗漏;

(3) 尾矿堆积坝的浸润线逸出,坝面沼泽化、坝体裂缝、滑塌、塌陷、冲刷等;

(4) 土坝类的初期坝坝体浸润线高或逸出,坝面裂缝、滑塌、冲刷成沟;

(5) 透水堆石类初期坝出现渗漏浑水及渗漏稳定现象;

(6) 浆砌石类坝体裂缝、坝基渗漏和抗滑稳定问题;

(7) 排水构筑物的断裂、渗漏、跑浑水及下游消能防冲、排水能力不够等;

(8) 回水澄清距离不够,回水水质不符合要求;

(9) 尾矿库的抗洪能力和调洪库容不够,干滩距离太短等;

(10) 尾矿库没有足够的抗震能力;

(11) 尾矿尘害及排水污染环境。

17.1.3.2 尾矿库病害防治

造成尾矿库(坝)诸多病害及事故的主要原因,可概括为设计不周、施工不良以及管理不善和技术落后。因此,要预防病害及事故,首要的措施是精心设计、精心施工、科学管理。

(1) 精心设计。设计是尾矿库(坝)安全、经济运行的基础,因此在设计过程中应做到:坚持设计程序,切实做好基础资料的收集工作。鉴于尾矿设施的特殊性,设计时必须由持有国家认定的设计执照的单位设计,严格禁止无照设计,杜绝个人设计。

(2) 精心施工。施工是实现设计意图的保证,是把设计图纸变成实物的实践活动。施工质量的好坏直接关系到国家财产和人民生命安全,对尾矿坝工程来说更是如此。为此必须做到:选好队伍、认真会审施工图纸、明确质量标准、加强监督、严格验收。

(3) 科学管理。尾矿库在运行期间的任务是十分艰巨的。坝体结构要在运行期间形成;坝的性态向不利的方向转化,需不断维修;坝的稳定性在运行期间较低,需认真监视和控制;坝要承受各种自然因素的袭击,需要认真对待和治理。放矿、筑坝、防汛、防渗、防震、维护、修理检查、观测等各项工作都要在运行期间进行。必须有一套科学的管理制度和与之相适应的组织机构和人员。只有这样,才能弥补工程质量上的疏漏和设计上未能预见到的不利因素,确保尾矿坝能安全运行。

17.1.4 采空区处理

矿山地压管理主要包括采场管理和采空区处理两项工作。使用充填法或崩落法时,在回采过程中，同时进行采场管理和采空区处理，采出矿石所形成的采空区，逐渐为充填料或崩落岩石所填充，因此不存在采空区处理问题。用空场法回采矿房时，在回采过程中仅进行采场顶板管理，而所形成的采空区仅依靠矿柱和围岩本身稳固性进行维护，随着矿山开采工作的进行，采空区面积和体积将不断增大，当集中应力超过矿石或围岩的极限强度时，围岩将会出现裂缝，发生片帮、冒顶、巷道支柱变形，严重时会将矿柱压垮，使矿房倒塌、巷道破坏、岩层整体移动，造成顶板大面积冒落，地表大范围开裂、下沉和塌陷，即出现大规模的地压活动，其危害是巨大的。国内大多数空场法矿山都曾发生大规模地压活动，给矿山生产造成巨大危害，甚至发生重大人身伤亡事故。为保证矿山安全和地表环境，必须对空场法形成的采空区进行及时处理。

国内外处理采空区的方法主要有封闭、崩落、加固和充填4大类，实际应用过程中，这4类方法可独立使用，也可联合使用。

17.1.4.1　封闭采空区

封闭法处理采空区是在通往采空区的巷道中，砌筑一定厚度的隔墙，使采空区中围岩塌落所产生的冲击波或冲击气浪遇到隔墙时能得到缓冲。它主要是密闭与运输巷道相连的矿石溜井、人行天井和通往采空区的联络巷等。

封闭法处理采空区有两种形式，即：

(1) 对那些分散、独立、不连续的小矿体和盲矿体形成的采空区，以及虽规模稍大但顶板稳固的采空区，封闭通往作业区与采空区的一切通道，以达到防止人员进入采空区，避免冲击波危及人身安全和设备安全的目的。

(2) 将那些规模较大的采空区，让其上部与采空区连接的通道保持畅通或在地表开天窗，以使地压活动引起的空气冲击波尽可能通往无人作业区或向地表排泄，而在其下部采用封闭法隔离作业区与采空区连接的一切通道。

封闭法处理采空区的优点是：回采工作结束后，采场空间内不做专门的处理，而利用已有的矿柱支撑顶板岩石，较长时间维护采空区的存在；施工费用相对比较低。其缺点是：在施工前要做好采空区资料的检查、收集工作，前期工作量比较大。

封闭法的适用条件为：

(1) 分布空间跨度小、矿床边沿相对独立的采空区，分散、孤立、不连续的小矿体和盲矿体，以及矿体的边缘部分；

(2) 顶板极稳固、围岩较稳固、规模稍大的矿体，不会诱发大面积地压活动、独立、边远的采空区；

(3) 回采速度很快，矿柱比例小于8%～12%的薄矿体。

例如，红透山铜矿、锡铁山铅锌矿、西华山、下垅钨矿等矿山采用该方法成功处理了地下采空区。

17.1.4.2　崩落采空区

崩落采空区是采用爆破方法崩落采空区上盘围岩，使岩石充满采空区或形成缓冲岩石垫层，以改变围岩应力分布状态，达到有效控制地压的目的。其适用的先决条件是地表允许陷落或岩移，优点是处理费用较低，但必须防止其对下部采场生产的影响。对于离地下采场较近的采空区，通常是采用爆破崩落与下部巷道隔绝封闭相结合的处理方法。另外，应根据采空区的实际情况选用合适的爆破方案，如硐室爆破、深孔爆破等。例如，在紫金山金矿和德兴铜矿采用了硐室大爆破强制崩落法处理采空区，达到了良好的效果。

17.1.4.3　加固采空区

加固法是采用锚索或锚杆对采空区进行局部加固，这是一种临时措施，通常要与其他方法联合使用。例如，狮子山铜矿采用加固法与充填法相结合的方法处理大团山矿床采空区，减缓了顶板冒落时造成的冲击，有效地控制了地压。

17.1.4.4　充填采空区

充填法是采用充填材料对采空区进行充填处理，使充填体与围岩共同作用，以改变围岩应力分布状态，达到有效控制地压和防止地表塌陷等目的。

充填法的适用条件是：

（1）地表以及地下含水层绝对不允许大面积塌落或其上部有构筑物；

（2）地表积存有大量的尾砂或堆存尾砂有困难；

（3）较密集或埋藏较深的矿脉，其采空区容易产生较大规模岩移和垮塌；

（4）矿石品位较高。

充填采空区是最有效、最彻底、环保效果最好的采空区处理方法，但其不足之处在于：充填成本高，工程量大，工艺流程复杂，效率相对较低。随着充填工艺过程的改进，其使用范围正在逐步扩大。例如，红透山铜矿对深部采空区采用充填法处理，分别用胶结和尾砂充填一、二期采空区，有效控制了地压和岩爆；南京铅锌银矿和平水铜矿采用充填法处理采空区，防止了地表沉陷，确保了生产安全。

17.2　矿山环境保护

金属矿床开采，实际上是一种对生态平衡的破坏过程。例如，穿孔、爆破、采装、运输等过程，会产生大量的粉尘，污染周围大气环境；地下开采后的陷落区、尾矿库、露天采场和排土场，会对地貌、植被和自然景象造成严重破坏；开采过程排出的矿坑酸性水、放射性污水和泥浆水，会严重污染农田和水系；随采矿活动的深入，地下水位大幅度下降，破坏地表水平衡，会造成地表塌陷、农业生产条件恶化；生产过程中的噪声、无轨设备排出的尾气、振动、辐射等，也会给周围环境造成危害。可以毫不夸张地说，矿产资源开发过程每时每刻都在破坏着生态平衡，给人类和自然界带来长期的、潜在的威胁。因此，在矿产资源开发的全过程中，必须把矿山环境保护作为一项十分重要的内容来考虑，力求在开采过程中，将其对生态平衡的破坏减少到最低限度，并采取积极措施，进行环境再造，以实现人类社会的可持续发展。

17.2.1　矿尘危害及其治理

矿尘是矿山生产过程中产生，并在较长时间内悬浮于空气中的尘粒。直径大于 $50\mu m$ 的尘粒，在重力作用下，沉落在物体表面，称为落尘；直径在 $0.01\sim50\mu m$ 范围内的尘粒，在空气中能较长时间处于悬浮状态，称为气溶胶颗粒。悬浮在井巷空气中的浮尘，大多数直径较小，一般在 $10\mu m$ 以下，对矿井大气的污染和对人体健康的危害最大，是矿山防尘的主要对象。

矿尘的危害主要有以下几种：

（1）含 SiO_2 的矿尘，会引起硅肺病；

（2）含砷、铅、汞的矿尘，会引起人们中毒；

（3）含铀、钍的矿尘，能产生放射性危害；

（4）煤尘、硫尘在一定条件下，可能引起燃烧和爆炸。

我国金属矿山安全规程规定，矿井中游离 SiO_2 含量大于 10%的矿山，都划归为有硅尘危害的矿山。这类矿山的作业地点对空气质量有严格要求。

为保证作业地点的矿尘含量低于卫生标准，确保作业人员的身体健康，必须采取综合的防尘措施，提高防尘效果。

（1）入风质量。根据《冶金矿山安全规程》及有关规定，要求作业场所粉尘允许浓度不得超过 $2mg/m^3$，进风流中矿尘浓度不得超过 $0.5mg/m^3$。因此，设计中应做到：

1）箕斗井及混合井，除隔间通风、管道通风和净化措施、风源质量达到标准外，均不得用作进风井；

2）矿山主回风井、尾矿库、废排弃场、选矿厂、充填料堆场、冶炼厂、公路与入风井（硐）口之间均应设置一定的卫生防护距离，并应使入风井（硐）口置于主导风向的上风处。

（2）凿岩防尘。

1）采用湿式凿岩；

2）凿岩设备应配置捕尘和抽吸装置；

3）加强局部通风；

4）改进凿岩技术和凿岩设备，尽量采用中深孔。

（3）爆破防尘。

1）采用风水喷雾器和爆破波自动水幕等方法进行防尘；

2）采用装水塑料袋代替一部分炮泥装入炮眼进行水封爆破，爆炸时水袋破裂形成水雾，以达到捕尘目的。

（4）装卸矿时的防尘。

1）喷雾洒水；

2）封闭溜矿井。

17.2.2　废气危害及其治理

采用柴油机作为动力的内燃设备，是提高采、装、运生产效率的一种切实可行的方法。我国露天金属矿已大量应用以柴油机为动力的挖掘机、自卸汽车、内燃机车以及其他辅助设备；地下矿山也已广泛使用内燃凿岩、装运设备，如凿岩台车、铲运机、顶板服务台车等。与有轨运输相比，这些无轨设备具有能源独立、机动灵活、无需铺轨架线、生产能力大、工人劳动强度低等突出优点，大大改变了矿山生产面貌。但这类设备运行时，需排出大量废气污染工作面环境，特别是井下作业面，由于空间狭小，空气质量本来就差，这一危害更为突出。

柴油机废气的主要成分包括：柴油的不完全燃烧产物（CO、C、裂化碳氢及其氧化物、醛类等）、氮的氧化物（NO_2等）、矿物质氧化物（SO_2等）以及少量的润滑机油的不完全燃烧产物等。这些废气会污染大气环境，刺激人的黏膜和感觉器官，对工人健康产生危害。

为控制柴油设备产生的废气危害，《冶金矿山安全规程》规定，使用柴油设备的矿井、井下作业地点的有毒有害气体浓度应满足表 17-1 的规定。

表 17-1　有毒有害气体允许浓度

有毒有害气体名称	危害作用	最大允许体积浓度/%
CO（一氧化碳）	中毒 爆炸	0.0050
NO_2（二氧化氮）	中毒	0.0005
SO_2（二氧化硫）	中毒	0.0005
H_2S（硫化氢）	中毒 爆炸	0.00066
HCHO（甲醛）	中毒	0.0005
CH_2CHCHO（丙烯醛）	中毒	0.000012

为了达到允许浓度，应采取如下措施：

（1）选择净化、催化效果良好的柴油设备；

（2）采用多级机站和管道通风，有效地稀释、导流产生的有毒有害气体；

（3）尽量提高设备的效率，减少井下作业人员；

（4）采用贯穿风流，减少独头通风；

（5）独头进路应采用局扇加强通风。

17.2.3　污水处理

水是一种宝贵的资源，是人类生存、动植物生长和工农业生产不可缺少的物质。水具有自净能力，当水体受到污染后，由于水本身的物理、化学性质和生物作用，可以使水体在一定时间内及一定条件下，逐渐恢复到原来的状态。但是，如果排入水体的污染物质超过了水的自净能力，使水的组成及其性质发生变化时，就会使动植物的生长条件恶化，使鱼类生存受到损害，使人类生活和健康受到威胁。矿山排放的废水，往往是含有大量悬浮物质的泥浆水、酸度很大的酸性水、毒性很大的含氰废水和放射性废水，为此必须加以治理才能排放，以免污染水体，造成严重的危害。

工业废水的治理原则，首先应考虑工艺改革和技术革新，使废水少产生或不产生；其次是开展综合利用，变废为宝，化害为利；再次应采用物理的、化学的、生物的基本方法进行处理。

统计资料表明，我国每年因采矿产生的废水、废液的排放总量约占全国工业废水排放总量的 10% 以上，而处理率仅为 4.23%；同时，我国又是一个淡水资源缺乏的国家，每年都会因缺水给工农业生产造成巨大损失，给人民的日常生活造成极大的不便。因此，工业废水治理应尽量考虑废水的循环利用。废水循环利用的时候应该按照因地制宜、经济方便的原则进行，先保证矿区内的用水，其次是矿外用水，同时充分发挥矿区内现有水利设施的作用，利用好矿区水。矿区水主要用于以下几个方面：井下消防用水、洗煤补充用水、井下充填用水、电厂循环冷却用水、绿化道路及储煤防尘洒水、施工用水、灭火用水、农田灌溉用水及生活用水等。

17.2.3.1 分离废水中的悬浮物

分离废水中的悬浮物质，一般采用重力分离法和过滤法。

重力分离法是使废水中的悬浮物在重力作用下与水分离的方法，有自由沉淀、絮凝沉淀和重力浮选（当悬浮物密度小于水的密度时）3 种。它们所需的构筑物分别是沉砂池、斜管沉淀池和斜板隔油池。重力分离法在矿山应用得非常广泛，在进行其他方法处理前，一般都先经过重力分离法去掉废水中的悬浮物质，降低 COD 含量。

过滤法是使废水通过带孔的过滤介质，使悬浮物被阻留在过滤介质上的方法。常用过滤介质包括隔栅、筛网、石英砂、尼龙布等。

17.2.3.2 酸性废水的治理

矿山废水普遍呈酸性，尤其是含有硫化矿物的矿山，其排出的地下废水往往具有较高的酸性。酸性废水的主要危害是：腐蚀管道、设备和钢筋混凝土水工建筑，妨碍废水处理的微生物繁殖；酸性大的废水会毒死鱼类，枯死农作物，影响水生物生长；酸性废水渗入土壤，时间长了会造成土质钙化，破坏土壤层的松散状态，影响土地肥性；酸性废水如果混入生活用水，会影响人类和牲畜的健康。

金属矿山酸性废水的治理方法主要是中和法，并有酸碱水中和及投药中和之分。前者是指当地同时存在着酸、碱两种废水时，将其混合，以废治废；后者是指在酸性废水中投入碱性药剂，如石灰、电石渣等，使酸性水得到中和。

由于酸碱水中和法适用条件苛刻，而投药中和法可以治理不同性质、不同浓度的酸性废水，尤其是适用于处理含金属和杂质较多的酸性废水，故在实际生产中应用最为广泛。

17.2.3.3 含氰废水的治理

在金属矿山企业中，有采用氰化法提取金属的，如用氰化法直接从脉金及其加工品（尾矿、精矿、中矿、焙烧渣等）中回收金。但氰化物的流失和氰化废水的排放，都将污染水源而造成严重的危害。氰化物是一种剧毒物质，毒效奇快，人的口腔黏膜吸进一滴氢氰酸（50~60mg），瞬间即会死亡，因此国家现在已经禁止使用氰化法选金，但在一些个体企业，仍然有偷偷进行氰化物选金的情形存在。

氰化物虽然剧毒，但破坏也比较容易，采用综合回收、尾矿池净化和碱性氯化法净化等加以处理，即能收到很好的效果。

用氰化法提取金时，产生的废水中氰化物的赋存形式主要是游离的氰化钠，铜、锌的络氰化物和大量的硫氢化物。通过酸化解释、挥发逸出、碱液吸收 3 个阶段，从含氰废水中回收氰化钠，是积极的含氰废水治理方法。此外，用尾矿池净化含氰废水，效果也颇佳。因为储存在尾矿池中的含氰化物的尾矿水，由于与空气的接触面积很大，停放数天后，水中的单氰化物就能与空气中的 CO_2 作用，产生 HC 进入大气中，加之尾矿对氰化物还有吸附和生化作用，因而能有效地降低废水中氰的含量，达到废水排放标准。采用碱性氯化法，即投放漂白粉或液氯，对含氰废水进行净化，也能收到良好的效果。

17.2.3.4 放射性废水的治理

放射性废水的危害，是 α、β、γ 射线通过水照射和内照射对人体造成伤害。放射性废水的处理，目前尚无根治的办法，大都采用储存和稀释的方法。不同浓度的废水，其处理方法也不相同。

高水平废液，一般储存在地下使之与外界环境隔绝。通过固化处理，把废液转化为坚固、稳定的固体也是一种有前途的放射性废液处理技术。

中低水平的废水，一般用化学沉淀、离子交换、蒸发浓缩、生物处理等，把废水中大部分放射性转移到小体积的浓缩物中，当处理后的废水放射性含量很小时，再经稀释即可排放。

17.2.4　固体废料的综合利用

金属矿床开发利用是一个伴随着大量固体废料产出的过程，露天开采需剥离大量的废石，井下掘进会产出大量的围岩，选矿后需丢弃大量的尾矿。据不完全统计，我国每年的工业固体废物排放量中，85%以上来自矿山开采；全国国有煤矿现有矸石山1500余座，历年堆积量达41亿吨，占地160平方千米（24万亩），并正以每年1亿吨的速度增长；全国共有尾矿库2762座，各矿山尾矿累计约25亿吨，并以每年3亿吨的速度增加。大量的固体废料堆放地表，不仅占用大量宝贵的土地资源，而且对土壤和水资源造成了污染，因而必须进行处理，以保护环境。

另外，固体废料又是一种可以利用的资源，在考虑固体废料处理措施时，应首先研究其综合利用途径。

17.2.4.1　减少固体废料产出的途径

在金属矿床开采过程中，完全杜绝固体废料产出是不可能的，但可以采取综合技术经济措施减少固体废料产出量，例如：

（1）强化生产勘探工作、提高勘探精度，尽可能准确地圈定矿体与围岩（包括夹石）的边界、计算矿石储量和品位，避免无效开拓、采准、切割造成不必要的废石超掘；

（2）精心设计开拓、采准、切割工程，在安全条件许可情况下，尽量将工程布置在脉内；露天矿山要通过研究，尽量降低剥采比；

（3）选择高回收率、低贫化率的采矿方法；

（4）优化爆破参数与工艺，尤其是炮孔超深，避免超采和欠采，降低大块产出率和粉矿产出率；

（5）每个采场回采完毕后，要进行采空区实测，为相邻采场的设计提供准确的回采边界；

（6）通过选矿技术革新，提高选矿回收率，降低尾砂产出率。

17.2.4.2　固体废料再循环利用的途径

对固体废料的再循环利用首先应确定其中含矿品位在可预见的未来市场条件下，是否可重选利用。如果能够达到可重选利用的标准，则应首先进行二次回选；如确定已不具备重选利用条件，则根据固体废料物理力学性质、矿物成分、化学组成，考虑进行二次开发；对于已无任何利用价值的固体废料，可研究进行井下回填采空区或复垦造田的可能性。

　A　煤矸石

煤矸石是煤炭生产和加工过程中产生的固体废弃物，每年的排放量相当于当年煤炭产量的 10% 左右，是我国排放量最大的工业废渣，约占全国工业废渣排放总量的 1/4。煤矸石综合利用是资源综合利用的重要组成部分。其主要利用方向包括：

（1）燃料发电。含碳量较高（发热量大于 4180kJ/kg）的煤矸石，一般为煤巷掘进矸和洗矸，通过简易洗选，利用跳汰机或旋流器等设备可回收低热值煤，供作锅炉燃料，通过单独使用，或与煤泥、焦炉煤气、矿井瓦斯等低热值燃料混合使用发电。

（2）生产建筑材料及制品。利用煤矸石全部或部分代替黏土，采用适当烧制工艺生产烧结砖的技术在我国已经成熟，这是大宗利用煤矸石的主要途径。生产烧结砖对煤矸石原料的化学组成要求：SiO_2：55% ~ 70%，Al_2O_3：15% ~ 25%，Fe_2O_3：2% ~ 8%，CaO：≤2%，MgO：≤3%，SO_2：≤1%；可塑性指数为 7 ~ 15，热值为 2090 ~ 4180kJ/kg，煤矸石的放射性符合 GB9196—88 标准。在烧制硅酸盐水泥熟料时，掺入一定比例的煤矸石，部分或全部代替黏土配制生料。用作水泥添加料的煤矸石主要选用洗矸，岩石类型以泥质岩石为主，砂岩含量尽量少。我国大多数过火矸以及经中温活性区煅烧后的煤矸石均属于优质火山灰活性材料，可掺入 5% ~ 50% 作为混合材，以生产不同种类的水泥制品。以过火煤矸石等为硅铝质材料、水泥和石灰等钙质材料以及石膏为原料，按一定配比后可制成加气混凝土。

（3）回收有益矿产及制取化工产品。对于含硫量大于 6% 的煤矸石（尤其是洗矸），如果其中的硫是以黄铁矿的形式存在，且呈结核状或团块状，则可采用洗选的方法回收其中的硫精矿。对于煤矸石中的大块硫铁矿石，也可采用手选回收。利用煤矸石中含有的大量煤系高岭岩，可制取氯化铝、聚合氯化铝、氢氧化铝及硫酸铝。

（4）生产农肥或改良土壤。以煤矸石和廉价的磷矿粉为原料基质，外加添加剂等，可制成煤矸石微生物肥料，这种肥料可作为主施肥应用于种植业。利用煤矸石的酸碱性及其中含有的多种微量元素和营养成分，可将其用于改良土壤，调节土壤的酸碱度和疏松度，并可增加土壤的肥效。

（5）利用煤矸石充填采煤塌陷区和露天矿坑复垦造地造田。随煤炭市场的坚挺，在金属矿山广泛应用的充填采矿法进入煤矿已成为可能。将煤矸石作为充填骨料回填井下采空区，可从根本上解决困扰大多数煤矿的煤矸石处理难题。

B　尾砂

受选矿技术水平的限制，矿石主产元素回收率不可能达到 100%，因此，尾砂仍然具有一定的品位，而且尾砂中可能含有一定量的伴生有用元素。虽然在当前经济技术条件下，这些有用元素（包括其中的低品位主产元素）不能回收利用，但随着未来选矿技术进步和（或）市场价格上扬，这些有用元素存在被经济利用的可能。因此，在考虑尾砂再循环利用时，首先应分析在可预见的未来（如 5 ~ 10 年），其中的有用元素是否存在回收利用的可能。只有当确定已经不存在潜在回收利用价值时，才能考虑其他综合利用途径。

尾砂的综合利用途径取决于其所含有的矿物成分和化学元素组成，由于不同的矿山，尾砂性质千差万别，因此尾砂的综合利用因矿而异。综合国内外尾砂综合利用实践，尾砂的再循环利用主要包括以下领域：

（1）回收其中的有用成分。

（2）生产建筑材料及制品。对石英尾砂进行尾泥、尾砂分离，尾泥过滤成泥饼后用于陶瓷、水泥等行业；细砂利用特制的浮选药剂进行无氟浮选，以极低的成本提高其内在品质，制备市场上急需的无碱电子玻纤用、高级陶瓷釉料及硅微粉用、真空玻璃管用、高白料玻璃及高级泡花碱用等优质硅质原料。岩金矿山的尾矿本身已是良好的建筑材料，如土建用砂、填充用砂、筑路用砂等；用金矿尾砂还可生产蒸压砖、加气混凝土、空心砌块、微晶玻璃、硅酸钙板等。铅锌矿排放的尾砂可用来生产免烧砖，经过处理后可作为水泥原料。

（3）制备其他原材料产品。如将钛铁矿尾砂精选后得锆英砂，再对锆英砂进行烧结、水解、酸化、浓缩、煅烧烘干可制成二氧化锆。

（4）用作充填材料。尾砂胶结充填技术已在许多矿山得到广泛应用。

（5）覆土植被。在尾砂库上覆盖土壤，种植树木，绿化矿区。

C　掘进或露天剥离废石

掘进或露天剥离废石的最大用途是用于房屋建筑和道路施工用材。对露天剥离废石进行破碎加工，粗粒部分用作铁路道砟，而细粒部分则用作井下充填固料。

17.2.5　环境再造

金属矿床开采，特别是露天开采，会对采场范围内的耕作物和自然景物造成严重破坏，而且要占用大片土地排弃废石和选矿尾矿；地下开采范围内，也存在着采空区陷落的威胁。它们不仅与农争地、与林争山、与鱼争水，而且破坏生态平衡，污染周围环境。为保护环境，实现社会可持续发展，在地下资源开发之前、开发过程中以及矿山闭坑之后，都必须详尽地计划和切实地实施环境再造规划。

环境再造措施和用途包括：

（1）覆土造田。对露天采坑和塌陷区，可以用废石或尾砂充填平整后在其上覆盖一层耕植土，最后根据种植农作物的要求，布置灌溉渠道，划块成田。尾砂库堆积的是经过磨矿的细微粒尾砂，干缩后成为一片砂荒地，与普通土壤不同，其表面热度高，容易烧死作物的根，且见水板结，在自然状态下发干，不适宜植物生长。因此，在这样的尾矿库造田，应考虑在其上铺一层隔水层，然后在隔水层上覆盖耕植土造田。

（2）覆土造林。对于不宜改造为农田的露天采坑、排土场、塌陷区、尾矿库，可以改造为林业用地。根据改造后的土质情况，种植果木或树木，将废弃或破坏的土地改建成果园或林场。

（3）改造成旅游景点。如果塌陷区或露天矿坑深度和面积较大，难以全部用废石或尾砂充填时，可以考虑将其建成水库，周围栽种果木鲜花，修建亭台楼阁，将其改建成疗养胜地或旅游景点；或蓄水养鱼，改变环境，造福人民。

（4）改建为城市垃圾填埋场。如果塌陷区或露天矿坑离城市较近，可以与城市垃圾处理结合起来，在考虑了对地表水和地下水的影响之后，将其作为城市垃圾填埋场。待填满废料后，再在其上铺上足够的土层，作为绿化区或安排其他用途。

本 章 小 结

本章重点阐述了矿山安全与环境保护的有关内容。

安全技术措施主要是防止自然灾害的发生，以及阻止工艺过程中即将发生的事故。

防灾变设施与措施有防灾变设施、防灭火措施和防水措施。

尾矿库病害防治，首要的措施是精心设计，精心施工，科学管理。

国内外处理采空区的方法主要有封闭、崩落、加固和充填4大类，实际应用过程中，这4类方法可独立使用，也可联合使用。

在矿产资源开发的全过程中，必须把矿山环境保护作为一项十分重要的内容来考虑，力求在开采过程中，将其对生态平衡的破坏减少到最低限度，并采取积极措施，进行环境再造，以实现人类社会的可持续发展。尤其在矿尘危害及其治理、废气危害及其治理、污水处理、固体废料的综合利用和环境再造方面。

思 考 题

17-1 矿山防灾变设施包括哪些内容？

17-2 防灭火措施包括哪些？

17-3 井下水灾的形成条件是什么？

17-4 矿井防水措施是什么？

17-5 滑坡与泥石流的防治措施是什么？

17-6 尾矿库病害类型有哪几种，尾矿库病害防治措施有哪些？

17-7 国内外处理采空区的方法主要有哪几种？

17-8 矿尘的危害有哪些，应该如何治理？

17-9 废气的危害有哪些，应该如何治理？

18   矿业法律法规

科学地开发矿产资源，促使资源开发管理立法化、科学化，已成为当今世界广泛关注的社会热点。我国矿产资源立法虽然起步较晚，但在法律工作者、行业主管部门和矿产资源开发利用工作者的共同努力下，我国矿产资源立法工作进入了快速发展的阶段。1998 年 2 月 12 日，国务院发布了《矿产资源勘查区块登记管理办法》、《探矿权采矿权转让管理办法》、《矿产资源开采登记管理办法》作为矿产资源法的补充，初步形成了具有中国特色的矿产资源法律法规体系。

本章主要介绍了矿产资源所有权、矿业权的相关概念以及办矿审批与关闭、税务管理等相关内容。

18.1   矿产资源所有权

矿产资源所有权是指作为所有人的国家依法对属于它的矿产资源享有占有、使用、收益和处分的权利。矿产资源所有权具有所有权的一般特性。首先，它是公有制关系在法律上的体现；其次，是一种民事法律关系，即矿产资源所有人因行使对矿产资源的占有、使用、收益和处分的权利而与非所有人之间所发生的法律关系；第三，是一种对矿产资源具有直接利益并排除他人干涉的权利；第四，它是所有人——国家对属于它所有的矿产资源的占有和充分、完善的支配权利。矿产资源所有权同样是一种法律制度。这个意义上的所有权就是调整矿产资源的国家所有权关系的法律规范的总和，它是一切矿产资源法律关系的核心，并决定着这些关系的实质和基本内容。

18.1.1   矿产资源所有权法律特征

矿产资源所有权的主体（所有人）是中华人民共和国国家。国家是其领域及管辖海域的矿产资源所有权统一的和唯一的主体，除国家对矿产资源拥有专有权外，任何其他人都不能成为资源的所有者。因此，矿产资源所有权的主体具有统一性和唯一性的特征。《宪法》第九条、《民法通则》第八十一条和《矿产资源法》第三条都规定：矿产资源属于国家所有。这是矿产资源所有权的法律依据。

矿产资源所有权的客体是矿产资源，它具有特殊的自然属性——非再生性和社会属性——巨大的天然财富、人类赖以生存的物质条件。因此，法律将这一所有权的客体——矿产资源作为特殊对象加以保护。

矿产资源所有权的占有、使用和处分权主要是通过国家行政主管机关的行为具体实现的。其实现的基本方式主要为国家通过其行政主管机关依法授予探矿权和采矿权实现自己对矿产资源的占有、使用和处分权。

18.1.2　矿产资源所有权的内容

矿产资源所有权的内容是指国家对其所拥有的矿产资源享有的权利，包括矿产资源占有、使用、收益和处分四项权利。

占有权是国家对矿产资源的实际控制，是行使所有权的基础，也是实现使用和处分权的基础。国家对矿产资源的占有，一般是法律规定的名义上的占有，或称法律上的占有。实际上，矿产资源是由国营矿山企业、乡镇矿山企业和个体矿山企业等依法占有。上述民事主体对矿产资源的实际占有，是国家以所有者身份依法将占有权转让他们的结果。探矿权或采矿权是这些主体获得矿产资源占有权的法律根据，属于合法占有，因而受国家法律的保护，任何人都不得侵犯，即使是所有权人——国家也不得任意干涉或妨碍。非法占有，是指没有法律上的根据而占有矿产资源。这种占有是一种侵犯国家所有权的行为，应当受到法律制裁。

使用权是指对矿产资源的运用，发挥其使用价值，国家对矿产资源的使用，同占有一样，一般是法律规定的名义上的使用。实际上，其他民事主体依据法律规定使用国家所有矿产资源，取得使用权，属合法使用，受国家法律保护。使用人不得滥用使用权或使用不当，要依法合理利用矿产资源，否则要承担法律责任。一般而言，探矿权或采矿权是其他民事主体取得矿产资源使用权的法律根据。

收益权是国家通过矿产资源的占有、使用、处分而取得的经济收入，矿产资源所有权占有、使用和处分的目的是为了取得收益。如前所述，国家不直接占有、使用矿产资源，而是授权其他民事主体占有、使用。这些民事主体通过占有、使用国家所有的矿产资源所取得的收益，应按照法律的规定将其中一部分缴纳给国家，以实现国家矿产资源的收益权。国家通过向矿产资源的占有、使用人征收矿产资源补偿费的形式，来实现其矿产资源所有权的收益权或经济权益。

处分权是国家对矿产资源的处置，包括事实处分和法律处分。由于处分权涉及矿产资源的命运和所有权的发生、变更和终止问题，因此它是所有权中带有根本性的一项权能。采矿权人依据采矿权占有、使用矿产资源，并通过采掘矿产资源使其逐步消耗，转变成其他物质和资产，这在事实上和法律上间接地实现了矿产资源的处分权。另外，1998年2月发布实施的《探矿权采矿权转让管理办法》第三条规定，探矿权采矿权可以依法转让，即可以作为买卖和类似民事法律行为的标的物。因此，我国对矿产资源处分，可以通过将其采矿权转让他人来实现。

18.1.3　矿产资源所有权的取得、实现与终止

18.1.3.1　矿产资源所有权的取得

我国取得矿产资源所有权的方式有以下几种：

（1）地质科学研究。国家开展地质科学研究是取得矿产资源所有权的基础。地质科学研究可以发现地壳物质（岩石、矿物和元素）的用途，扩大矿产资源种类范围。

（2）地质矿产勘查活动。国家通过财政拨款进行地质矿产勘查活动，发现矿产资源地，评价矿产资源储量，取得矿产资源所有权。国家财政拨款开展的地质矿产勘查活动，是取得矿产资源所有权的主要活动。

（3）没收。没收国民党政府和官僚资本家的矿山，收归国有，变成社会主义全民所有制财产。

（4）上报国家。群众在生产活动中发现矿产资源应当上报国家有关部门。

18.1.3.2　矿产资源所有权的实现

矿产资源的占有、使用权的转让是通过法定的国家行政机关代表国家将探矿权或采矿权授予探矿权人或采矿权人。探矿权人或采矿权人依据国家转让的探矿权和采矿权来实际占有、使用矿产资源并按照国家法律规定从事地质勘查和矿业开发活动，以实现矿产资源合理开发利用的目的。国家根据法律征收探矿人和采矿人因占有、使用矿产资源所获得的经济收入的一部分，作为矿产资源的收益，以实现国家对矿产资源的收益权和财产权。

18.1.3.3　矿产资源所有权的终止

国家所有权可分为整体所有权和具体所有权。矿产资源整体所有权以国家权力为后盾。只要国家权力存在，矿产资源所有权就不会终止。矿产资源具体所有权以实际行使为基础，可以通过某种法律事实而终止。国家矿产资源所有权的终止有所有权的转让和所有权客体的灭失两种方式。所有权转让的方式有三种：协议转让、招标转让、拍卖。矿产资源灭失有以下三种情形：

（1）矿产资源开采消耗和正常损失；

（2）自然灾害造成矿产资源损失或矿山报废造成矿产资源灭失；

（3）因需求下降，价格下跌等稀缺性变化因素造成矿产资源储量耗减。

18.1.4　矿产资源所有权的保护

矿产资源所有权的保护是指法律保证国家能够实现对矿产资源的各项权能。包括对采矿权和探矿权（统称为矿产资源使用权）保护，因为它们派生于所有权，只有保护矿产资源使用权，才能保障资源使用的稳定性和有效性，才有可能使矿产资源得到合理有效地开发利用。对矿产资源使用权的保护，同时也是对国家所有权的保护，因为使用权是独立于所有权的独立权能，其能否正常行使，直接影响到所有权的权能能否实现。因此，保护探矿权人和采矿权人的权利不受侵害的同时，也就保护了已经形成或正在建立的以矿产资源国家所有权为基础的矿产资源的使用秩序，从而实现所有权的权能。

对矿产资源所有权的侵权行为主要是指对法律所保护的国家矿产资源所有权及其设定的探矿权或采矿权的侵犯与损害的行为。这种侵权行为主要有：

（1）因对所归属的错误认识发生的侵权。尽管法律规定矿产资源归国家所有，不因其所依附的土地的所有权或者使用权的不同而改变，但一些土地使用人或所有人则误认为土地之下的矿藏归他们所有，因而发生了将矿产资源买卖和出租的违法现象。

（2）对探矿权和采矿权的侵犯。主要表现为对已取得探矿权和采矿权的权利人的各项权利的侵犯和对采矿权取得程序的破坏。包括违反法律规定，未取得采矿许可证和探矿许可证，擅自进入他人矿区和勘探区采矿、探矿，侵犯他人采矿权或探矿权；超越批准的勘查区或采矿区范围探矿或采矿的行为；无权或超越批准权限发放勘查许可证或采矿许可证，这种行为是对国家作为所有权者行使所有权权能的破坏。

（3）对所有权客体的侵害。对客体的侵害是指对矿产资源的破坏、浪费，主要情况包括：因未综合勘探和综合开发利用矿产资源而造成的矿产资源的浪费和破坏；因采矿方法不当或违反开采程序造成的资源的损失、浪费；因采富弃贫、采厚弃薄、采易弃难和乱采滥挖，造成的资源破坏和浪费；因选、冶、炼工艺技术落后，矿产资源利用率低，造成的资源浪费。

18.2 矿 业 权

18.2.1 矿业权基本概念

18.2.1.1 矿业权及其属性

矿业权是指赋予矿业权人对矿产资源进行勘查、开发和采矿等的一系列活动的权利，包括探矿权和采矿权。

矿业权是资产，是一种经济资源。所谓资产，会计上定义为企业拥有或控制的，能以货币计量，并能为企业提供未来经济利益的经济资源。资产按存在的形态分为有形资产和无形资产。有形资产是指那些具有实体形态的资产，包括固定资产、流动资产、长期投资、其他资产等；无形资产是指那些特定主体控制的不具有独立实体，而对生产经营较长期持续发挥作用并具有获利能力的资产，包括专利权、商标权、非专利技术、土地使用权、商誉等。

无形资产的特点表现在以下几个方面：

（1）无形资产具有非流动性，并且有效期较长；

（2）无形资产没有物质实体，但未来收益较大；

（3）无形资产单独不能获得收益，它必须附着于有形资产。

矿业权从本质上说应属无形资产的范畴，因为它具备了无形资产的特征：

（1）矿业权无独立实体，必须依托于矿产资源；

（2）矿业权在地勘单位或企业中能够较长期持续地发挥作用，具有获利能力，并由一定主体排他性的占有。

矿业权归根结底是矿产资源的使用权，转让的也仅仅是使用权，而不是矿产资源的所有权。这种他物权的行使不妨碍国家作为矿产资源的所有权人，对矿产资源处置享有的终极决定权。

18.2.1.2 矿业权的法律特征

根据1996年《中华人民共和国矿产资源法》，矿业权的法律特征主要体现在：

（1）矿业权是矿产资源所有权派生出来的一种物权，是矿产资源使用权；

（2）矿业权的主体是矿业权人，客体是被权利所限定的矿产资源；

（3）矿业权的权能内容仅指对矿产资源的占有、使用、收益的权利；

（4）矿业权具有排他性和主体唯一性，任何单位和个人都不得妨碍矿业权人行使合法权利；

（5）矿业权的取得和转移必须履行严格的法律、行政程序，遵循以登记为要件的不动产变动原则。

18.2.1.3 矿业权市场

矿业权市场体系结构，按矿业权所有者的不同分为一级（出让）和二级（转让）市场。

一级（出让）市场是指矿业权登记管理机关以批准申请或竞争方式（招标、拍卖、挂牌）作出行政许可决定，颁发勘查许可证、采矿许可证的行为和因此而形成的经济关系。矿业权登记管理机关向申请人、投标人、竞得人出让矿业权即构成矿业权一级市场。

转让是指矿业权人将矿业权转移的行为，包括出售、作价出资、分立、合并、合资、合作、重组改制等方式。矿业权在一般民事主体之间构成矿业权二级（转让）市场。

18.2.1.4 矿业权市场有关法律制度和规定

（1）勘查开采矿产资源的登记制度。《中华人民共和国矿产资源法》第三条规定："勘查、开采矿产资源，必须依法分别申请，经批准取得探矿权、采矿权，并办理登记。"

（2）矿业权出让、转让制度。《中华人民共和国矿产资源法》第六条和《探矿权、采矿权转让管理办法》对矿业权的转让条件、批准机关、审批程序作出了明确的规定。

（3）矿产资源有偿使用制度。《中华人民共和国矿产资源法》第五条规定："开采矿产资源，必须按照国家有关规定缴纳资源税和资源补偿费。"

（4）矿业权有偿取得制度。《中华人民共和国矿产资源法》第五条规定："国家实行探矿权、采矿权有偿取得制度。"矿业权有偿取得制度体现了国家的行政管理权利，而行政管理权利必须依法行使。

（5）对国家出资勘查探明矿产地收取矿业权价款的规定。国务院三个法规规定了申请国家出资勘查探明矿产地的探矿权或采矿权，应当缴纳国家出资勘查形成的探矿权价款或采矿权价款。矿业权人转让国家出资勘查形成的探矿权、采矿权必须进行评估，并对国家出资形成的矿业权价款依照国家规定处置。

18.2.2 探矿权

探矿权是指权利人根据国家法律规定在一定范围、一定期限内享有对某地区矿产资源进行勘查并获得收益的权利。《矿产资源法》第三条规定：勘查矿产资源必须依法提出申请，经批准取得探矿权，并办理登记。探矿人依法登记，取得勘查许可证后，就可以在批准的勘查范围和期限内，进行勘查活动，并取得地质勘查资料。

探矿权的主体是依法申请登记，取得勘查许可证的独立经济核算的单位。中外合资经营企业、中外合作经营企业和外资企业也可以依法申请探矿权。目前，作为探矿主体的地质勘查单位主要是全民所有制企业。

探矿权的客体是权利人依探矿权进行地质勘查的矿产资源及与其有关的其他地质体。客体的范围、种类等都是由探矿权规定的。探矿权的内容包括探矿权主体所享有的权利和应承担的义务两个方面。

18.2.2.1 探矿权人的权利

矿产资源法规定国家保护探矿权不受侵犯，保障勘查工作区的生产秩序、工作秩序不受干扰和破坏。探矿权人享有法律规定的矿产资源勘查权利，主要包括：

（1）按照勘查许可证规定的区域、期限、工作对象进行勘查；

（2）在勘查作业区及相邻区域架设供电、供水、通讯管线，但是不得影响或者损害原有的供电、供水设施和通讯管线；

（3）在勘查作业区和相邻地区通行；

（4）根据工程需要临时使用土地；

（5）优先取得勘查作业区内新发现矿种的探矿权；

（6）优先取得勘查作业区内矿产资源的采矿权；

（7）在完成规定的最低勘查投入后，经依法批准，可以将探矿权转让他人，获得应有的收益；

（8）自行销售勘查中按照批准的工厂设计施工回收的矿产品，但国务院规定由指定单位统一回收的矿产品除外。

18.2.2.2 探矿权人的义务

矿产资源法规定了探矿权人必须履行的义务，具体包括：

（1）在规定的期限内开始施工，并在勘查许可证规定的期限内完成应当投入的勘查资金，其投入的数量平均每平方千米不得少于法规规定的最低勘查投入标准；

（2）向勘查登记管理机关报告勘查进展情况、资金使用情况、逐年缴纳探矿权使用费；

（3）按照探矿工程设计施工，不得擅自进行采矿活动；

（4）在查明主要矿种的同时，对共生、伴生矿产资源进行综合勘查、综合评价；

（5）按照国务院有关规定汇交矿产资源勘查成果档案资料；

（6）遵守有关法律、法规关于劳动安全、土地复垦和环境保护的规定；

（7）勘查作业完毕，及时封填探矿作业遗留的井硐或者采取其他措施，消除安全隐患。

18.2.3 采矿权

采矿权是权利人依法律规定，经国家授权机关批准，在一定范围和一定的时间内，享有开采已经登记注册的矿种及伴生的其他矿产的权利。取得采矿许可证的法人、组织和公民称为采矿权人。采矿权人依法申请登记，取得采矿许可证，就可以在批准的开采范围和期限内开采矿产资源，并获得采出的矿产品。

18.2.3.1 采矿权人的权利

采矿权人依法享有以下权利：

（1）按照采矿许可证规定的开采范围和期限从事开采活动；

（2）自行销售矿产品，但是国务院规定由指定的单位统一收购的矿产品除外；

（3）在矿区范围内建设采矿所需的生产和生活设施；

（4）根据生产建设的需要依法取得土地使用权；

（5）法律、法规规定的其他权利。

18.2.3.2 采矿权人的义务

采矿权人在享有权利的同时应当履行以下义务：

（1）在批准的期限内进行矿山建设或者开采；

（2）有效保护、合理开采、综合利用矿产资源；

（3）依法缴纳资源税和矿产资源补偿费；

（4）遵守国家有关劳动安全、水土保持、土地复垦和环境保护的法律、法规；

（5）接受地质矿产主管部门和有关主管部门的管理，按照规定填报矿产储量表和矿产资源开发利用情况报告。

18.2.3.3 采矿许可证的发放

国家对开办国有矿山企业、集体矿山企业、私营矿山企业和个体采矿实行审查批准、颁发采矿许可证制度。国家对提出的采矿申请，通过审批、发证的法定程序，将国家所有的矿产资源交给具体矿山企业经营管理。

18.3 办矿审批与关闭

18.3.1 办矿审批

国家对矿产资源的所有权是国家通过对探矿权、采矿权的授予和对勘查、开采矿产资源的监督管理来实现的。因此，任何组织和个人要开采矿产资源，都必须依法登记，依照国家和法律有关规定进行审查、批准，取得采矿许可证后才能取得采矿权。这是矿山企业从国家获得采矿权所必须履行的法律手续。

18.3.1.1 审查内容

开办矿山企业的审查内容主要包括：

（1）矿区范围；

（2）矿山设计；

（3）生产技术条件。

18.3.1.2 审批程序

我国开办矿山企业实行先审批后登记的原则。

（1）审批机构。全民所有制企业兴办的矿山建设项目的审批机构按矿山规模分级划分权限。对全国国民经济有重大影响的矿山建设项目由国务院及其计划部门、矿产工业主管部门审批，对省级地方国民经济有重大影响的地方矿山建设项目，按照国家规定的审批权限，由省、自治区、直辖市人民政府批准。

（2）审批内容。全民所有制企业办矿审批的内容主要是矿山建设项目建议书、矿山建设项目可行性研究报告和矿山建设项目设计任务书。

（3）审批程序。全民所有制企业办矿必须按照一定的审批程序，有计划、有步骤地进行。除国家另有规定者外，不得边勘探，边设计，边施工，边采矿。审批程序包括：

1）矿山建设项目建议书的审批。国务院规定，凡列入长期计划或建设前期工作计划的全民所有制矿山建设项目，应当具备批准的项目建议书。

2）矿山建设项目可行性研究报告的审批。拟新建或改扩建矿山的企业或主管部门必须按照批准的矿山建设项目建议书组织建设项目的可行性研究，并经负责审批工作的部门审核批准。

3）矿山建设项目复核。在设计任务书形成以前，申请办矿的全民所有制企业或有关主管部门，应当按照矿产资源法规定的采矿登记管理权限，向相应的采矿登记管理机关投送复核文件，即矿产储量审批机构对矿产地质勘查报告的正式审批文件、矿山建设可行性研究报告和审批部门的审查意见书。采矿登记管理机关在收到办矿企业或主管部门投送的文件之日起30日内提出复核意见，并将复核意见转送矿山建设项目设计任务书编制部门和审批部门。编制和审批设计任务书的机关应当采纳采矿登记管理机关的复核意见。在规定期限内，审批机关在没有收到采矿登记管理机关的复核意见之前，不得批准矿山建设项目设计任务书。

4）矿山建设项目设计任务书的审批。被批准的矿山建设项目可行性研究报告和采矿登记管理机关的复核意见是编制和审批矿山建设项目设计任务书的依据。办矿企业或主管部门应向国务院授权的有关主管部门办理批准手续。矿山建设项目设计任务书由办矿企业主管部门编制，按基本建设规模划分审批权限。对国民经济有重大影响的矿山建设项目设计任务书由国务院批准；大中型矿山建设项目设计任务书由国务院计划部门或其授权的部门审批；小型矿山建设项目设计任务书由省、自治区、直辖市人民政府计划部门审批。

18.3.2 关闭矿山

矿山（包括露天采场）经过长期生产，因开采矿产资源已达到设计任务书的要求，或者因采矿过程中遇到意外的原因而终止一切采矿活动并关闭矿山生产系统称为关闭矿山。关闭矿山应具备以下条件：

（1）矿产资源已经地质勘探和生产勘探查清，其地质结论或地质勘探报告已经储量委员会审查批准；

（2）所探明的一切可供开采利用并应当开采利用的矿产资源已经全部开采利用；

（3）因技术、经济或安全等正常原因而损失的储量，经有关主管部门批准核销；

（4）矿山永久保留的地质、测量、采矿等档案资料收集、整理及归档工作已全部结束；

（5）对采矿破坏的土地、植被等已采取复垦利用、治理污染等措施。

（6）关闭矿山要向有关主管部门提出申请，在矿山闭坑批准书下达之前，矿山企业不得擅自拆除生产设施或毁坏生产系统。

《矿产资源法》第二十一条规定："关闭矿山，必须提出矿山闭坑报告及有关采掘工程安全隐患、土地复垦利用、环境保护的资料，并按照国家规定报请审查批准。"

18.3.2.1 矿山闭坑报告及有关资料

矿山闭坑报告是终止矿山生产和关闭矿山生产系统的申请报告，也是矿山建设、矿山生产发展简史和经验、教训的总结。该报告应由矿山总工程师或技术负责人组织专门人员编写，并在计划开采结束一年前提出。闭坑报告应包括如下内容：

（1）储量历年变动情况；

（2）采掘工程资料；

（3）安全隐患资料；

（4）土地复垦利用资料；

（5）环境保护资料。

18.3.2.2 关闭矿山审批规定

关闭矿山实行审批制度是保护矿产资源的合理开发利用，防止国家人、财、物力的浪费和矿区的环境保护的法律程序，起到加强闭坑的管理和依法监督、防止造成资源的浪费和环境污染的作用。因此，关闭矿山时，除提出闭坑报告和有关资料外，还要履行国家规定报请审查批准的法律手续。具体程序如下：

（1）开采活动结束前一年，向原批准开办矿山的主管部门提出关闭矿山申请，并提交闭坑地质报告；

（2）闭坑地质报告经原批准开办矿山的主管部门审核同意后，报地质矿产主管部门会同矿产储量审批机构批准；

（3）闭坑地质报告批准后，采矿权人应当编写关闭矿山报告，报请原批准开办矿山的主管部门会同同级地质矿产主管部门和有关主管部门按照有关行业规定批准。

18.3.2.3 关闭矿山报告批准后的工作

（1）按照国家有关规定将地质、测量、采矿资料整理归档，并汇交闭坑地质报告、关闭矿山报告及其他有关资料；

（2）按照批准的关闭矿山报告，完成有关劳动安全、水土保持、土地复垦和环境保护工作，或者缴清土地复垦和环境保护的有关费用；

（3）矿山企业凭关闭矿山报告批准文件和有关部门对完成上述工作提供的证明，报请原颁发采矿许可证的机关办理采矿许可证注销手续。

18.4 税 费 管 理

18.4.1 资源税

资源税是以资源为征税对象的税种。作为征税对象的资源必须是具有商品属性的资源，即具有使用价值和价值的资源。我国资源税目前主要是就矿产资源进行征税。目前，各国对矿产资源征收税费的名称各异，如地产税、开采税、采矿税、矿区税、矿业税、自然资源租赁税等，除以税的形式命名外，也有的叫地租缴款、权利金、红利或矿区使用费等。

18.4.1.1 征收原则

资源税是既体现资源有偿使用，又体现调节资源级差收入，发挥两种调节分配作用的税种。在实际实施中，其主要征收原则为"普遍征收，级差调节"。普遍征收就是对在我国境内开发的纳入资源税征收范围的一切资源征收资源税；级差调节就是运用资源税对因资源条件上客观存在的差别（如自然资源的好坏、贫富、赋存状况、开采条件及分布的地理位置等）而产生的资源级差收入进行调节。

18.4.1.2 征税范围

资源税的征收范围应当包括一切开发和利用的国有资源。但考虑到我国开征资源税还缺乏经验，所以《中华人民共和国资源税暂行条例》第一条规定的资源税征税范围，只包括具有商品属性（也即具有使用价值和价值）的矿产品（原油、天然气、煤炭、金属矿产品和其他非金属矿产品）、盐（海盐原盐、湖盐原盐、井矿盐）等。

18.4.1.3　税额

资源税应纳税额的计算公式为：应纳税额=课税数量×单位税额，即资源税的应纳税额等于资源税应税产品的课税数量乘以规定的单位税额标准。

纳税人开采或者生产应税产品销售的，以销售数量为课税数量；纳税人开采或者生产应税产品自用的，以自用数量为课税数量。

资源税实施细则所附《资源税税目税额明细表》和《几个主要品种的矿山资源等级表》，对各品种各等级矿山的单位税额作了明确规定。对《资源税税目税额明细表》未列举名单的纳税人适用的单位税额，由各省、自治区、直辖市人民政府根据纳税人的资源状况，参照《资源税税目税额明细表》中确定的邻近矿山的税额标准，在上下浮动30%的幅度内核定。

18.4.1.4　纳税时间与地点

纳税人销售应税产品，其纳税义务发生时间为收讫销售款或者索取销售款凭据的当天。自产自用纳税产品，其纳税义务发生时间为移送使用的当天。

纳税人应纳的资源税，应当向应税产品的开采或者生产所在地税务机关缴纳。纳税人在本省、自治区、直辖市范围内开采或者生产应税产品，其纳税地点需要调整的，由省、自治区、直辖市人民政府确定。

18.4.2　资源补偿费

在中华人民共和国领域和其他管辖海域开采矿产资源，应当依照《矿产资源补偿费征收管理规定》征收矿产资源补偿费。

矿产资源补偿费按照矿产品销售收入的一定比例计征。企业缴纳的矿产资源补偿费列入管理费用。采矿权人对矿产品自行加工的，按照国家规定价格计算销售收入；国家没有规定价格的，按照矿产品的当地市场平均价格计算销售收入。

征收矿产资源补偿费金额=矿产品销售收入×补偿费率×回采率系数

其中，回采率系数=核定开采回采率/实际开采回采率；补偿费率为1%~4%。

征收矿产资源补偿费的部门为：地质矿产部门会同同级财政部门。

矿产资源补偿费纳入国家预算，实行专项管理，主要用于矿产资源勘查。

采矿权人有下列情形之一的，经省级人民政府地质矿产主管部门会同财政部门批准，可以免缴矿产资源补偿费：

（1）从废石（矸石）中回收矿产品的；

（2）按照国家有关规定经批准开采已关闭矿山的非保安残留矿体的；

（3）国务院地质矿产主管部门会同国务院财政部门认定免缴的其他情形。

采矿权人有下列情形之一的，经省级人民政府地质矿产主管部门会同财政部门批准，可以减缴矿产资源补偿费：

（1）从尾矿中回收矿产品的；

（2）开采未达到工业品位或者未计算储量的低品位矿产资源的；

（3）依法开采水体下、建筑物下、交通要道下的矿产资源的；

（4）由于执行国家定价而形成政策性亏损的；

（5）国务院地质矿产主管部门会同国务院财政部门认定减缴的其他情形。

本 章 小 结

本章重点阐述了矿业法律法规的相关内容。

科学地开发矿产资源，促使资源开发管理立法化、科学化，已成为当今世界广泛关注的社会热点。矿产资源所有权是指作为所有人的国家依法对属于它的矿产资源享有占有、使用、收益和处分的权利。

矿业权是指赋予矿业权人对矿产资源进行勘查、开发和采矿等的一系列活动的权利，包括探矿权和采矿权。

国家对矿产资源的所有权是国家通过对探矿权、采矿权的授予和对勘查、开采矿产资源的监督管理来实现的。

资源税是以资源为征税对象的税种。主要征收原则为"普遍征收，级差调节"。资源税的征收范围应当包括一切开发和利用的国有资源。在中华人民共和国领域和其他管辖海域开采矿产资源，应当依照《矿产资源补偿费征收管理规定》征收矿产资源补偿费。

思 考 题

18-1 什么是矿产资源所有权，矿产资源所有权的内容包括哪些？

18-2 矿业权的基本概念是什么？

18-3 探矿权人享有法律规定的矿产资源勘查权利主要包括哪些？

18-4 采矿权指什么，采矿权人在享受权利的同时应当履行哪些义务？

18-5 关闭矿山应具备哪些条件？

18-6 资源税的征收原则是什么，征收范围是什么？

18-7 采矿权人在哪些情况下，经省级人民政府地质矿产主管部门会同财政部门批准，可以免缴矿产资源补偿费？

19 矿 业 经 济

矿业是我国国民经济的基础产业。矿业经济学是研究矿产资源开发利用过程中各种经济问题的一门学科。其研究对象主要是与矿业活动有关的矿产勘探、矿产开发、投资决策、矿产生产、市场供求、经营管理等一系列的特殊经济问题。它是应用经济学的一个分支，是矿业技术和经济学密切结合的产物，是在总结我国矿业技术经济分析经验，并引进西方可行性研究、资金时间价值等现代化管理理论与方法的基础上逐渐形成的一门新的学科。

本章主要介绍了矿产资源与矿业、矿业经济的起源与发展、矿业企业的特点、矿业经济的研究意义与研究方法等相关知识。

19.1 矿产资源与矿业

19.1.1 矿产资源

矿产资源指经过地质成矿作用，使埋藏于地下或出露于地表并具有开发利用价值的矿物或有用元素的含量达到具有工业利用价值的集合体。矿产资源是重要的自然资源，是社会生产发展的重要物质基础，现代社会人们的生产和生活都离不开矿产资源。矿产资源属于非可再生资源，其储量是有限的。目前世界已知的矿产有 1600 多种，其中 80 多种应用较广泛。

矿产资源是发展采掘工业的物质基础。矿产资源的品种、分布、储量决定着采矿工业可能发展的部门、地区及规模；其质量、开采条件及地理位置直接影响矿产资源的利用价值、采矿工业的建设投资、劳动生产率、生产成本及工艺路线等，并对以矿产资源为原料的初加工工业（如钢铁、有色金属、基本化工和建材等）以至整个重工业的发展和布局有重要影响。矿产资源的地域组合特点影响地区经济的发展方向与工业结构特点。矿产资源的利用与工业价值同生产力发展水平和技术经济条件有紧密联系。随地质勘探、采矿和加工技术的进步，对矿产资源利用的广度和深度将不断扩大。

矿产资源是一个历史概念，随时间推移而变化，以人类社会的发展水平、社会对矿物原料的需求以及技术上可行和经济上合算为转移。天然矿物质只有在需要它的时候，并在研制出利用它们的方法之后，才会成为有用资源。例如，石油在公元前就已为人知，但成为工业资源却只是 19 世纪中叶的事情；铀发现于 18 世纪末期，但作为强大能源之一，则是 20 世纪 50~60 年代的事了。

矿产资源是人类社会文明进步的基础。现代工农业和社会经济的发展，靠的就是利用大量的矿物原料。几乎没有哪一个工业部门，不与矿物原料的消费发生直接或间接的关系。在世界上，95%以上的能源、80%以上的工业原材料和 70%以上的农业生产资料来自矿产资源。

244

迄今，人类究竟已利用了多少种矿产，并没有精确的统计数字。据俄罗斯 A·M·贝博奇金（原苏联国家储委主任）称，目前俄罗斯已经利用了 180 种矿产。据美国学者 A·F·巴索蒂（美国矿业局）资料，有经济价值的矿产总共近 200 种，其中工业矿物和岩石（即非金属矿产）有 107 种。从矿物原料中以工业规模提取的元素超过 85 种。中国是矿产资源种类齐全的国家，到 1998 年底，全国已发现 171 种矿产，有探明储量的矿种 155 种，其中能源矿产 8 种，金属矿产 54 种，非金属矿产 90 种，水气矿产 3 种。人类用这些矿物原料可以生产出成千上万种产品为人类享用。

在现代社会中，不像对农业和卫生事业那样，大多数老百姓对矿产资源并没有特别直观的印象。造成这种状况的主要原因是，矿产的本性一般被隐藏在制成的产品中了，即老百姓看到的和使用的已是矿物原料经过加工或再加工的制成品。购买汽油和柴油的人可能不知道他在消耗石油产品。购买汽车的人未必知道，他是在购买铁、锰、铬、铅、锌、铜、铝等许多矿物原料的复合体。在现代农业上，为实现机械化，离不开钢铁和有色金属，离不开石油和天然气矿产；提高作物产量，也离不开氮、磷、钾等肥料矿产。在能源工业，尤其在石油和原子能工业上，已利用 29 种非燃料矿产。在电气工业上，则已利用 85 种矿物原料。在医药、医疗器械、外科手术、化疗、放射性疗法和其他诊断器具上，也利用了大量矿产品。在军事工业上，结构和功能材料几乎全部取自矿产资源。当你打电话的时候，你可能没有想到，电话设备上就使用了 45 种矿物原料。有些西方学者断言："没有能源和金属的利用，世界人口可能至少减少 1/2，有人估计要减少 90%。"另外，有些高价值的矿产资源还是人类财富的直接象征，这些矿产包括黄金、白银以及宝石类（金刚石、红宝石、蓝宝石等高档宝石）。

在人类历史上，黄金最重要的作用是充当货币。黄金作为货币，具有价值尺度、流通手段、贮藏手段、支付手段和世界货币五种功能。1944 年布雷顿森林会议确定：国际货币基金组织成员国的货币，须按每盎司黄金合 35 美元的官价定出其含金量和对美元的固定汇率，1 美元含金量为 0.888671g。美国对外国中央银行和政府持有的美元按官价兑给黄金，并确保自由市场上金价的稳定。黄金储备量是国家经济实力的货币体现。20 世纪 50 年代以后，美国黄金储备日益减少，美元地位不断削弱，先后爆发 10 次美元危机。

1978 年 4 月 1 日，国际货币基金组织正式废除黄金官价，割断黄金与货币的固定联系，承认浮动汇率，布雷顿森林体系在法律上宣告崩溃。现在正处于对黄金重新定位的转折时期，黄金的货币作用还会继续下降。但黄金储备在今后相当长的时间内还会存在。人们从心理上还有对可保值的储备物的依赖，观念的变化和实际对风险的控制还有一个过程。尤其是发展中国家，政治的稳定性相对较弱，还要储备一定的黄金。从这个方面来说，发展中国家对黄金的储备时间会长于发达国家。

在整个数千年文明历史中，人类从这个星球上共挖出来总量约 15 万吨的黄金，其中的 40% 左右目前是作为可流通的金融性储备资产，存在于世界金融流通领域，总量大约为 6 万吨，其中 3 万吨黄金是各个国家拥有的官方金融战略储备，2 万吨黄金是国际上私人和民间企业所拥有的民间金融黄金储备。而另外 60% 左右的黄金则是以一般性商品状态存在，比如存在于首饰制品、历史文物、电子化学等工业产品中。需要注意的是，这 60% 左右的黄金，其中有很大一部分可以随时转换为私人和民间力量所拥有的金融性资产，参与到金融流通领域中。

从世界黄金协会提供的国家官方黄金储备资料看，黄金仍是许多国家官方金融战略储备的主体。现在世界各国公布的官方黄金储备总量为32700t，约等于目前全世界黄金年产量的13倍。其中官方黄金储备1000t以上的国家和组织有：美国、德国、法国、意大利、瑞士及国际货币基金组织。在这些国家和组织中，美国的黄金储备最多，为8149t，占世界官方黄金储备总量的24.9%。西方前十国的官方黄金储备占世界各国官方黄金储备总量的75%以上。

20世纪70年代以前，黄金价格基本由各国政府或中央银行决定，国际上黄金价格比较稳定。20世纪70年代初期，黄金价格不再与美元直接挂钩，黄金价格逐渐市场化，在1980年金价达到高点后，大规模官方售金导致黄金价格大幅下降，官方储备也从1966年的38257t下降至2007年1月的28583t，而同期世界黄金的存量从76000t增加到157000t，私人持有的黄金比重从50%增长到82%。截止到2007年6月，世界官方黄金储备前十位的国家（地区）和组织如表19-1所示。

表19-1　世界官方黄金储备一览表（截止到2007年6月）

序　号	国家（地区）和组织	数量/t	黄金占外汇储备比重/%
1	美国	8135.5	76.1
2	德国	3422.5	63.2
3	国际货币基金组织	3217.3	
4	法国	2680.6	56.9
5	意大利	2451.8	66
6	瑞士	1290.1	43
7	日本	765.2	1.8
8	欧洲央行	641.7	24.4
9	荷兰	640.9	55.3
10	中国	600	1.1

注：数据来自2007年6月国际货币基金组织的国际金融统计数字及其他可得到的来源。

将高档宝石作为一种硬通货储备对象，从国家高度来说，只有前苏联。据报道，前苏联曾将一级宝石（红宝石、祖母绿、蓝宝石、珍珠和金刚石）列为前苏联国家银行资产，构成国家货币基金宝石。这是因为宝石单价极高，如祖母绿的单位价值是铜的710万倍，一级金刚石是铜的1870万倍。

中国是世界上最早开发利用矿产资源的国家之一，但在近代却处于相对落后的状态。中国现有的许多大矿绝大多数是在20世纪，主要是在新中国成立之后勘查发现的。几十年来，我国已发现矿产地23000处（不包括石油、天然气、铀和水、气矿产），成为世界矿产资源种类比较齐全、矿产储量丰富的少数几个国家之一。我国建立了比较完整的矿业体系，形成了强大的能源与原材料开发基地，这有力地支持了我国国民经济和社会的高速发展。

可以说，中国的矿业包括制造业等下游产业，支撑了70%以上的国民经济总量及其相关部门的运转，形成了我国自成体系的能源和矿产品的供应系统，为新中国几十年来的经济建设作出了巨大贡献。

19. 1. 2 矿业

矿业是勘察、开采和加工利用矿产资源的产业。在学科上一般是把矿产勘察、矿产开采和初级加工（选矿）作为矿业学科的研究范围。矿山企业是以矿产的开采加工和经营利用为工业的企业。按照开采对象的不同，一般分为石油和天然气开采业、煤炭开采业、金属矿开采业和其他矿开采业四大类。在金属矿开采业中，按照企业生产链的延伸情况，分为采、选、冶联合企业（产品为金属），采、选联合企业（产品为精矿）和只进行采矿的企业（产品为矿石），其中采选联合企业居多数。

19. 2 矿业经济学的起源与发展

矿业经济学像其他经济学一样，其起源可以追溯到 1776 年英国经济学家亚当·斯密的《财富论》，当时主要讨论矿区使用费（矿山租金）的计算和确定，直到 1877 年霍斯科尔德出版《工程师评价助手》一书提出评价矿床的总利润贴现法——净现值以后，这个方法开始广泛流行，并得到不断发展，逐渐形成了一门以矿床经济评价和投资决策为主的矿产经济学（mineral economics）。然而，矿业经济学真正被承认为一门独立的领域或者学科还是第二次世界大战以后的事。

在美国，由于对矿产长期可供性问题的广泛关注，促成杜鲁门总统组建了总统材料政策委员会，一般称为佩利委员会（以委员会主席佩利的名字命名）。1952 年，该委员会提交了一份长达 5 卷的报告，鼓励福特基金会出资创建"未来资源组织"（Resources for the Future）。它是一个非营利机构，总部设在华盛顿特区，致力于自然资源开发、保护和利用方面的研究和教育工作。该组织在成立后的几十年中开展了许多重要的研究工作，如美国学者 Barnett 和 Morse 在 1963 年推出了《匮乏和增长（Scarcity and Growth）》一书。这本书与美国经济学家霍特林（H. Hotelling）于 1931 年所写的"不可再生资源经济学"一文，在第一代经济学家中引发了有关资源耗竭问题的讨论，至今还在争论不休。简而言之，Barnett 和 Morse 发现矿产品虽然具有不可再生的性质，但在上个世纪矿产品并没有越来越少，这一点多少使他们感到意外。分析其原因，他们认为是技术进步所带来的成本降低效应足以弥补并超过资源耗竭所产生的成本增加效应。在以后的讨论中，多数人支持了他们的意见。当今大多数经济学家相信，大部分矿产品的价格长期来看是呈下降趋势的。

在组建"未来资源组织"期间及以后时期，美国政府（主要是美国内务部所属的矿山局）加大了矿山经济学领域的分析力度，开始发布矿产储量、资源量、产量、消费量和贸易量方面的数据。其他发达国家的政府机构，包括加拿大资源局、澳大利亚农业和资源局的前身，在同一时期也提高了矿业经济学领域的整体实力。

尽管人类开采矿产已有几万年的历史，但矿业经济学却是一门年轻的学科。直到 20世纪 60 年代，西方矿业界、经济界一些认识到矿产政治、经济特殊地位的人士，才正式提出矿业经济学概念。1965 年，美国一所大学首次推出矿业经济学学习项目。从 70 年代石油危机以后，矿业经济学越来越受到人们的重视。与此同时，生产部门要求矿业类学生具备必要的经济学知识的呼声也越来越高。因此，西方许多院校相继开设了矿业经济学课程。有的院校还开设了专门的矿业经济学系（如美国的科罗拉多矿院和宾夕法尼亚大学）

或矿业经济学研究所（如法国的巴黎矿院）。澳大利亚最为重视矿业经济学，澳大利亚几乎所有开设矿业专业的大学都设有矿业经济学课程。

我国在新中国成立后的前 30 年中，不太重视经济研究工作，由此在矿业界造成了相当严重的恶果。仅在地质勘探行业中，由于拼进尺、凑矿量，勘探了许多短期内无法利用的"呆矿"，这不仅造成极大的人力、物力浪费，还使国家大量资金长期积压地下。有人估计，在建国以后的前 30 年中，国家全部矿产勘探投资只有不足 30%能产生经济效益。也就是说，70%以上的矿产勘探投资被浪费或积压地下了。在矿山行业与冶炼部门，情况更加严重，在这些部门中，不仅存在资金浪费、积压现象，还存在生态环境被破坏等问题。如果我们认真进行矿业经济学分析研究，就可减少甚至杜绝许多类似问题的发生。

20 世纪 70 年代后期，我国提出"今后考虑一切经济问题，必须把根本出发点放在提高经济效益上"，矿业经济学思想开始在我国矿业界受到重视。20 世纪 80 年代，地矿部、冶金部等成立了一批技术经济研究机构。之后，地矿部、冶金部、有色金属工业总公司等部门又明文规定，今后有关地质勘探、矿山建设的报告，必须有经济评价的内容。

19.3 矿业经济学的概念及内容

19.3.1 矿业经济的概念及内容

目前，对于自然资源勘探、开发及利用过程领域的经济研究已有多个部门进行着多种研究，如国内外泛称的"矿产经济学"、"矿产工业经济学"、"资源经济学"、"地质经济学"、"地质技术经济学"、"矿业技术经济学"、"矿山技术经济分析"、"矿区技术经济评价"等。对于这些研究的内容划分，要从整个矿产供应过程分析着手。

矿产供应过程是指把矿产从地质资源转变成可销售产品的一系列活动过程。产生这种过程首先要有两个基本刺激因素：一是有该资源的矿床赋存，二是市场对该资源（矿产）的需求；然后才会发生投资者和经营者以后的一系列活动。

根据矿产供应活动过程，可把有关"矿产经济"、"地质经济"和"矿业经济"的相应内容作一大致划分。

技术经济的研究属软科学的研究。可以认为，"矿产经济"、"地质经济"和"矿业经济"均属于技术经济的研究领域，但由于当前我国这些工作分属不同部门，各部门在矿产供应全过程中担任着不同的角色，因此其研究领域也各有侧重。"矿业经济学"的内容是偏向矿山企业进行建设前后的经济评价；"矿产经济学"在国外则为矿产供应的全过程，因为矿产的勘查者也就是开采者和经营者，而我国"矿产经济学"也有资源保护和利用等方面的研究以及投资前的矿床经济评价。

综上所述可以得出结论，矿业经济学是研究矿产资源开发利用过程中各种经济问题的一门学科。其研究对象主要是与矿业活动有关的矿产勘探、矿业开发、投资决策、矿产生产、市场供求、经营管理、矿业政策、产权交易、矿业贸易等一系列的特殊经济问题。它是经济学科中的一个分支，是一般的经济理论与方法在矿业这个特殊产业领域内的应用，属于经济学科中的部门经济学。从另一方面看，由于矿业生产中技术方案、工艺流程、设备类型、经营参数等的选择都与经济问题密切相关，矿业开发中许多技术与管理问题的决策在很大程度上都取决于经济合理性原则，因而许多矿业专业内容与经济学内容相互渗透，融为一体。矿业经济学也是矿业学科中的一个重要分支，它主要涉及两大方面的研究：一是矿业在社会中的政治、经济地位及作用；二是如何最经济、最有效地开发和利用矿产资源。

矿业经济学具体研究内容主要包括：

（1）矿产资源与人类生活、经济、社会发展的关系，即矿产资源的经济价值和社会价值；

（2）矿产资源勘探、开发利用的经济问题，即为获得所需矿产资源应付出的代价；

（3）矿产品的市场需求与供给、生产与消耗、投资与融资、国内外贸易、产权交易等，即矿业与宏观、微观经济关系；

（4）矿业政策与法规、矿业可持续发展等。

19.3.2　经济学中几个基本的概念

19.3.2.1　稀缺与效率——经济学的双重主题

经济学是研究在一定的社会制度下稀缺资源的配置和利用的科学。

稀缺性（scarcity）是指相对于人们的欲望而言，人们可利用的满足自己欲望和需要的资源总是不足的、有限的或稀缺的。稀缺性的概念反映了人的欲望无限和资源有限这一经济生活中的基本矛盾，这一矛盾自有人类经济生活以来一直存在，所以人们应该考虑的是如何选择最有效率、最经济的利用有限资源的方式来获得最大利益。

效率（efficiency）是指最有效地使用社会资源以满足人类的欲望和需要。鉴于欲望的无限性，就一项经济活动而言，最重要的事情就是最好地利用其有限的资源。更准确地说，一项经济活动达到这样的效益水平，以至于在不使其他人的境况变坏的前提条件下，不再有可能增进任何人的经济福利，那么，该经济活动就是有效率的。

经济学的精髓就在于承认稀缺性的现实存在，并研究一个社会如何进行组织，以便最有效地利用资源。

19.3.2.2　微观经济学与宏观经济学

微观经济学是以单个经济单位（居民户、厂商及单个产品市场）为考察对象，研究单个经济单位的经济行为以及相应的经济变量的单项数值如何决定。它需要解决两个问题：一是消费者对各种产品的需求与生产者对产品的供给怎样决定着每种产品的产销量和价格；二是消费者作为生产要素的供给者与生产者作为生产要素的需求者怎样决定着生产要素的使用量及价格。这涉及市场经济中价格机制的运行问题，又称为市场均衡理论或价格理论。

微观经济学的核心内容是论证亚当·斯密的"看不见的手"原理。微观经济学采用个量分析法，个量是指与单个经济单位的经济行为相适应的经济变量，如单个生产者的产量、成本、利润，某一商品的需求量、供给量、效用和价格等。微观经济学在分析这些经济变量之间的关系时，假设总量固定不变，因而又被称为个量经济学。微观经济学的理论内容主要包括消费理论或需求理论、厂商理论、市场理论、要素价格或分配理论、一般均衡理论和福利经济理论等。由于这些理论均涉及市场经济和价格机制的作用，因而微观经济学又被称为市场经济学。

宏观经济学是以整个国民经济活动作为考察对象，研究社会总体经济问题以及相应的经济变量的总量是如何决定及其相互关系。它需要解决三个问题：一是已经配置到各个生产部门和企业的经济资源总量的使用情况是如何决定着一国的总产量（国民收入）或就业量；二是商品市场和货币市场的总供求是如何决定着一国的国民收入水平和一般物价水平；三是国民收入水平和一般物价水平的变动与经济周期及经济增长的关系。它又被称为国民收入决定论或收入分析。

宏观经济学研究的是经济资源的利用问题，包括国民收入决定理论、就业理论、通货膨胀理论、经济周期理论、经济增长理论、财政与货币政策等。

微观经济学与宏观经济学两个分支共同构成了现代经济学。这两个领域既界限分明又密切相关。由于整体经济的变动产生于千百万个人的决策，所以不考虑相关的微观经济决策，要理解宏观经济的发展是不可能的。例如，宏观经济学家可以研究国家个人所得税减少对整个物品与劳务生产的影响。为分析这个问题，他必须考虑所得税减少如何影响家庭关于购买物品与劳务支出的决策。正因为这样，近来这两个子学科逐渐融合起来，如经济学家们已经在运用微观经济学的工具来分析诸如失业和通货膨胀这类属于宏观经济学领域的问题。

19.3.2.3 实证经济学与规范经济学

在进行经济问题研究时，应注意区分揭示事实本身和评判是否公平这两个界限。实证经济学描述经济社会的事实，也称实证表述，而规范经济学提出价值判断，也称规范表述。

实证经济学（positive economics）回答如下问题：为什么医生比门卫赚的钱要多？增加税收的经济影响是什么？尽管这些问题很难回答，但只要利用分析和经验例证就可以找到答案，因此将这类问题归于实证经济学的范畴。

规范经济学（normative economics）涉及伦理信条和价值判断。穷人必须工作才能得到政府帮助吗？是应该增加富人的个人收入调节税来减小贫富差距，还是应该降低他们的个人收入调节税，继续让一部分人先富起来？由于这类问题涉及伦理、价值而非事实，因此其答案也无所谓正确或错误。它们只能靠政治辩论和决策来解决，而不能仅仅依靠经济分析。

19.3.3 经济学的基本原理

经济学是研究有限资源的社会配置，实现社会效益或经济利益最大化的学科。在进行经济学研究中，需要遵循经济学的基本原理，这也是矿业经济学研究中所要遵循的基本原理。

19.3.3.1 资源使用的交替关系原理

稀缺的社会资源在经济生产活动中的总量是有限的、固定的，当在某一方面被增加使用时，其他方面就会减少该资源的使用量。"天下没有免费的午餐"，为了得到一件东西，通常不得不放弃另一件东西。作出决策要求我们在一个目标与另一个目标之间有所取舍。例如，学生面临如何分配学习时间的交替，父母在购物、旅游和储蓄间面临交替，社会面临效率与平等的交替。

19.3.3.2 机会成本原理

正如俗话所说，当你得到一种东西时就意味着失去了另一种东西。这种你失去东西的价值就是你得到的东西的成本，经济学家将之称为机会成本。体育明星年轻时从事职业运动，能够得到巨额的收入，对他们来说，这时去读大学的机会成本很高，所以他们在退役之后才去读大学。

19.3.3.3 边际决策原理

边际决策是指人们对计划的增加或减少所进行的分析，而不从总量上进行决策的方法。生产者重视边际产量和边际成本、资源利用的边际效率，通过边际成本确定价格。而消费者注意边际效用。政府关心货币的增加和减少、就业率的增减。边际分析是经济研究的最基本思路和方法。

19.3.3.4 激励产生反应的原理

经济学认为参与经济活动的任何人都是理性的经济人，在经济活动中按照利益的驱动而行动，人们对激励会作出反应，遇到损失时会回避，或者说减少激励时会降低反应。

19.3.3.5 比较优势原理

当两种利益进行比较时，有优势的利益会被选择，无优势的利益会被放弃。进行交易会使得交易双方的状态改善。如果其中有一方不能改善，则不会参与交易。贸易能使每个人状况更好。贸易使每个人可以专门从事自己最擅长的活动。通过与他人交易，人们可以按较低的价格买到各种各样的物品与劳务。经济生活中每个家庭都与其他所有家庭竞争，但是把你的家庭与所有其他家庭隔绝开来并不会过得更好，因为如果是这样的话，你的家庭就必须自己种粮食，做衣服，盖房子。国家和家庭一样也能从相互交易中获益。

19.3.3.6 "看不见的手"原理

市场通常是组织经济活动的一种好办法。在市场中所形成的价格、交易的数量，社会资源向某一方面流动等现象，虽然说都是市场主体分散决策而形成社会共同决策的后果，但这些决策犹如存在一只"手"在进行控制。这只"看不见的手"就是每一个主体都在追求自身的利益，最后汇集成社会的共同利益。价格指引这些个别决策者在大多数情况下实现了整个社会福利最大化的结果。

19.3.3.7 "看得见的手"原理

政府有时可以改善市场结果。虽然市场通常是组织经济活动的一种好方法，但这个规律也有一些重要的例外。政府干预经济的原因有两类：促进效率和促进平等。这就是说，大多数政策的目标不是把经济蛋糕做大，就是改变蛋糕的分割。

"看不见的手"通常会使市场有效地配置资源，但是由于各种原因，有时"看不见的手"不起作用。经济学家用市场失灵这个词来指市场本身不能有效配置资源的情况。市场失灵的一个可能原因是外部性。外部性是一个人的行动对旁观者福利的影响，污染是一个典型的例子，如果一家化工厂并不承担它排放烟尘的全部成本，它就会大量排放。在这种情况下，政府就可以通过环境保护来增加经济福利。市场失灵的另一个可能原因是市场势力。市场势力是指一个人（或一小群人）不适当地影响市场价格的能力。例如，假设镇里的每个人都需要水，但只有一口井，则这口井的所有者对水的销售就有市场势力——在这种情况下，这口井的所有者是一个垄断者，他并不受残酷竞争的限制。而正常情况下"看不见的手"正是以这种竞争来制约个人的私利。在这种情况下，规定垄断者收取的价格就有可能提高经济效率。

19.3.3.8　生产率差异原理

一国的生活水平取决于它生产物品与劳务的能力。各国和不同时期中生活水平的巨大差别可以归因于各国生产率的差别，即一个工人一小时所生产的物品与劳务量的差别。在那些每单位时间工人能生产大量物品与劳务的国家，大多数人享有高生活水平；在那些工人生产率低的国家，大多数人必须忍受贫困的生活。同样，一国的生产率增长率决定了平均收入增长率。

19.3.3.9　通货膨胀原理

当政府发行了过多货币时，物价就会上升。通货膨胀是经济中物价总水平的上升。什么引起了通货膨胀？在大多数严重或持续的通货膨胀情况下，罪魁祸首总是相同的：货币量的增长。当一个政府创造了大量本国货币时，货币的价值下降了。

19.3.3.10　通货膨胀与失业之间的交替关系原理

人们通常认为降低通货膨胀会引起失业暂时增加。通货膨胀与失业之间的这种交替关系被称为菲利普斯曲线。当政府减少货币量时，它就减少了人们支出的数量。较低的支出与居高不下的价格结合在一起就减少了企业销售的物品与劳务量。销售量减少又引起企业解雇工人，因而就暂时增加了失业。

19.4　矿山企业的特点

矿业是国民经济中的一个独立的基础产业。矿业的基础产业性质是由其在国民经济中的地位所决定的。

自从现代化工业、现代化农业出现以来，矿产资源已成为影响社会繁荣、国家富强的决定性因素之一。矿产资源的丰富程度，基本上反映了一个国家发展的潜在实力。在当前资源全球化、经济全球化的新形势下，矿业的发展是衡量一个国家经济、社会发展、综合国力的重要标志。

马克思在资本论剩余价值学说中明确阐述农业、矿业、加工业和交通运输业是社会四大生产部门。前两者是原料生产部门，是基础产业，后两者是原料后续加工和运输部门，没有前者的发展，就谈不上后者的繁荣。农业提供人类赖以生存的粮食，矿业则是提供工业的"粮食"，没有矿业，后续加工业就成为"无米之炊"。

矿业发展可以使一个国家资源优势变为产业优势，进而形成经济优势。因此，不少有识之士，从历史经验和现实的国际经济实力对比中，敏锐地感到矿产资源对一个国家发展的重要意义，正在千方百计为扩大新的矿产资源来源，或对本国矿产资源采取保护性开采措施，或加紧从国外进口矿产品，以保持其经济实力地位的持续。国际间一些争端大多与控制、争夺矿产资源有关。总之，矿产资源对一个国家来说无论是过去、现在和将来，都具有举足轻重的战略地位。无数事实说明，对矿产资源问题掉以轻心或缺乏远见，都必将对一个国家的发展造成巨大损失和障碍。一个国家必须从国家经济安全的战略地位出发，制定全面的科学的矿产资源发展战略和相关的法律、法规与政策。

首先是要明确地确立矿业独立的基础产业地位，其次要认真分析研究矿业与其他加工业（制造业）的不同点，按照矿业发展的特殊规律制定符合矿业发展的特殊政策，使矿业真正做到可持续发展，为我国工业现代化、农业现代化、国防现代化作出更大的贡献。

目前我国对矿业基本上还是沿用一般工业的方式进行管理，甚至把矿业当做加工工业的原料车间对待，没有把矿业作为独立基础产业对待，没有体现按矿业特有规律办事的原则，这势必阻碍了矿业的健康发展。

矿业作为基础产业与加工工业相比，虽有某些相同之处，但更有许多不同的特殊规律，主要表现在以下几个方面。

19.4.1　矿产资源的有限性和不可再生性

矿产资源是在地球的几十亿年漫长历史过程中，经过各种地质作用后富集起来的，一旦被开采，在人类历史的相对短暂时期内，绝大多数不可再生。换而言之，矿产资源只能越用越少，特别是那些优质、易探、易采的矿床，目前在世界上已屈指可数。为此，要解决矿产资源日趋不足的问题，只有"开源与节流"并重，把节约放在首位，走资源节约型可持续发展之路。"开源"即扩大矿物原料来源，包括找新的、用贫矿、开发潜在的、人造代用等。在资源全球化、经济全球化的今天，还可以通过到国外开矿、购买矿产品等途径满足国民经济发展对矿产品的需求。"节流"即千方百计地改善利用矿产资源的技术水平，使有限的矿产资源得到最大限度的充分合理利用。包括改进、改革采矿方法，提高选矿、冶炼的工艺技术水平，努力探索综合回收、综合利用的新方法、新工艺和新技术，搞好尾矿的综合利用、变废为宝等物尽其用的各种途径，使矿产资源非正常人为损失减少至最低限度，以适应现代化建设对矿产品日益增长的需求。

一般工业企业所需原材料可以通过外购来满足，而且通过技术改造可以永葆企业青春。而矿业企业利用的矿产资源是不可再生的耗竭性资源，其寿命取决于企业开采范围内所拥有的矿产资源储量，储量多，服务年限就长一点，储量少，服务年限就短一些。但不管拥有资源量是多少，矿业企业终会因可采储量耗竭而停产、闭坑。矿山青壮年期如果经营得法，一般经济效益较好，而进入老年期，不仅经济效益差，而且社会负担也重。从这个特殊性出发，对'衰老矿业企业，特别是在计划经济时代为国家作出很大贡献的国有老矿山企业，就应该建立不同于一般工业的特殊的反哺机制和矿山闭坑后工人再就业的安置政策。

19.4.2　矿产资源分布的不均衡性

矿产资源分布的不均衡性是地质成矿规律造成的，因此不能要求在任何地区都能找到所需要的全部矿产。矿产资源分布不均衡是造成我国国内矿产品大量调运的主要原因，如北煤南运，南磷北调，西气东输，这是一种必然趋势。同时，这也为编制全国矿产资源总体规划提出了适应资源条件、发挥地区资源优势、合理进行生产力布局、提高开发集中度的重要课题。

从矿产资源分布的不均衡性考虑，需要关注两个问题：

（1）我国要认识到按照资源全球化的现实和世贸组织的规则，合理利用国外矿产资源的必然性和必要性。今后要通过国际贸易长期进口石油、铬铁矿、富铁矿、富锰矿、铝土矿、铜矿、钾盐等，或者是走出去，到国外勘探开发我们紧缺的矿产资源，这就需要制定我国利用国外矿产资源的总体规划和指导原则，并由国家引导、鼓励、扶持矿业公司走出去承担风险勘探和开发我们所需要的矿产。

（2）矿业的生产力布局和矿山企业厂址选择严格受到矿产资源赋存的地理位置的制约。矿山企业绝大部分在远离城镇，交通、通讯、动力等协作条件很差的边远地区，建设投资大，建设周期长，见效慢。这和一般工业可以紧接市场，依托协作条件好的城市进行择优安排大不相同，建厂和建矿条件差别较大。为此，国家需要根据区位差异的特点为矿业城镇和矿山企业提供相应的政策支持。

19.4.3　矿业投资的高风险性

矿产资源赋存隐蔽，成分复杂多变。在自然界中，绝无雷同的矿床，因而在对它的寻找、探明以至开发利用的过程中必然伴随着不断地探索、研究，并总有不同程度的投资风险存在。针对矿业工作探索性强、风险大的特点，特别要加强矿山建设前期的准备工作，使矿山建设可行性研究真正起到保证拟建矿山技术可行、经济合理、风险最低的指导作用。尽管做了大量地勘工作，也做了详细周密的可行性研究，但一些不可预见的因素还会出现，加之投资大，一些企业仍然存在亏损风险。这样的矿山企业只能勉强维持简单再生产，而还贷款困难。

从我国成矿地质条件和资源远景分析来看，我国矿产资源还有相当大的潜力可挖。据各矿业部门专家预测成果推算，除铁矿外，其他一些重要矿产如煤、铜、金等探明储量数是潜在资源量的 $1/6 \sim 1/3$，天然气为 $1/30$。这就是说，在资源勘查方面还有相当大的潜力可挖。不过，有资源潜力是一回事，把潜在资源变为现实可开发利用的资源又是另一回事，这里有一个漫长的勘查开发周期和财力支持的问题。一般一个大型矿山从勘探到开发的周期至少需要 10 年左右。

实践证明现代矿业的特点是：找矿难度大、成本高、效果差，勘探、开发的风险多，是一般工业企业不可比拟的。因此，国家必须尊重现实，认识矿业特殊规律，给矿业辅以特殊的经济政策支持，以保证高风险得到高效益的回报。

19.4.4　矿山企业经济效益的递减性

矿山从开始投产，经过一段时间稳定生产后，随矿山企业资源条件逐步变差，开采深度逐步加大，生产环节增多，采选成本不断提高，产量逐步降低，直至闭坑，矿山企业经济效益呈递减趋势。这是矿业普遍规律，是一般工业企业没有而矿山独具的特殊规律。

矿山企业生产发展的全过程，一般分三个阶段：

第一阶段是初期投产期，从基本建设完成后试生产（试车）开始，到矿石产量达到设计能力为止。这个阶段，大型矿山企业一般需 5 年左右时间，中小矿山企业需 2~3 年。这个阶段尚难发挥投资效益，但随设备正常运转，工艺流程合理调试，主要采选指标正确控制，矿山企业矿石产量会逐年提高，直到达到设计要求产量，矿山企业经济效益也随之逐渐上升。

第二阶段是均衡生产期。达到设计生产能力后，矿山企业生产均衡，产量稳定，也是矿业企业经济效益最好的阶段。这个阶段从矿山效益和企业还贷考虑，一般要求生产稳定年份不应低于矿山总服务年限的三分之二，但根据我国各矿山达产时间的调查，我国矿山只有近一半的时间能达产，效益较好，其余一半的年份中产量偏低，经济效益欠佳。

第三阶段是矿山产量递减的衰老期。这一时期，开采范围内储量逐年减少，产量逐年降低，提升运输环节复杂，矿山的开采条件逐渐恶化，生产成本增加，矿业企业的经济效益递减。这个阶段按设计要求，一般大型矿山不超过 7～10 年，中小型矿山不超过 3～5 年，我国矿山衰老期的持续时间还要长一些。目前，我国大中型矿山近 60%～70% 处于衰老期，这是当前矿山企业经济效益普遍低下的主要原因之一。

从以上三个阶段分析表明，我国矿山企业经济效益的初期投产阶段和衰老阶段要占矿山企业整个服务年限的 50%～60%，这是和一般工业企业大不相同的。矿山企业经济效益递减性是矿山企业微利或亏损的主要原因之一。所以在矿山企业投产初期和衰老阶段，国家要给以免、减、返、抵等相应的税收支持政策。

19.4.5 矿业基建投资的持续性

一般工业企业基本建设完成后就可以外购原料，连续生产，不存在继续搞基本建设的问题，只需要流动资金来维持企业的再生产，而矿山则不同。在开采过程中，随着开拓矿量的减少及开采对象的耗竭消失，矿山需要不断地向外围扩展或向深部延深，包括露天矿的扩帮剥离和井下的开拓延深，以开辟新的作业场所，弥补耗竭的储量，只有这样才能保持矿山正常生产。当矿山储量全部采完，国家为了保持矿产品的供需平衡，需要重新基建，延续或接替生产能力。因此，矿山企业必须有一个基建队伍常年搞开拓工程。可以这样讲，基本建设必须以一定比例贯穿于整个矿业生产过程中，相应的基建性投资就要持续给予保证。这是很多主管工业的领导难以理解的地方。

总之，矿山需要不断地开辟新的作业场所，以保持矿山企业正常的生产，因此基本建设投资也是持续不断的，这是矿山企业不同于一般工业的特殊规律。

矿业属于基础产业，国家必须制定有别于一般工业企业的特殊投融资支持政策，否则矿山只能在有限时间内，维持简单再生产，无法形成自我资本积累，进行经常性的基本建设投资，矿山生产能力只能自然消失，更谈不上可持续发展。

19.4.6 矿山作业场所的移动性带来的开采条件复杂性

一般工业企业作业场所是固定的，原料供给是稳定的，生产的技术路线、工艺流程是相对不变的。而矿业企业生产的作业场所是不断移动的，开采对象随作业场所的移动必然发生不同程度的变化，造成开采条件的复杂性和不确定性，从而给生产管理、技术管理造成额外的困难，增加投入，提高采选成本，降低经济效益。

矿山企业是一个不断移动的"地下工厂"，复杂多变的赋存状况和开采条件造成矿山企业管理复杂，技术改造频繁，额外的处理、改造投入大。但这种有别于工业企业的特殊性往往被忽略。目前矿山企业提留的维简费杯水车薪，已很难维持矿山的简单再生产，更谈不上需要频繁投入的技术改造资金了。所以应当从矿山上缴的资源补偿费中，提高资源合理开发利用与保护基金的比例，支持矿山技术改造。考虑矿山是微利企业和不同矿山级差收益不同的实际情况，应有针对性地减少困难矿山企业的增值税和体现调节级差收益的资源税，以支持矿山的可持续发展。

　　澳大利亚等矿业发达国家，对矿山企业采选方法改造、改革试验以及提高资源利用水平的重要课题开发研究费用，都从税前的课税税基中扣除，以减少矿业企业依法上缴的税费额，从而大大减轻了矿山企业的税费负担，这是值得我国政府效仿的。

19.4.7　矿业工作和生活环境的艰苦性

　　由于矿产地多处于山区或老少边穷地区，矿山企业的建设和发展基本上没有可以依托的城市，所以在计划经济时期矿区都办成了功能齐全的小社会。一般工业企业可以依托交通、通讯各方面协作条件较好的城市和城镇建厂，不存在企业办社会的问题，而矿山企业无可依托，因而造成了矿山企业比一般工业企业更为沉重的社会负担。

　　矿山企业工作环境艰苦，矿工多处于地下深处作业，比起工厂危险因素多，职业病多，重大人身安全事故频繁发生。因而矿工在企业的服务年限比一般工业企业职工短，自然减员和新增人员都要比一般工业企业频繁，劳动保护费用、培训费要比一般工业企业多得多。矿山企业离退休职工养老保险等营业外支出庞大，往往使矿山企业不堪重负。因此，政府应制定相应的扶持政策，妥善解决矿山企业办社会问题。

19.4.8　矿山生态环境的广泛破坏性

　　矿产资源与土地、水、森林、草原、动植物、海洋资源紧密相连。矿产勘探开发本身就是对上述自然资源与环境的直接破坏，加之矿山在全国星罗棋布，分布面广，所以对环境破坏表现为广泛性，是大范围的污染源。因此，生态环境恢复治理投入大，难度大。

　　近年来，矿山环保工作虽取得一些成绩，但由于矿山开采造成的生态破坏和环境污染具有点多、面广、量大的特点，加上环境欠账多，治理速度缓慢，全国矿山环境恶化趋势至今还没有得到有效遏制。

　　因此，为了矿业的可持续发展，政府必须制定并执行严格的环境保护法规及矿山复垦制度，同时出台特殊的环保资金扶持政策，使"新账不能欠，老账逐步还"，让矿业真正走上绿色矿业之路。

19.4.9　矿山企业生产投入原料的特殊性

　　一般工业企业特别是制造业都要大量外购能源物质和矿产品原材料，所以说矿产资源是"工业粮食"。工业企业的产品在征收增值税时，外购原料抵扣量大，实缴增值税相对少。而矿山企业投入原料是自然形成的矿产资源，根本不用外购，在开发矿产资源过程中，只外购少量的支护、爆破材料等，因此矿产品在征收增值税时，抵扣很少，使得矿山增值税要远远高于一般工业的增值税。为此，调整矿山企业增值税税率势在必行。

19.4.10　矿业效益的后续性

　　矿业处于社会生产链的最前端，矿业本身效益并不高，却能产生比自身效益大得多的后续效应。矿产品不仅本身有其价值和使用价值，而且对后续加工工业有很强的效益传递功能和广泛的经济辐射效应。矿业的发展带动许多下游产业的发展，可以促进劳动力的大规模就业，这就明确提出了我国开发矿业的两个目的：一个目的是为加工工业（制造业）

提供能源物质和基础原材料，作为本国或本地区重要产业之一，直接促进经济和社会发展；另一个目的是发挥矿业的劳动密集型产业特点，提供大量劳动力就业机会，创造就业岗位，促进矿业城镇建设，为保障社会稳定和进步作出贡献。

矿业的发展，促进了下游加工业的发展。如石油采出之后，可以发展原油炼制加工和石化工业，而石油产品之一的化纤等可发展纺织工业，纺织工业的产品化纤布料又促进了服装制造业的发展，如此等等。

煤炭采掘业的发展，更是促进了一连串工业的发展。根据山西大同煤矿集团公司的发展战略构想，25年后，这个中国大型煤炭生产基地最重要的支柱产业将是煤化工产业。该公司将以开发煤炭化学深加工系列产品、煤炭液化和煤矸石综合利用为切入点，推进煤化工产业的建设。在煤炭化学深加工方面，该公司将从发展煤气化入手，近期以醇为主，大力发展甲醇、乙醇的下游系列产品，并以此为基础进一步发展煤炭化学下游产品的深加工，最终形成煤炭化学和石油化工的结合，实现产业升级。在煤炭液化方面，该公司将以优质煤种为基础，采用煤的液化方法生产人造油，近期实现汽油、柴油产业化，远期以合成生产高附加值的石油产品为目标，进而形成高技术、高效益的煤炭间接液化生产企业。在煤矸石综合利用方面，该公司主要发展煤矸石电厂，近期以热电联供为主，解决该集团集中供热问题，可大大降低冬季供热和燃煤费用，减少环境污染，远期重点发展电石厂、电解铝等高耗能项目，最终向聚氯乙烯、塑料、矸石建材等综合利用方向发展，形成煤炭综合利用可持续发展产业链。

以上例子说明，矿业带动后续加工工业发展的前景十分可观，矿业的后续效益非常巨大，国外统计矿业的后续效应高达1：80，这是一般加工工业和农业所做不到的。

综上所述，矿业与加工工业不同的十大主要特殊性，完全决定了矿业的独立基础产业地位。因此，绝不能再把矿业作为加工工业的原料车间来对待，也绝不应该用管理一般工业的政策方法来管理矿业。建议国家本着遵循矿业基本规律办事的原则，制定一套与支持矿业独立基础产业地位相适应的，解决制约当前矿业发展主要因素的特殊政策，以促进矿业的可持续发展。

19.5　研究矿业经济的意义

19.5.1　矿业在未来的重要地位

矿产资源是人类生存和经济发展的重要物质基础，是国家安全的重要保障。西方发达国家经济界有人提出，工业革命已经结束，冷战已成过去，单位国民生产总值所使用的矿产资源在减少，初级产品经济已经与工业经济脱钩，新经济已经离开自然资源走上高科技发展道路。

在国内，有些经济学家也认为，在现代信息化社会中，利用自然是老套套，知识经济取代了资源经济。然而，事实并非如此。实际上，在澳大利亚、加拿大和俄罗斯等发达国家中，矿产资源在其国民经济中仍起着举足轻重的作用，这些国家的政府始终在大声疾呼要发展矿业。在美国，声称"矿业已经远离美国"的观点背后，掩盖着或避而不谈美国是当今世界上矿物原料最大消费国和进口国，是世界发展中国家在供养着美国这一事实，也回避了美国一贯以政治、经济和军事手段掠夺和控制世界矿物原料来源这一事实。广大发展中国家，尤其是中国，正处于加速工业化的过程中，尽管未必遵循发达国家相似的经济发展模式，重复那种原材料密集型的工业化道路，但经济高速发展不可能超越矿产资源的高消费强度阶段。所以，从世界范围看，矿产资源作为国民经济的重要基础地位是不会改变的，而且矿产资源的供应安全，仍是国家安全的重要方面。

　　矿产资源长期以来都是国际关系中的重要问题。在整个人类历史进程中，对矿产资源的争夺，也一直是国际关系紧张和武装冲突的根源。仅就 20 世纪而言，帝国主义发动了两次世界大战，苏联入侵阿富汗，以美国为首的多国部队发动海湾战争以及其他一些地区和局部战争，争夺矿产资源产地均是战争的主要动因或主要目标之一。在现代，矿产资源已不单单是经济问题，而是已演变为政治问题，在矿产资源问题上，政治和经济的界限已难以划清。为了获取和控制矿产资源，国家关系中的一切政治手段，包括和平外交、经济和军事援助、经济制裁、武力威胁甚至战争手段都被施展出来。这无论是在中东地区的石油资源问题上，还是在国际海底矿产资源问题上，均表现得淋漓尽致。冷战以后的事态表明，和平与发展两大主题一个也没有得到真正解决，人们没有看到一个具有民主结构的多极化世界的产生。"一霸多强"的格局已经形成，人类在未来相当长的时期内，还要面对霸权主义与强权政治，还要面对全球矿产资源争夺的不愉快局面。

　　在 21 世纪，全球矿产资源争夺将具有新的特点。首先，强权国家赤裸裸地寻求领土扩张的时代已经过去，资源争夺将以较为隐蔽的方式进行。美国领导人反复宣称，美国的霸权是"民主的霸权"或"仁慈的霸权"，在表面上它更加强调秩序和价值观，要全世界自觉遵守它的价值观，这样美国就可以达到不战或速战而屈人之兵的目的。然而，这并不能掩盖其攫取广大发展中国家的资源、控制世界的矿产资源产地的用心。其次，随着世界人口的增长和经济发展对矿产资源需求的增长，国家之间为矿产资源而发生的争端也日趋激烈。在有些情况下，矿产资源会加剧地区性冲突。例如，一些国家为争夺水资源、石油、宝石、金刚石和贵金属而导致小规模战争和内战时有发生；对获得矿产资源的渴望，也会激发一些国家对长期以来没有理会的陆地和海域提出领土主权的要求，如历来属于中国的钓鱼岛和南海诸岛及海域，由于周边某些国家为争夺石油资源而引发了严重的国际争端。这些情况，不能不引起我们的充分注意。

　　经验表明，西方国家为保障自己的国防安全和经济安全，在矿产资源安全供应问题上一贯推行以最低廉价格利用国外矿产资源为核心的全球资源战略。以美国为例，在两次大战后，它由过去的矿产品自给和出口国转变为大量依赖国外供应的进口国时，美国政府适时地修改了其矿产资源政策，由国家自足主义转向充分利用外国矿产品的全球资源战略。这种战略的基本策略是，政府积极支持以跨国矿业公司为主体的大量资本输出，占有、掌握和控制国外重要矿产资源基地，开展矿产勘查、开采、加工、冶炼和营销活动，以源源不断的国外矿产品满足本国经济之需，并且抢占国际矿产品市场。同时，美国政府还以强大的军事实力和外交攻势，保卫其在国外的矿产资源利益。美国的能源安全战略明确宣称，在石油供应上，首先稳定作为美国后院的西半球的石油供应来源，使该地区在美国石油进口中占到一半以上；以武力保卫美国在中东的石油利益，海湾战争对伊拉克的打击实现了美国的目标；以政治和外交努力支持美国石油公司挺进和控制里海石油资源，包括从美国政府对中亚高加索国家的政治、经济、军事渗透，到美国总统克林顿出席欧洲安全与合作组织首脑会议，主持签订美国、土耳其和中亚几国铺设能源管道的框架性政治文件。这样，在旷日持久的美国与俄罗斯对里海能源的争斗中，以华盛顿搞定里海石油天然气运输方案而成为赢家。可以说，世界上只要存在霸权主义，对矿产资源的争夺就不会停息。

中国是世界上少数几个矿产资源大国之一，但人口基数过大，矿产资源人均拥有量很低。进入 21 世纪，我国仍将处于加速实现工业化阶段，国民经济与社会发展对矿产资源的需求仍将保持强劲势头，一些大宗支柱性矿产供需矛盾将日益加剧。因此，积极参与全球资源开发，建立矿产资源的全球供应系统，将是中国的必然选择。在当前经济全球化的新形势下，我国参与全球矿产资源市场的竞争既面临机遇，也面临挑战。一方面，广大发展中国家纷纷修改矿业法和矿产资源政策，实行更加开放的政策，努力改善投资环境，吸引外资开发本国矿产资源，发展本国经济，这为我国利用国外矿产资源创造了有利条件。另一方面，发达国家和跨国公司为加强实力，实现更大范围的资源、资本和技术配置，广泛进行兼并联合重组，对资源的垄断不断加深，这样，我国要走出国门，进行矿产资源风险勘查开发，将面临着强大的国际竞争。我国在这种机遇和挑战并存的国际环境中，要充分利用这一形势，主动参与国际矿产资源开发，在国际资源市场新的一轮竞争中赢得我国应有的份额。

19.5.2　矿业经济研究的意义

矿业经济的研究内容决定了它在国民经济中的重要地位。一切工业生产首先开始于矿业，矿业是一切工业的基础。矿业经济研究，在宏观上可为国家矿业生产布局、矿产品生产结构调整、矿产品价格和矿产资源政策（如能源政策、矿产品进出口政策）提供重要依据；在微观上将直接指导矿山工程投资决策、矿产品生产经营以及充分提高矿产开发和综合利用的经济效果。

矿业经济研究主要具有以下几方面的意义：

（1）矿业经济研究是正确和科学地制定矿产政策的基础。过去由于制定矿产政策尊重客观规律不够，造成了极大的浪费和损失，如 20 世纪 60 年代为扭转"北煤南运"的局面，在无煤或有极少煤炭资源的江南掀起找煤热。在南京附近，地质钻探的一个钻孔透过了一个鸡窝状煤矿体，就误认为有几十米厚的煤层，盲目建井，结果浪费达数千万元。在太湖及江南几省也有类似情况。贵州某金属矿不惜血本进行勘探，勘探成本每吨达 5000 元，而矿石的精矿出口价仅 6000 元/t。20 世纪 80 年代又对煤矿床开发提出了"有水快流"的开发方针，导致小煤矿遍地开花，据统计，其采出率不到 15%；大矿区也有超强度开采、造成矿区服务年限大大缩短的问题。这种资源耗减形势应引起有关部门的高度重视。

另外，早期在勘探方针上过多注意了地下开采的深部储量，在投资上以地下开采为主，直至 20 世纪 80 年代才注意到大型露天煤矿的开发。露天开采的优越性在平朔安太堡、霍林河南露天矿、准格尔黑岱沟露天矿的开发中已有体现。这充分说明部门或行业的重大技术政策研究的重要性。

因此，正确地确定矿产开发的政策是矿业经济的首要问题，它的直接经济效益与广泛的社会效益将无法估量，可直接影响到国民经济的基础。

（2）矿业经济研究是确定矿山企业经营政策的理论依据。如我国一些矿山企业的产品价格在计划经济体制下长期不变，或虽调整但远远低于矿产品本身的价值，致使绝大部分企业处于亏损局面。对此，只有通过矿业经济研究，从矿产品自身价值及与其他工业产品的合理比价，才能科学地对矿产品工业指标进行调整，使其价格符合价值规律。

（3）矿业经济研究为调整矿产品生产结构提供指导。我国铜矿资源储量少，而铝、铅、锌等矿石储量较富。过去我国对铜矿投资较多，由于铜矿床属贫矿，生产成本较高。国际市场上一吨多铝或两吨多铅、锌即可换一吨铜，如适当增加铅、锌矿投入，少进口铅和锌，多进口铜，则可为整个国民经济带来较好效益。

（4）矿业经济研究为新建矿山企业或改建、扩建矿山企业项目的技术经济评价提供理论和方法。对大型项目要进行国民经济及企业效益评价，以保证矿产项目开发不致盲目和造成不应有的损失，保证国家及矿山企业的最大经济效益，并制定相应的部门基准收益率。

（5）矿业经济研究有助于指导资源的综合勘探及伴生矿物的综合利用（如油页岩、硫铁矿、矾土矿、黏土、矿坑水、煤矸石、煤层气等）。促进矿山企业多种经营的发展，也是矿山企业总体扭亏为盈以及安排企业劳动力使社会安定的重要措施。

（6）矿业经济研究还有助于合理确定企业内部的技术改造，设备的选型、大修、更新，引进项目的合理性等，也有助于企业增加活力、提高效益。

综上所述，矿业经济研究的开展将揭示长期被人们忽视的资源开发中的巨大经济效益问题。

19.6 矿业经济的研究方法

由于矿业的开发对象是自然资源，它是通过人对自然的劳动获得效益，因此矿业经济的分析原理不仅是"人-机"或"人-经济"的系统分析，而是"人-自然-经济"的系统分析。这是与一般技术经济学的区别，也是研究"矿业经济学"的指导思想及分析问题的出发点。

经济学的基本方法是分析经济变量之间的函数关系，建立经济模型，从中引出经济原则和理论，进行决策和预测。在这里采用约翰·A·奥和雷德里克·肖克利的提法，将经济学的研究方法概括为五个"P"：

（1）问题（problem）：正确地选择要研究的经济问题，然后准确地下定义，估量它的数值，分析问题产生的原因和后果，选择解决问题的方法。

（2）重点（priorities）：需要重点解决的现实经济问题构成了经济学研究的主要经济目标。

（3）原则（principles）：经济原则是对各相关变量关系的概括。经济学的原则就是通过建立经济模型，即经济分析的方法得到的。经济模型是一种简化、形象地描述现实经济运转过程的分析方法。建立经济模型的目的是为了确立经济原则和经济理论，对经济模型限定的经济情况进行预测。

（4）证明（proof）：由经济模型引出的结论只是一种假说，假说需要由对现实的经济情况的观测来证明或检验。把经济模型运用于经济变化的预测，把预测的结果与实际结果相对照，作统计的和历史的分析，当预期的变化符合经验或历史的实际时，原则和理论才被证明是正确的。因此，经验观测和经济理论之间具有一种循环关系，从经验观测中精炼出理论，但理论又必须由经验观测来验证。

（5）政策（policy）：经济分析为政府理性的经济决策提供了基础，但政府的经济决策首先要考虑的是政治可行性和其他各种非经济的限制条件。因此，由经济分析引申出来的理性经济决策，运用在政府行为中会受到很大限制，而与此相比，在私人经济领域，经济理性决策的运用则要广泛得多。

19.6.1　局部均衡和一般均衡的方法

局部均衡分析（partial-equilibrium analysis）是假定其他条件不变，而只分析经济中与其他部分不相联系的某个特定部分，如某个生产者、某个消费者、某个资源所有者、某个市场的均衡。例如，把局部均衡分析方法运用于某种商品的价格时，可以先假定其他商品市场对这种商品市场的影响不变，再来研究这种商品的需求和供给的均衡怎样决定价格的。局部均衡分析方法的基本假设是有局限性的。但只有阐明在其他条件不变的情况下局部是怎样形成均衡的，才能进一步说明在其他条件变化的情况下局部均衡是怎样变化的。所以局部均衡分析可以有效地运用于许多问题的分析。但是，它基本上是一种静态的分析，在分析动态的经济现象时也存在一定的局限性。

19.6.2　静态分析、比较静态分析和动态分析

静态分析主要研究什么是均衡状态和达到均衡状态所需要的条件，而不注重达到均衡状态所需要的时间。例如，把静态分析方法运用于某种商品价格的分析时，只研究在供给量和需求量相等的条件下，商品的价格怎样处于均衡状态，而不注重商品价格形成均衡所需要的时间。

比较静态分析主要通过对不同的均衡状态的比较，来发现导致均衡状态变化的因素，它不注重从一种均衡状态到另一种均衡状态变化的过程和所需要的时间。例如，把比较静态分析方法运用于商品价格的分析时，通过对这种商品不同水平的均衡价格的比较，来研究究竟是由于需求的变化还是由于供给的变化引起商品价格的变化。

动态分析主要探讨在一定条件下某个经济变量的变化和调整过程。它重视时间因素对动态变化过程的影响。例如，把动态分析方法运用于市场供给量的分析时，可以研究在各个时期里市场供给量随着价格变化而调整的情况。它强调这个调整过程，而不是变动所形成的均衡状态。

19.6.3　边际分析

边际分析方法是经济学中经常用的分析方法。所谓边际，就是额外或增加的意思，即所增加的最后一个单位，或可能增加的下一个单位。这种边际的概念常用来分析两种可变的因素或两种以上可变因素的关系。例如，消费是收入的函数，在较高的收入水平上，个人或家庭可以多消费一些，在较低的收入水平上，个人或家庭可以少消费一些。例如，某个家庭月收入从4000元增加到5000元，所增加的1000元就是月边际收入，这1000元中若有800元用于消费，其余的200元用于储蓄，则该家庭的边际消费倾向为80%，这就是边际分析。由此可见，边际分析就是分析经济中一种可变因素的增量对另外一种可变因

会造成什么样的增量结果的分析方法。

经济学家十分注重边际分析方法，认为"对边际分析的理解是理解经济理论的中心"。在经济学中，有大量的边际概念。例如，在微观经济学中有边际效用、边际成本、边际收益、边际产品和边际生产力等概念；在宏观经济学中有边际消费倾向、边际储蓄倾向、资本边际效率等概念。

本 章 小 结

本章着重讲述了矿业经济的相关知识。

矿产资源指经过地质成矿作用，使埋藏于地下或出露于地表并具有开发利用价值的矿物或有用元素的含量达到具有工业利用价值的集合体。

矿业经济学是研究矿产资源开发利用过程中各种经济问题的一门学科。其研究对象主要是与矿业活动有关的矿产勘探、矿业开发、投资决策、矿产生产、市场供求、经营管理、矿业政策、产权交易、矿业贸易等一系列的特殊经济问题。在进行经济学研究中，需要遵循经济学的基本原理，这也是矿业经济学研究中所要遵循的基本原理。

矿业经济研究的主要意义是：矿业经济研究是正确和科学地制定矿产政策的基础；矿业经济研究是确定矿山企业经营政策的理论依据；矿业经济研究为调整矿产品生产结构提供指导；矿业经济研究为新建矿山企业或改建、扩建矿山企业项目的技术经济评价提供理论和方法；矿业经济研究有助于指导资源的综合勘探及伴生矿物的综合利用；矿业经济研究还有助于合理确定企业内部的技术改造，设备的选型、大修、更新，引进项目的合理性等。

经济学的基本方法是分析经济变量之间的函数关系，建立经济模型，从中引出经济原则和理论，进行决策和预测。

思 考 题

19-1 什么是矿产资源，什么是矿业？

19-2 简述矿业经济的概念及内容。

19-3 简述矿业经济学与矿产经济学的区别与联系。

19-4 经济学有哪些基本原理？

19-5 与加工工业相比，矿业企业有哪些特点？

19-6 如何理解矿业投资的高风险性？

19-7 研究矿业经济学的意义有哪些？

19-8 什么是边际分析？

参 考 文 献

[1] 陈炎光,王玉浚. 中国煤矿开拓系统图集 [M]. 北京:煤炭工业出版社,2009.

[2] 郭保华,涂敏. 浅谈我国大采高综采技术 [J]. 中国矿业,2003,12(10):40~42.

[3] 何辉. 土木工程概论 [M]. 西安:陕西科学技术出版社,2004.

[4] 史国华. 采煤概论 [M]. 徐州:中国矿业大学出版社,2003.

[5] 王晓鸣. 采煤概论 [M]. 北京:煤炭工业出版社,2005.

[6] 严建华. 采煤概论 [M]. 北京:煤炭工业出版社,2006.

[7] 周英. 采煤概论 [M]. 北京:煤炭工业出版社,2006.

[8] 王晓鸣. 采煤概论 [M]. 北京:煤炭工业出版社,2005.

[9] 张钦礼,王新民,邓义芳. 采矿概论 [M]. 北京:化学工业出版社,2008.

[10] 李德成. 采矿概论 [M]. 北京:煤炭工业出版社,2005.

[11] 《采矿手册》编辑委员会. 采矿手册 [M]. 北京:冶金工业出版社,1988.

[12] 戴俊. 爆破工程 [M]. 北京:机械工业出版社,2005.

[13] 东兆星,吴士良. 井巷工程 [M]. 徐州:中国矿业大学出版社,2004.

[14] Fausto Guzzetti, Mauro Cardinali, Paola Reichenbach, et al. Landslides triggered by the 23 November 2000 rainfall event in the Imperia Province, Western Liguria, Italy [J]. Engineering Geology, 2004, 73 (3/4):229~245.

[15] 古德生,李夕兵,等. 现代金属矿床开采科学技术 [M]. 北京:冶金工业出版社,2006.

[16] 侯德义,李志德,杨言辰. 矿山地质学 [M]. 北京:地质出版社,1998.

[17] 黄润秋,等. 地质灾害过程模拟和过程控制研究 [M]. 北京:科学出版社,2002.

[18] 李鸿业,等. 矿山地质学通论 [M]. 北京:冶金工业出版社,1980.

[19] 李守义,叶松青. 矿床勘查学 [M]. 北京:地质出版社,2003.

[20] 李兆平,张弥. 南京铅锌银矿地下采空区的治理 [J]. 中国地质灾害与防治学报,1999,10(2):58~62.

[21] 刘殿中. 工程爆破实用手册 [M]. 北京:冶金工业出版社,1999.

[22] 乔春生,田治友. 大团山矿床采空区处理办法 [J]. 中国有色金属学报,1998,8(4):734~738.

[23] 秦明武,李荣福,牛京考. 露天深孔爆破 [M]. 西安:陕西科学技术出版社,1995.

[24] 秦明武. 控制爆破 [M]. 北京:冶金工业出版社,1993.

[25] Stanistaw Depowski, Ryszard Kotlinski, Edward Ruhle, 等. 海洋矿物资源 [M]. 北京:海洋出版社,2001.

[26] 孙盛湘. 砂矿床露天开采 [M]. 北京:冶金工业出版社,1985.

[27] Takashi Okamoto, Jan Otto Larsen, Sumio Matsuura, et al. Displacement properties of landslide masses at the initiation of failure in quick clay deposits and the effects of meteorological and hydrological factors [J]. Engineering Geology, 2004, 72 (3/4):233~251.

[28] 王昌汉,等. 矿业微生物与铀铜金等细菌浸出 [M]. 长沙:中南大学出版社,2005.

[29] 王海峰,等. 原地浸出采铀技术与实践 [M]. 北京:冶金工业出版社,2002.

[30] 王鸿渠. 多边界石方爆破工程 [M]. 北京:人民交通出版社,1994.

[31] 王新民,肖卫国,张钦礼. 深井矿山充填理论与技术 [M]. 长沙:中南大学出版社,2005.

[32] 王志方. 红透山铜矿的系统空区处理与地压观测 [J]. 有色矿山,1996,1:9~12.

[33] 文先保. 海洋开采 [M]. 北京:冶金工业出版社,1996.

[34] 杨仕教. 原地破碎浸铀理论与实践 [M]. 长沙:中南大学出版社,2003.

[35] 杨显万,等. 微生物湿法冶金 [M]. 北京:冶金工业出版社,2003.

［36］翟裕生，等．矿田构造学概论［M］．北京：冶金工业出版社，1984.

［37］张国建．实用爆破技术［M］．北京：冶金工业出版社，1997.

［38］张钦礼，王新民，刘保卫．矿产资源评估学［M］．长沙：中南大学出版社，2007.

［39］张钦礼，朱永刚．循环经济模式下的矿产资源开发［J］．矿业快报，2006，25（5）：2~6.

［40］张幼蒂，申闯春，才庆祥，等．露天矿区分类及生态重建结构设计［J］．化工矿物与加工，2002，
8：22~24.

［41］张珍．矿山地质学［M］．北京：冶金工业出版社，1982.

［42］张倬元，等．工程动力地质学［M］．北京：中国工业出版社，1964.

［43］郑炳旭，王永庆，李萍丰．建设工程台阶爆破［M］．北京：冶金工业出版社，2005.

［44］周建宏，吴开华．平水铜矿采空区处理［J］．江西有色金属，1996，10（2）：5~8，13.

［45］祝树枝，吴森康，杨昌森．近代爆破理论与实践［M］．武汉：中国地质大学出版社，1993.

［46］邹佩麟，王惠英．溶浸采矿［M］．长沙：中南工业大学出版社，1990.

［47］卢明银，张振芳．矿业经济学［M］．徐州：中国矿业大学出版社，2009.

索　引

冶金工业出版社部分图书推荐

书　　名	作　者	定价(元)
现代金属矿床开采科学技术	古德生　等著	260.00
采矿工程师手册（上、下册）	于润沧　主编	395.00
现代采矿手册（上、中、下册）	王运敏　主编	1000.00
我国金属矿山安全与环境科技发展前瞻研究	古德生　等著	45.00
地下金属矿山灾害防治技术	宋卫东　等著	75.00
采矿学（第2版）（国规教材）	王　青　等编	58.00
地质学（第4版）（国规教材）	徐九华　等编	40.00
工程爆破（第2版）（国规教材）	翁春林　等编	32.00
矿山充填理论与技术（本科教材）	黄玉诚　编著	30.00
高等硬岩采矿学（第2版）（本科教材）	杨　鹏　编著	32.00
矿山充填力学基础（第2版）（本科教材）	蔡嗣经　编著	30.00
采矿工程CAD绘图基础教程（本科教材）	徐　帅　等编	42.00
露天矿边坡稳定分析与控制（本科教材）	常来山　等编	30.00
地下矿围岩压力分析与控制（本科教材）	杨宇江　等编	39.00
矿产资源开发利用与规划（本科教材）	邢立亭　等编	40.00
金属矿床露天开采（本科教材）	陈晓青　主编	28.00
矿井通风与除尘（本科教材）	浑宝炬　等编	25.00
固体物料分选学（第2版）（本科教材）	魏德洲　主编	59.00
碎矿与磨矿（第3版）（本科教材）	段希祥　主编	35.00
矿产资源综合利用（本科教材）	张　佶　主编	30.00
新编选矿概论（本科教材）	魏德洲　等编	26.00
矿山岩石力学（本科教材）	李俊平　主编	49.00
金属矿床开采（高职高专教材）	刘念苏　主编	53.00
矿山地质（高职高专教材）	刘兴科　等编	39.00
矿山爆破（高职高专教材）	张敢生　等编	29.00
岩石力学（高职高专教材）	杨建中　主编	26.00
金属矿山环境保护与安全（高职高专教材）	孙文武　等编	35.00
井巷设计与施工（高职高专教材）	李长权　等编	32.00
露天矿开采技术（高职高专教材）	夏建波　等编	32.00
金属矿床地下开采（高职高专教材）	李建波　主编	42.00